The Essential Criteria of Cloud Computing and Big Data

揭秘云计算与大数据

赢图团队 ◎ 著

人民邮电出版社
北京

图书在版编目（CIP）数据

揭秘云计算与大数据 / 赢图团队著. -- 北京 : 人
民邮电出版社, 2023.7
ISBN 978-7-115-61077-5

Ⅰ. ①揭… Ⅱ. ①赢… Ⅲ. ①云计算②数据处理
Ⅳ. ①TP393.027②TP274

中国国家版本馆CIP数据核字(2023)第002366号

内容提要

本书使用通俗的语言将相关知识和技术分五大部分进行详细介绍，能够帮助读者快速掌握云计算与大数据的知识、原理、架构和实战技巧。本书的内容包括揭秘云计算、揭秘大数据、云计算与大数据体系架构剖析、云计算与大数据进阶、大数据应用与云平台实战。书中大量的理论和实践来自赢图团队在云计算和大数据领域的科研成果和实战经验。

本书适合零基础的读者阅读，也可作为高等院校大数据和云计算相关课程的教材，亦可作为从事大数据、云计算技术相关工作的专业人员的参考书。

◆ 著　　　赢图团队
责任编辑　张晓芬
责任印制　马振武
◆ 人民邮电出版社出版发行　　北京市丰台区成寿寺路 11 号
邮编　100164　电子邮件　315@ptpress.com.cn
网址　https://www.ptpress.com.cn
北京市艺辉印刷有限公司印刷
◆ 开本：787×1092　1/16
印张：15　　　　2023 年 7 月第 1 版
字数：286 千字　　　　2023 年 7 月北京第 1 次印刷

定价：89.80 元

读者服务热线：(010)81055493　印装质量热线：(010)81055316
反盗版热线：(010)81055315

前　言

写作背景

为什么要写这本书？

笔者在过去数年间，一直从事云计算、大数据、高性能存储与计算系统架构的前瞻性研发，以及中外合作交流等工作。

回想当初的创作初衷，笔者时常遇到行业内外的人对云计算与大数据有五花八门的观点、需求与问题，并且发现有些观点、看法与理解是被“误导”的。很多业务需求和对问题的理解与抽丝剥茧后的事实本质有较大偏差，久而久之笔者就有了结合云计算与大数据两大主题写书的想法。

至于本书内容，笔者先举几个例子。

（1）大数据之深入人心是近些年的事情，街头巷尾可谓尽人皆知，只要说是做大数据的，人家一定问你是做 Hadoop 的吗。于是乎，你要不是专攻 Hadoop 的，你都不好意思跟人家说你在做大数据。那么 Hadoop 能解决所有的大数据问题吗？答案是当然不能。本书将详细说明为什么大数据不仅仅只是 Hadoop 技术。同样地，伴随着 Spark 的兴起（及对 Hadoop 的替代），很多人觉得 Spark 是数据处理的“天花板”，这种认知的局限性也必将随着 Spark 在未来的逐步衰落而暴露出来。此外，对大数据的“误解”还体现在把数据量作为衡量大数据技术或产品的标准，而忽略了数据产生与处理速度、数据多样性、数据多维性、数据真实性、数据可校验性等其他同样重要的维度的标准。特别是在人工智能与大数据相结合的当下，能否智能、高效、灵活地处理海量、多维、多源、多模的数据才是衡量一个“大数据”系统的“金”标准。

（2）云计算比大数据要早四五年出名，从个人到企业到政府全都蜂拥而来，市场上名头最响的就是那些公有云的服务提供商了，于是有一种普遍性的观点——不做公有云的（比如私有云、混合云）就没有掌握云计算的核心科技。事实并非如此！单纯从体量（部署规模、服务客群规模）上判断“哪朵云”更优是有失全面性的——按照这个思路，只有大公司才具备创新的能力，那就不会有硅谷，不会有中关村，也不会成长出一批诸如微软（Microsoft）、苹果（Apple）、谷歌（Google）、亚马逊（Amazon），以及国内的 BAT [百度（Baidu）、阿里巴巴（Alibaba）、腾讯（Tencent）]的企业。此外，若只唯体量论，这个行业很快就会消亡—— 体量从来都不是决定先进性的因素。本书将从行业与科技发展的来龙去脉讲起，用数据与事实说话，为大家讲述“云层”下的故事。

（3）对于软件化与商业化硬件平台，市场上一种普遍的观点认为软件的能力与灵活性无限，而硬件的价值创新已经无足轻重。于是所有的数据中心中全面铺设的是基于 X86 架构的商用硬件平台。此种做法值得商榷，笔者有两个观点：软件的能力极限是受到底层硬件限制的；商用硬件架构显然不能解决所有的业务问题，并且也不是最好（效率最高、性价比最高）的解决之道。在本书中，笔者对商品现货的叫法提出了一种不同的看法：VDH（Volume-Discounted Hardware，直译为批量折扣的硬件），本质上这才是“互联网+”时代的商业硬件的最终形态——多买多折扣。

此外，分布式系统的发展与云计算和大数据的蓬勃发展紧密交织。截至目前，仅中国市场就有超过 200 家“国产数据库”厂商，且绝大多数都对外宣称其产品为分布式数据库系统。然而在表象之下，95%的厂商都是基于开源甚至是依赖海外商业数据库公司的社区版来实现其产品的。虽然技术实现方面各有千秋，但笔者认为，中国要在基础科学研究方面取得引领性原创成果的重大突破，就必须欲致其高、必丰其基，不断在自立自强中实现新的跃升。

一个光怪陆离的现象频繁出现。这些分布式系统厂家给市场形成了一个认知：用低配的硬件，不但可以存得下海量的数据，还能算得很快。这里面存在着极大的误区：浅层计算，分布式可以很好解决，靠堆机器可以获得高并发、服务更多的客户；深层计算，分布式只会适得其反，效率会指数级地低于集中式系统架构，这个时候需要一些更灵活、创新的架构来实现对分布式与集中式架构的融合。

那么，随着云计算和大数据的风起云涌，我们今天各行各业遇到的挑战与机遇到底是什么？是云计算或大数据系统体系架构的设计与实现，还是最终应用的设计与交付，或是以上两大问题之间各层平台化服务架构的整合与搭建？笔者结合工作实践中的一些真实经历，对颇具代表性的问题进行了剖析，分享了一些经验，希望对读者的学习、工作与生活能有所助益。

本书内容

本书以真实的案例和数据为基础，力求理论联系实际，尽量避免深奥的理论推导，尽可能通俗易懂地讲述云计算和大数据知识。

全书共分 5 章，分别是揭秘云计算、揭秘大数据、云计算与大数据体系架构剖析、云计算与大数据进阶、大数据应用与云平台实战。

第 1 章揭秘云计算，着重介绍云计算发展历程、与传统 IT 比较而言云计算的特质、云与业务需求的互动关系、云多重形态的存在与各自的特质，剖析了不同类型云的效率并进行比较，最后介绍了基于开源项目的云平台及服务的搭建。

第 2 章揭秘大数据，开篇介绍了大数据的前世今生，并针对当下对大数据较为普遍的误解进行澄清；然后针对大数据所要解决的五大问题（大数据存储、大数据管理、大数据分析、数据科学与大数据应用）逐一进行剖析；最后阐述了数据科学的本质，并从平台与应用这两个维度来分析如何构建大数据的解决方案。

第 3 章云计算与大数据体系架构剖析，首先从开源与闭源两个角度阐述了业界的软件定义趋势、商用硬件趋势，并预言了硬件回归的必然趋势；然后从 4 个层面剖析了云计算与大数据领域的技术之争——底层存储、基础设施即服务、平台即服务、应用。

第 4 章云计算与大数据进阶，给读者讲述在云计算与大数据时代做什么，怎么做才是对的，其中内容包括靠近应用、水平可扩展、如何玩转开源、怎么做服务驱动的技术架构与运营。

第 5 章大数据应用与云平台实战，结合业界的具体实践讲解了两个平台建设的案例——一个是大数据平台的搭建，另一个是混合云平台的搭建，其中还深入详解了关于风控等应用场景的实践案例。

读者对象

本书的读者对象包括：

- 云计算、大数据相关项目与产品的开发者、使用者、决策者；
- 云计算、大数据技术的兴趣爱好者；
- 没有限制性思维、秉承终身学习信念的人。

订正遗漏与错误

由于笔者水平有限，书中难免有错误或表达不准确之处，敬请读者指正。欢迎发送邮件至邮箱 Ricky@ultipa.com，期待能够得到朋友们的真挚反馈。

致谢

本书的出版，起源于笔者过往的经历，这其中包括于 2016 年出版的《云计算与大数据》一书，以及这些年又积累的大量的工程实践心得、技术理论文章、教研交流的幻灯片等资料。此次重写，笔者秉承与时俱进与推陈出新的理念，结合了学界和工业界最新的研究成果，以及个人和团队的实践总结，希望能够以书会友，与大家做更多的探讨。

回首顾盼，那阑珊处。6 年前《云计算与大数据》首版付梓的情景还历历在目，在此要特别感谢人民邮电出版社的编辑邹文波先生和我的岳父刘君胜先生——犹记当年，本书能够从无到有、顺利面市，完全得益于他们的积极策划与耐心帮助。

感谢 EMC 中国研究院、卓越研发集团及赢图团队的朋友们和同事们，他们此前很多的相关科研探索及产品开发工作都为本书提供了翔实的数据及资料。他们是王昊先生、张建松先生、林晓芳女士、曹逾博士、Michelle Lei 女士。感谢赢图团队的张磊女士和孙婉怡女士对本书的精心整理和编修工作。

孙宇熙

2023 年 1 月

目 录

第1章

揭秘云计算

要搞清楚一个问题或一种现象，通常要从前因、后果、人、事、物之间的关联与分析入手，我们把以上5个方面简称为5W，也就是英文中的What-When-Where-Who-Why（什么–何时–何地–谁–为什么）的首字母。此外，也有5W1H的提法，比5W多了一个How（怎么）。对云计算的认知也不例外，我们要知道云是什么，云从哪里来、会到哪里去、可以做什么，为什么云计算在今天以至可见的未来会大行其道。本章会对以上相关问题做相应的分析和解答。

1.1 云从哪里来

首先，我们需要知道云从哪里来，搞清楚谁是云计算的提出者至关重要。这大可上升到哲学的高度，可类比于千百年来科学家乃至全人类最关心的问题的核心，就是知道人从哪里来。同理，知道云从哪里来可以更好地帮助我们预判云会朝哪个方向发展，会在何处融入、改变人们的工作与生活。

1.1.1 云计算科技史

云计算的起源众说纷纭，各种版本皆有。有人说，云计算起源于亚马逊公司最早在2006年推出的AWS（Amazon Web Services）。AWS提供的服务从早期的弹性计算云（Elastic Compute Cloud，EC2）、存储服务（Simple Storage Service，S3）发展到今天业界使用最为广泛的各类计算、网络、存储、内容分发、数据库、大数据管理与应用等。也有人说云计算起源于 Sun Microsystems 公司在 2006 年 3 月推出的 Sun Grid，它是一种公有云网格计算服务，CPU 的租金为每小时一美元，采用和电费一样的计费模式—— 按使用量计费。不过，按照《麻省理工科技评论》刨根问底的结果，康柏（Compaq）公司 1996 年在内部商业计划文档中最早使用云计算（Cloud Computing）这一字样与图标。康柏公司关于云计算 ISD 策略的商业计划文档如图 1-1 所示。

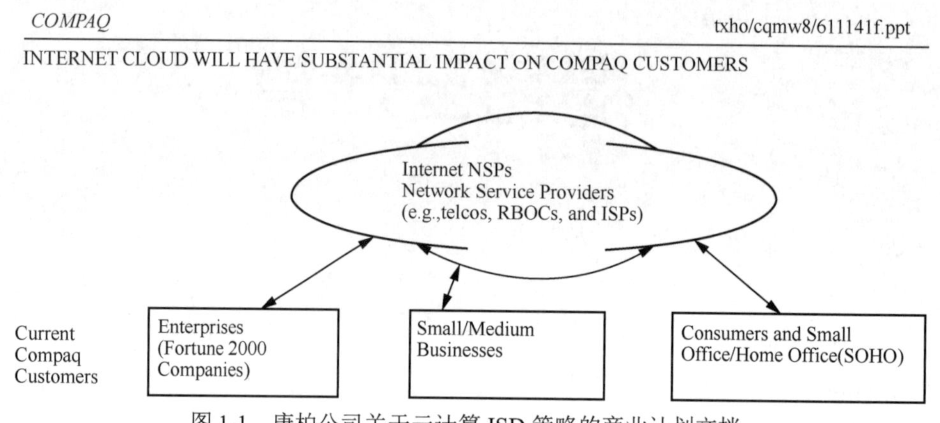

图 1-1　康柏公司关于云计算 ISD 策略的商业计划文档

1. 云计算的三大要素

以上可以算作对云计算“冠名权”归属的一番浅究，事实上云计算的起源比以上诸多论断还要早，其发展历程贯穿了过去半个世纪全人类的 IT 发展史，云的起源及发展如图 1-2 所示。

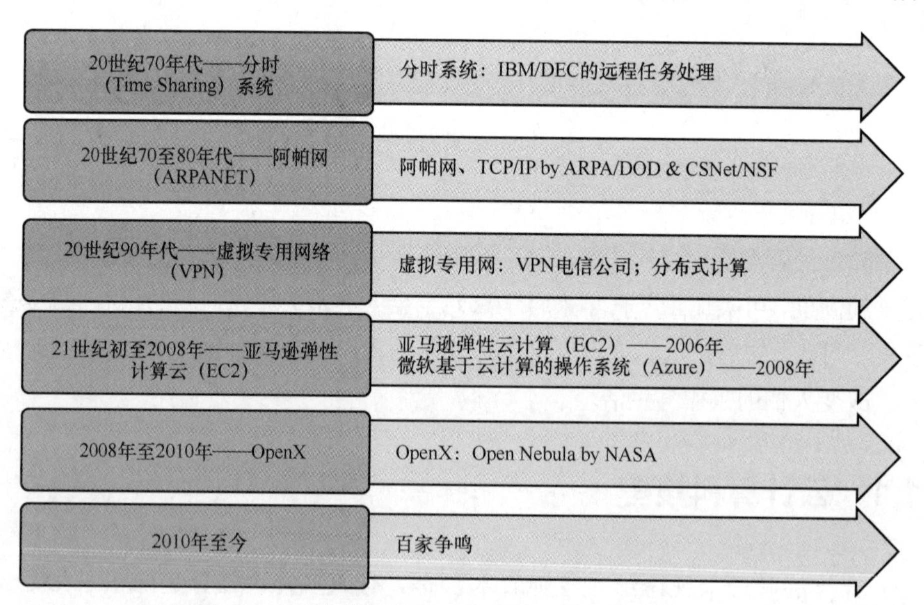

图 1-2　云的起源及发展（从 20 世纪 70 年代至今）

（1）云计算要素之一：分时计算

20 世纪 70 年代，这是大型主机如日中天的最后一个黄金 10 年，IBM 公司在其大型主机与终端之间使用了一种叫远程任务输入或远程任务处理的机制。大型主机自20世纪60年代中期就已经普遍使用了虚拟化技术，其间最典型的应用就是分时，也就是说多个任务或者多个终端事先被分配好占用主机处理器完成任务的时间和优先级。从整体来看，大型主机处理各任务的过程就像是主机在同时服务与处理多个用户、多个终端的不同任务。发展到今天，从蜂窝网络到个人计算机（PC）上面的处理器再到手机终端，分时计算在我们的生活中可谓无处不在(笔者特意没有提到虚拟化即是云计算这一容易引起误解的概念)。

（2）云计算要素之二：网络互联

从20世纪60年代末到20世纪80年代，有一件大事发生，那就是互联网的诞生与蓬勃发展。这里不得不提到两个网络：一个是高级研究计划局网络（Advanced Research Projects Agency Network，ARPANet），又称阿帕网；另一个是CSNet（Computer Science Network）。

阿帕网是美国国防部在20世纪60年代后期开始资助的用于研发包交换或分组交换技术的项目产物。阿帕网项目产生的一个原因是，在分组交换技术之前被电信公司广泛应用的是回路交换技术。相对于分组交换而言，回路交换使用点对点的固定通信线路，对资源的利用率较低。阿帕网项目的产生还有另一个被广泛流传的原因，那就是当时正处于美苏冷战时期，北大西洋公约组织（简称北约）希望有一种网络通信方式，可以在受到核打击的情况下依然能完成信息交换。这一点被认为是美国国防部在20世纪60年代开始寻找更高效、更安全的包数据交换方式的主要原因。互联网雏形是在1969年12月5日由4所位于美国西部的加利福尼亚大学洛杉矶分校、斯坦福大学（全称为小利兰・斯坦福大学）、加利福尼亚大学圣芭芭拉分校和犹他州立大学间第一次形成的4节点分组交换网络，在此前一个月最早的“互联网级”信息传递网在加利福尼亚大学圣芭芭拉分校与斯坦福大学之间完成，传送的内容只是一个简单的单词login，而包交换技术仅仅在此一年前才被发明（互联网技术的发展速度由此可见一斑）。

CSNet是美国国家科学基金会在20世纪80年代初开始资助的项目，是对阿帕网的有效补充（为那些由于受到资金或权限等限制而不能接入互联网的学校与机构提供帮助）。此两者（阿帕网与CSNet）被公认为奠定了互联网的科技基石。

（3）云计算要素之三：网络安全与资源共享

20世纪80年代和90年代，IT行业最大的发展可以归纳为PC的兴起。PC的兴起带动了整个产业链上下游的蓬勃发展，从CPU、内存、外接设备到网络、存储、应用，不一而足。PC的广泛应用极大地提升了劳动生产效率，特别是在连接企业-部门-员工的应用情景下催生了对网络资源虚拟化、数据共享以及数据传输安全的强烈需求，使得一系列技术应运而生，如虚拟专用网络（在公共网络通道之上建立点对点的私密通信渠道）、分布式计算(其本质就是让多台PC协同计算来实现只有大型主机、小型主机可以完成的任务)。

21世纪的第一个10年，IT行业的发展可以简化为如下两个阶段。

第一阶段：2001—2005 年，基于 PC 的虚拟化技术高速发展。虚拟化技术早在 20 世纪 60 年代就已经在大型主机上出现，不过真正得到广泛应用则是 PC 的兴起，PC 的单机处理能力达到了需要通过虚拟化的方式来进一步提高 PC 资源利用率。

第二阶段：2006—2010 年，云计算服务的推出与应用。第二阶段开启于 2006 年，在同一年内亚马逊（Amazon）、谷歌、Sun Microsystems 公司先后推出了各自的云计算服务。2008 年，微软公司推出了基于云计算的操作系统 Microsoft Azure。同年，在美国国家航空航天局的资助下，OpenNebula 开源云计算平台项目成立。两年后，美国国家航空航天局与 Rackspace Hosting（美国得克萨斯州的一家互联网服务提供商）联手推出了 OpenStack 开源软件项目。在过去的数年中，OpenStack 从早期模仿 AWS 发展到形成颇具特色的基础设施即服务（Infrastructure as a Service，IaaS）平台，并逐渐地向下、向上拓展的生态系统。2016 年前后，OpenStack 几乎超越 Linux 成为全球更大更活跃的开源社区，但是故事并没有到此结束。以谷歌公司开源的 Kubernetes 和 Docker 为代表的容器大有取代 OpenStack 的架势，这又是后话。与此同时，AWS 攻城略地，占据了公有云计算领域的半壁江山。从目前来看，亚马逊公司仍是一家独大，但是谷歌公司提供了 G Suite 工具，以谋求在办公云方面的突破；IBM 公司转向开源的产品架构，并率先涉足区块链领域，参与超级账本项目，希望借此发力……在中国市场，阿里云因先发优势而占据了半壁江山，其后则有华为、腾讯、百度、中国电信等公司，它们都在加速扩大自己的云计算服务规模。

以上两个阶段可概括为：PC→PC 虚拟化→各种云计算平台及服务解决方案风起云涌。

2．云计算的本质

近几年，云计算的发展让人眼花缭乱。各种新兴技术风起云涌，其中值得一提的有两种，分别是容器计算和大数据。我们前面提过虚拟化，基于虚拟机的虚拟化技术是对裸机这种形式的有效补充，而容器是对基于虚拟机的虚拟化技术的有效补充。容器的意义在于重新提高了因虚拟化而被降低的计算效率，后面的章节中我们会专门论述相关内容。如果说 2006 年开始的云计算浪潮多少有些偏重于底层的平台与服务，那么真正寻找到的与之匹配的就是近年来声名鹊起的大数据应用，两者算是一拍即合：云计算作为基础架构承载大数据应用，大数据通过云计算架构与模型提供解决方案，如图 1-3 所示。

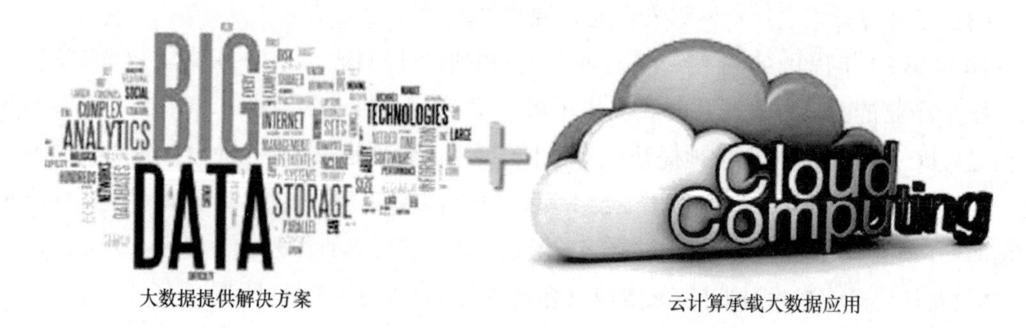

图 1-3　云计算与大数据融合

至此，我们总结一下到底什么是云计算。从技术角度来看，云计算是多种技术长期演变、融合的产物，诸如分布式计算、并行计算、网络存储、分布式存储、虚拟化、裸机及容器计算、负载均衡等计算机及网络技术。云计算底层技术的发展与融合如图 1-4 所示。

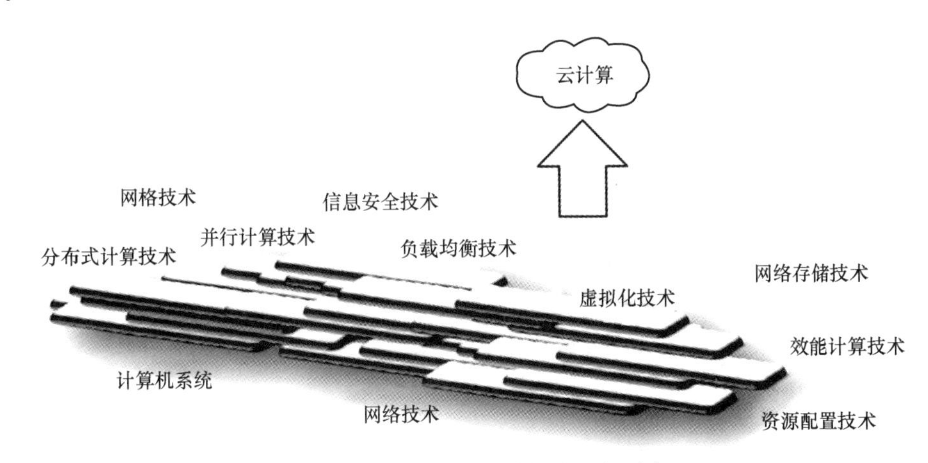

图 1-4　云计算底层技术的发展与融合

云计算的本质是多种技术的融合，它和很多技术颇有相通之处，列举如下。

（1）C/S 与 B/S 技术

C/S（Client/Server）泛指任何客户端到服务器端的双向通信机制和架构。B/S（Browser/ Server）可被看作 C/S 架构的一种形式，也是目前最常见的网络节点间的通信方式。

（2）P2P 技术

P2P（Peer-to-Peer）是一种分布式应用架构，它的核心理念是分而治之或者任务分区。

（3）并行计算

我们可以说 C/S 架构与任务分区二者合在一起就已经把云计算的技术本质描述出来了。云计算在本质上依然是一种分布式计算，与之相对应的技术是并行计算，它们之间的主要区别在于节点间的通信方式：分布式计算、云计算显然是通过信息实现节点间（节点在这里可以理解为 CPU、主机或计算机集群）的通信，而并行计算通常会采用共享内存的通信方式。后者虽然效率更高，但是其可扩展性会受到一些限制。在某种程度上，并行计算可以看作一种特殊的分布式计算，特别是在小规模紧密集群或早期分布式计算的实现方式中经常可以看到并行计算的影子。

3．云计算基本特征

从云计算服务的提供和需求的角度看，云计算具有 5 个基本特征，如图 1-5 所示。

（1）共享资源池

共享资源池指的是计算、网络、存储等资源的池化和共享。

（2）快速弹性

快速弹性指的是云计算能力在应对需求、负载变化时的可伸缩性，即自动化。原来需要几周、几个月完成的事情，现在可以在几秒、几分钟内完成，并且几乎不需要人工干预。

（3）可度量服务

可度量服务也是云计算非常重要的特征，其中包括对各项服务和应用的监控、计费等。

（4）按需服务+自服务

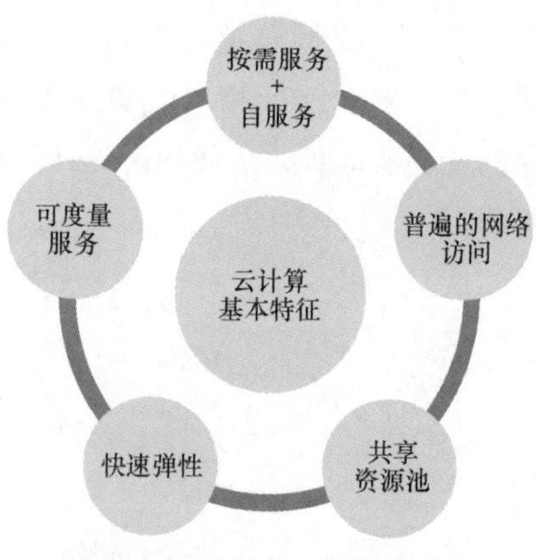

图 1-5　云计算的 5 个基本特征

按需服务听起来很像某种人类文明高度发展的终极社会形态——按需分配，在云计算的背景下，它是为了减少重复建设、过度分配所造成的资源浪费。自服务则给予了用户极大的把控性，同时减少了维护成本。

（5）普遍的网络访问

普遍的网络访问指的是可以在任何时间、任何地点通过网络访问云计算资源。

在这里，我们套用国际数据公司 IDC 在 2013 年提出的“3 个平台”作为总结，如图 1-6 所示。

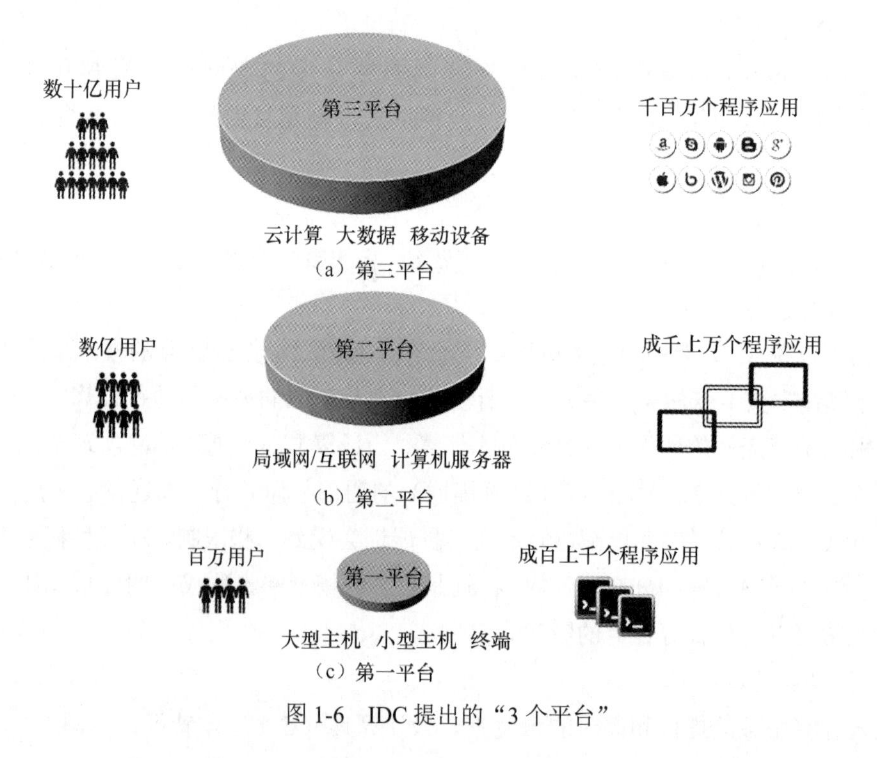

图 1-6　IDC 提出的“3 个平台”

在这 3 个平台中，第一平台出现得最早，横跨了 20 世纪 50—70 年代，是大型主机、小型主机的天下，其受众主要是一些大型企业，服务于百万量级的用户对象和数以千计的应用；

第二平台是进入和连接了千家万户的 PC 时代，用户数量与程序应用分别达到了亿万量级和万量级；第三平台颠覆了曾经颠覆第一平台的第二平台霸主 PC，而接入用户的规模继续呈指数级增长，如果再算上物联网设备（如物联网级产品、各种可联网传感器），则用户规模可达到百亿甚至千亿量级，而程序应用也空前蓬勃发展，达到了百万量级。今天我们正处于大规模从第二平台向第三平台迁移与发展的关键阶段。在 1.1.2 小节，我们会着重讨论业务需求与 IT 交付能力之间的互动问题。

1.1.2 业务需求推动 IT 发展

过去几十年间 IT 行业从大型主机过渡到客户端/服务器，再过渡到现如今的万物互联，IT 可把控的资源和预算从大趋势上看一直在下滑。在过去十几年里，对虚拟化技术的采用帮助 IT 企业实现了效率的极大提升，大幅提高了 IT 满足业务预期的能力。不过，在当下的万物互联时代，面对数以十亿计的新移动消费者及数以百万计的新应用和服务，IT 可谓是机遇和挑战并存，业务需求量呈指数级增长。如果不在“我们如何做 IT”方面做出根本性改变，就没有人能赶上行业发展的步伐。业务预期与 IT 交付能力、IT 预算的比较（以时间为基准）如图 1-7 所示。

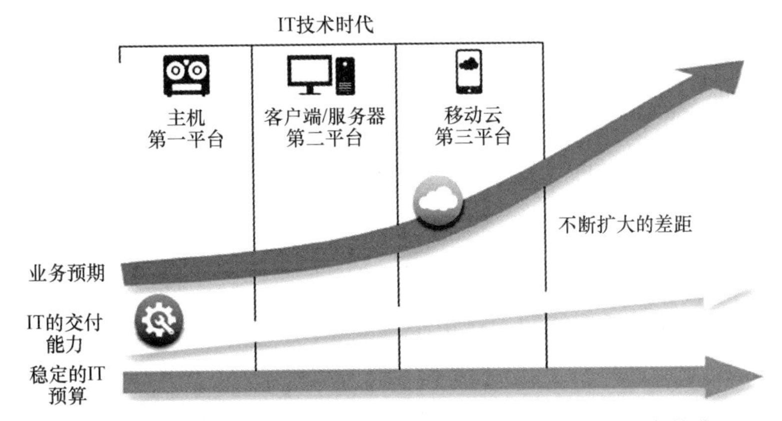

图 1-7 业务预期与 IT 交付能力、IT 预算的比较（以时间为基准）

今天绝大多数的政府和企业已经遇到或即将遇到同样的问题，在 IT 支出中，比重为 2/3 甚至超过 3/4 的资金被用于维护现有系统（第二平台），以满足现有客户的需求；仅有 1/3 甚至不足 1/4 的预算被用来部署新应用（第三平台），以帮助获得新客户及业务，从而增加收入，同时通过大数据分析等应用使业务更加贴近客户的需求。

大多数政企 IT 部门所采用的依然是传统模型。在传统 IT 流程中，每种新解决方案的实现都是针对一种需要进行设计、采购、配置、测试及部署的过程，即便这个过程进展顺利，其部署推进周期也会长达数周、数月甚至数年。这就很难实现提高敏捷性和降低投资的目标，也就很难通过 IT 来增加收入。组织机构的目标就是增加敏捷性，减少运营支出，对未来进行更多投资，并不断降低风险，但是这两者之间存在着一个鸿沟。

换一个角度来看，今天的数据中心中依然充斥着大量的第二平台甚至第一平台的那些“传统”应用，它们虽然在增长速度上（是的，这些应用依然在增长，而不是有些人说的所有的应用都是第三平台云应用，此类的说法过于绝对且不符合事实）没有新型的云应用那么惊人，但在绝对数量上依然占优势，也就是说在相当长一段可预见的时期内，政企 IT 部门的投资依然会在如何继续减少经营支出与如何增加面向新模式的投资之间做出分配。

如何让 IT 的交付能力与业务保持同步，甚至超越业务的预期是 IT 部门始终不变的使命。图 1-8 展示了与业务同步的 IT 交付能力。

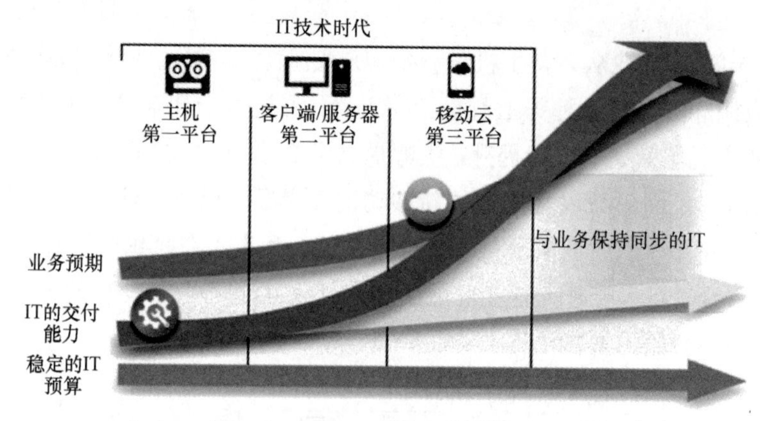

图 1-8　与业务同步的 IT 交付能力

在相当长的一段时间内，业务部门对 IT 高度依赖，牺牲了敏捷性、灵活性来获得 IT 的支撑，IT 拥有极大的控制权并提供安全保障。当基于云的服务出现时，特别是 XaaS（即 SaaS[1]、IaaS、PaaS[2]）出现后，业务部门迅速地开始拥抱它们并将它们作为替代解决方案提供给渠道。XaaS 带来了更高的敏捷性、灵活性，但是与此同时，IT 部门丧失了控制权，业务在安全性上也存在着未知风险。这是今天很多政企 IT 部门所遇到问题的一个集中写照。如果继续发展下去，更高的一个阶段应该具有高敏捷性、IT 控制及安全性（可集中管理）、一次开发可多地部署和选择权这 4 个特征。值得一提的是，就大环境来说，自 2020 年以来，受到新冠肺炎疫情的影响，全球的产业链和供应链均受到冲击，云办公、云学习、云消费等云需求激增，这也极大地缩短了市场教育的时间，同时显著加速了企业数字化转型的进程。

在上述特征中，前两个较容易理解，这里不再赘述；后两点需要在此说明一下，同时引出下一节的主题：云的多重形态。所谓一次开发可多地部署，指的是面向一种环境开发的应用或服务可以在私有云、公有云、混合云等不同形态的云环境上被便捷部署；选择权指的是用户可以选择并实现让应用与数据跨越云边界——如在公有云和私有云之间自由迁移。

1 Saas：Software as a Service，软件即服务。
2 Paas：Platform as a Service，平台即服务。

1.2 云的多重形态

1.2.1 云计算的多重服务模式

云计算在快速发展的过程中逐渐形成了不同的服务模式。目前我们常见的云服务模式（交付方式）主要有 3 种：SaaS、PaaS 与 IaaS，也有人喜欢把它们统称为 XaaS 或 EaaS（Everything as a Service）。类似地，还有存储即服务（Storage as a Service）、容器即服务（Container as a Service，CaaS）等，近几年又出现了区块链及服务（Blockchain as a Service，BaaS）和功能即服务（Function as a Service，FaaS）。

从根源上讲，XaaS 模式源自面向服务的体系结构（Service-Oriented Architecture，SOA）。SOA 是一种架构设计模式（可类比面向对象编程语言中的设计模式），其核心就是一切以服务为中心，不同应用之间的通信协议都以某种服务的方式来定义和完成。今天我们经常看到的微服务架构（Microservices Architecture，MSA）的概念，它在本质上也是由 SOA 演变而来的。所以，由亚马逊公司推出的无服务器架构和它的实现方式 FaaS 可以被认为代表了云服务的一种新潮流，这种基于虚拟化容器的部署方式可以更精细地计算出使用的云服务数量，把云服务花钱的计量单位由虚拟机变成虚拟化容器。这就相当于帮助用户更加精打细算，实现即需即用。此外，对于云计算的使用者和开发者来说，无服务器架构也是一个好的选择，功能松散耦合，降低了开发难度，提升了开发敏捷度。

为什么会形成 XaaS 服务模式呢？主要原因在于最终服务交付的形态。在云计算发展过程中，不同服务模式之间的对比如图 1-9 所示。

在传统的 IT 运维与交付模式上，从最底层的各种硬件到操作系统，到中间任何一层运行环境，再到数据与应用全需要人力来维护。SaaS 是最全面的服务交付模式，从上到下所有的问题都由平台来解决，较为著名的例子是客户关系管理（Customer Relationship Management，CRM）服务提供商 Salesforce 和 Intuit 公司，后者提供从记账到报税的一站式服务。IaaS 则更多地专注于底层硬件平台与虚拟化或容器封装，而把从操作系统到上层应用的自由都留给用户，典型的例子是像亚马逊公司或阿里云提供的云主机服务。在 SaaS 与 IaaS 中间，还有一种服务交付模式 PaaS，PaaS 可以被认为是业界在看到 IaaS 交付和用户使用过程中遇到的各种问题后对服务交付自然延伸的必然结果，用户希望平台方能对操作系统、中间件、运行，甚至是应用与服务的持续升级、持续集成等提供管理服务。在后面的章节中我们会专门介绍目前业界具有代表性的 PaaS 解决方案。

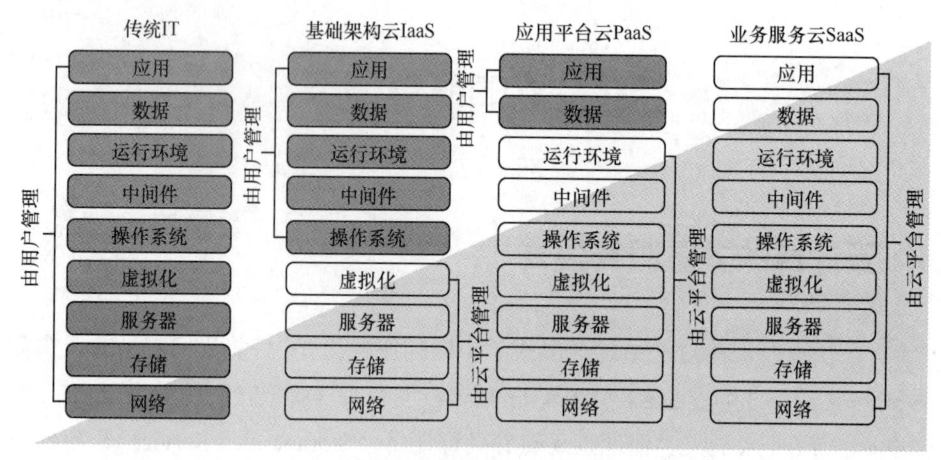

图 1-9 不同服务模式之间的对比

在下面的内容中，我们先来了解云的不同部署形态。

1.2.2 不同云的对比

从云架构部署、服务、应用及访问方式来看，我们一般把云分为四大类，分别是私有云、公有云、混合云和社区云。

对于私有云和公有云，大家耳熟能详。混合云顾名思义，既包含私有云，又包含公有云。社区云相对少见，它是一种特殊形态的私有云、公有云或混合云，通常由一些协作的组织在一定时间内基于同样的业务诉求与安全需求而构建。目前，社区云还细分为政务云（面向政府行业）、医疗云（面向医疗行业）、金融云（面向金融行业）、教育云（面向教育行业）等专有云服务。从“术业有专攻”的细分上也可以看出，“云+行业”这种结合是目前云计算的又一个发展趋势。未来，云服务会根据各种场景制作出更多的云服务方案。下面我们主要谈谈对前 3 种云的认知。

私有云、公有云、混合云的定义与界定的关键是云的服务对象是谁。如果服务对象是一个机构，那么其为私有云；如果服务开放给大众，并通过互联网可以访问，则称之为公有云；混合云通常是兼有私有云和公有云两部分，这两部分可相对独立运作，也可协同工作，例如一些任务可能会横跨公有云和私有云的边界。当然还有如上所说的专有云，在本质上依然是私有云的一种。它经常以被托管的私有云的方式存在，目前各地方政府和企业经常会把自己的可以放入云中或向云端迁移的那部分业务托管给第三方云服务提供商来运维。多种云之间的对比如图 1-10 所示。

从“物种起源”的角度上说，公有云与私有云都是由早年的数据中心（Data Center，DC）或互联网数据中心（Internet Data Center，IDC）发展而来的。它们除各自所侧重的服务不同之外，在技术本质上没有高低优劣之分。

公有云

- 新应用
- 应用弹性
- 主要是对象和商品

托管私有云/专有云

- 传统企业应用、新应用
- 基础设施弹性
- 场外云

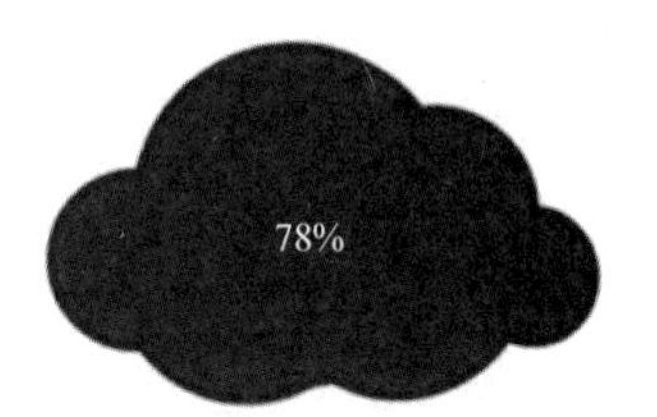

私有云、专有云

- 传统企业应用
- 基础设施弹性
- 场内云
- 主要是文件和区块

图 1-10　多种云之间的对比

公有云侧重于对新应用（如第三平台应用）的支持，以及面向应用的弹性实现（如支持可横跨多台云主机的数据库服务），在存储角度上则大量使用对象存储（如支持对多媒体文件的检索和浏览）。为了实现利益最大化和产生正向现金流，绝大多数的云部件都被封装成商品，待价而沽。

私有云大抵是历史的原因不得不继续支撑传统的企业应用，如第二平台的大量应用，从数据库到 ERP[1]/CRM，不一而足，因此私有云的存储形态主要是文件和块，并且侧重于基础设施弹性（第二平台应用的一个典型特点是具有独占性或者说紧耦合性，它们很难像第三平台的那些为云而生的新应用那样，能比较容易地迁移和水平可伸缩，因此业界的普遍做法是把这些应用封装后在底层的基础设施上实现弹性）。

我们做了一个简单的表格来比较 3 种云的异同，见表 1-1。

表 1-1　公有云、私有云、混合云的异同比较

云	第三方运维	硬件投资	中小企业适用	大型企业适用	可定制硬件	合规支持	高安全性	跨云支持	第三平台应用	第二平台应用	存储特征	更多开源技术
公有云	是	一般不是	高	一般不适应	一般不可	否	实现困难	一般不支持	较多	较少	对象为主	是
私有云	一般不是	是	有限	适应	是	是	是	一般不支持	是	较多	块、文件	不一定
混合云	是	部分是	高	适应	是	是	是	支持	是	是	皆有（块、文件）	是

业界对云的认知中普遍存在的一个印象是公有云是云的多种形态中的主体，这个印象其实只对了一小部分。按照媒体广告投入规模和曝光频率，公有云的确是更多一些，但就市场整体规模和真正承载的云计算任务量而言，私有云和专有云的总市场份额约为 88%，而真正的公有云市场份额约为 12%。

误解 1：公有云会是未来唯一可行的云服务形态。从业务增长速度来看，公有云的增长速度的确高于私有云，但是，如果把所有在私有数据中心中的投资都计入私有云，则私

1　ERP：Enterprise Resource Planning，企业资源计划。

有云在绝对规模上远远大于公有云。另外，业务需求的多样性，特别是对体系架构安全性、可定制性的需求决定了公有云不可能取代私有云或混合云。

误解 2：公有云拥有核心技术。我们认为不同形态的云之间的技术并无本质上的区别，私有云、公有云与混合云可以说各有千秋。公有云更多注重用户体验及应用层的弹性，而私有云对安全、性能及对用户需求的可定制化有更多的关注。此外，造成它们之间的差异，即选择公有云还是私有云的主要原因是技术之外的因素——决策者对某种技术的喜好、偏执都可能会导致最终选择某种云而摒弃另外一种云。

误解 3：要么是公有云要么是私有云，非此即彼，它们不会共存。这是一种典型的"非黑即白"式的认知偏差。真实世界的问题，尤其是在大中型企业的 IT 系统中，通常会存在多种云并存的模式：部分线上业务在公有云上运行；部分业务（如内部的多个系统）在私有云上运行；企业间的一些数据交互业务则可能是在某种社区云上运行。我们需要明白一点，对云架构的选择是业务驱动的，需要企业根据其具体情况来灵活地采取选择和处理方式。

还有一个知识点值得一提，是关于场内与场外的内容。所有的公有云对于其服务的客户而言都在云端，是场外的；而私有云多数都是场内云的本地云。有一种特殊的专有云情形，那就是在托管方地界运营的私有云是场外的。比较典型的例子是在线视频提供商美国奈飞公司（Netflix），它已经把整个基础架构都迁移到了亚马逊的云上，而且使用的是不与任何第三方共享的基础设施，从本质上说这是一种 IaaS 的外包形式。

认知 1：胜者为王。俗话说胜者为王，败者为寇，其实西方也有类似的俗话——Winner Takes All，这也适用于公有云领域。从云的市场份额、营收规模来看，亚马逊公司的 AWS 如日中天，它一家的云收入超过其他全部厂家云收入总和的一半，而且亚马逊公司也是唯一一家在 2015 年就实现了云收入盈利的公有云服务商。对比其他云服务商，如微软公司，到 2021 年年底，微软公司没有公开发布其 Azure 云服务具体财务指标的任何资料。AWS 的收入变化以及与其他厂家云服务产品收入的比较如图 1-11 所示。

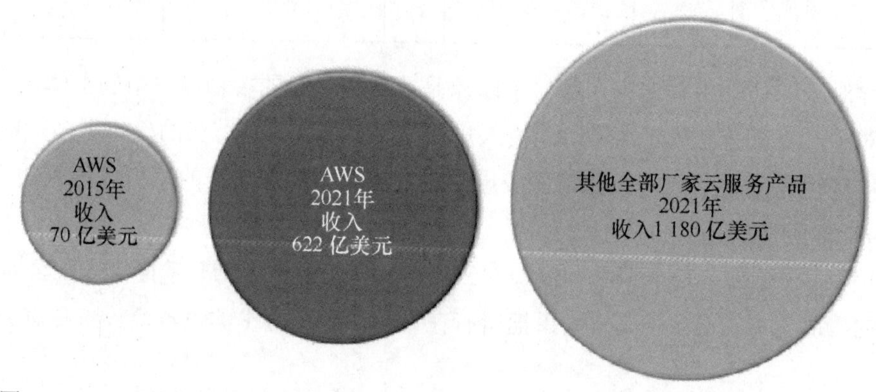

图 1-11　AWS 的收入变化以及与其他厂家云服务产品收入的比较（数据来源：Statista）

图1-12展示了2022年第一季度全球云服务提供商的产品市场份额。按照Statista的统计数据，全球公有云市场变成了3家占主要份额：AWS占据了33%的市场份额，微软公司的Azure因持续的高复合增长率而拥有了21%的市场份额，谷歌云平台占据了8%的市场份额。其他我们耳熟能详的国内厂家则因为市场份额不高而被统计在其他云服务提供商部分（38%）。

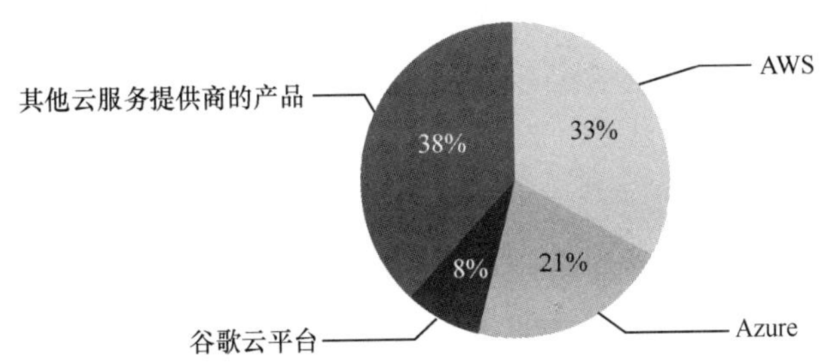

图1-12　2022年第一季度全球云服务提供商的产品市场份额（数据来源：Statista）

认知2：规模经济效益，即通过一定的经济规模形成的产业链在完整性、资源配置与再生效率上的提高所带来的企业边际效益的增加。我们身边常见的例子就是大型连锁超市和小超市的商品价格不同。一般来说，大型连锁超市的商品会比小超市商品的价格便宜，这是因为大型连锁超市的规模更大，供应链更完整。这也同样适用于云计算领域，当云计算的规模较小时，相对的亏损比例会很高，而盈利的能力难以体现。只有当规模越来越大时，才会逐渐降低亏损并最终实现正向盈利。我们看到的情况是，截至目前，市场上做得比较好的是AWS，其他厂家还在不断探索和继续扩大规模。

我们用一张表来说明云计算的优点，见表1-2。

表1-2　云计算的优点

维度	优点
成本	降低了投资成本（云计算开销一般计入运营资本）
	降低整体开销、绿色、节能
技术	实现简捷、部署方便、自动化
	高弹性（无限可扩展存储空间、网络带宽）
人员	降低培训开销
	只需要规模很小的维护团队
商务	QoS[1]/SLA[2]支持
	规模效应

1 QoS：Quality of Service，服务质量。
2 SLA：Service Level Agreement，服务水平协议。

1.2.3 云的形态并非一成不变

前面我们介绍了不同形态的云的特点，并列出了一些规则来帮助人们决策到底要选择哪种云以适应各自的业务需求。在拥抱云的过程中，从人的思维方式到团队的合作方式，再到与客户的接洽方式，甚至是整个社会的运作方式都在逐步发生巨大的变化。这一小节我们就来谈一谈变化中的云。

1. 云计算带来的三大变革

我们先回顾一下，传统的数据中心中运行的是大量的、专用的、垂直的一些堆栈式应用，完成各种响应性操作。在其向云转变的过程中，云计算带来了三大变化，如图 1-13 所示。

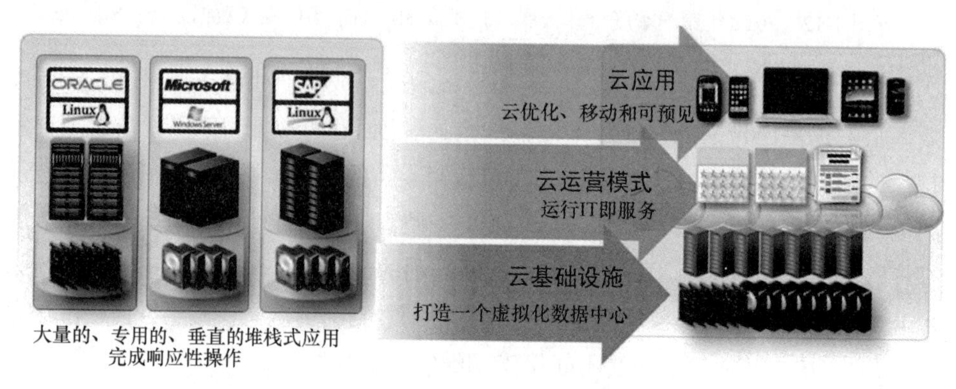

图 1-13　云计算带来的三大变化

（1）基础设施

第一个变化是基础设施。当年电信运营商受到新兴 IT 企业冲击的背后，是其大量使用的专用点对点、回路交换等技术被包交换、IP 等技术颠覆了。这些技术逐渐渗入基础设施中的各类设备上，提供了更高的性能、效率、安全和可用性。同样地，在今天云化的过程中，构建云基础设施也有类似的特点：采用了大量的虚拟化技术，选择了通用硬件平台，采取了开源技术的应用，等等。

（2）运营模式

第二个变化是运营模式。在云的时代，任何事物都可以以一种服务的方式来交付，其中包括 IT。ITaaS（IT as a Service）于是应运而生。ITaaS 是个抽象的概念，直观说法就是它具体体现在整个服务流程的自动化，以及对不同优先级任务的区分对待等，最终的目标是实现资源的最优调度和配比。

（3）应用

第三个变化就是应用。在第三平台中我们前所未有地注重用户体验，“一切为了应用”

已经变成了一句箴言，从基础设施到运营模式都是为了更好地创造应用、优化应用，并围绕应用提供一套完整的数据采集、处理、分析、汇总、反馈的系统（十几年前我们叫商务智能，今天我们叫大数据），然后通过集成到客户端的应用展现给终端用户。

我们换一个维度来看上面提到的三大变化，即云的三大变革，如图 1-14 所示。

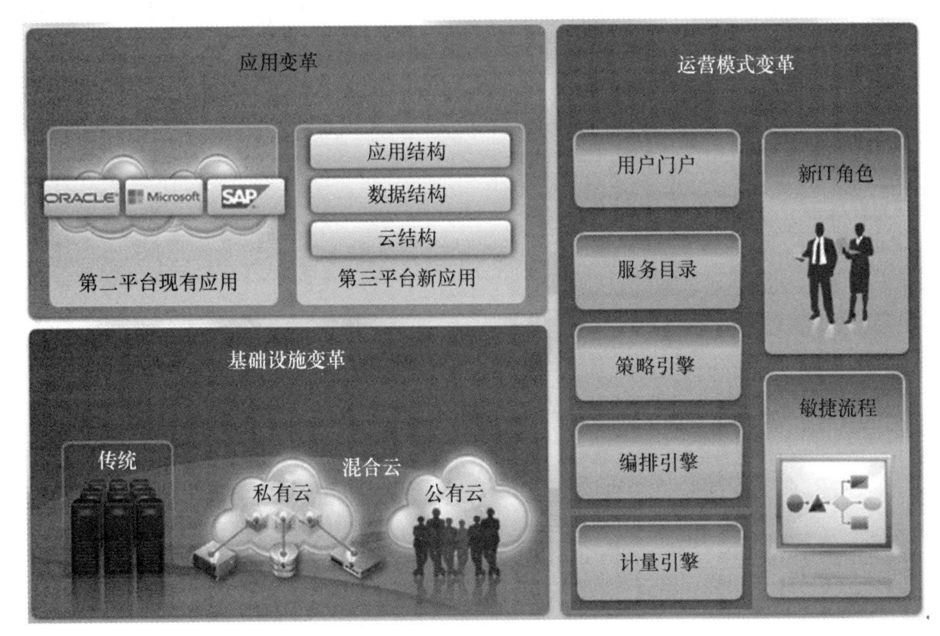

图 1-14 云的三大变革

用一句话来总结基础设施变革与应用变革，那就是：变革中不会也不可能摒弃传统的架构与应用，在引进新的云架构、新应用的时候也需要兼顾传统的需求。

2．运营模式变革中的“5+1+1”

运营模式的变革是为了更好地服务基础设施与应用，其主要的变化可以用“5+1+1”来表达，其中，“5”表示计量引擎、编排引擎、策略引擎、服务目录、用户门户，两个“1”分别表示敏捷流程和新 IT 角色。

（1）引擎+目录+门户

我们来分别了解一下“5”代表什么。用户需要一个门户作为入口，访问云计算所提供的服务。在门户当中最重要的就是提供以下服务。

① 服务目录。这个很容易理解，就好像逛超级市场或上网购物一样，你会需要一个目录来帮助你快速检索。

② 各种引擎帮助实现具体服务与任务的管理与执行，具体而言就是策略、编排与计量三大引擎。策略可以是多种多样的，如访问策略、安全策略、网络策略；编排是一个很大的概念，我们把自动化部署，以及资源管理、监控、储备等都划入编排的范畴；计量对于按需收费的云计算而言，是保证实施及完成监控的基础组件。

（2）敏捷流程

软件工程中有很多方法学与流派，其中两类的实践者最多，一类叫作顺序开发，另一类叫作迭代开发。顺序开发最典型的例子是瀑布流开发模式（见图 1-15），其最大特点就是每两个环节之间紧密相连，设计之初就要有清晰的需求，实现之前就要有完整的设计，以此类推。对于传统的软件开发而言，这样的流程设计非常清晰，易于执行。而在一个需求高速变化，甚至设计也在高速变化，实现、验证与维护只有极短的时间与极少的资源来完成的时代，瀑布流开发模式就显得不合时宜，取而代之的是被称为敏捷开发的流程，如图 1-16 所示。敏捷开发有如下几个特点。

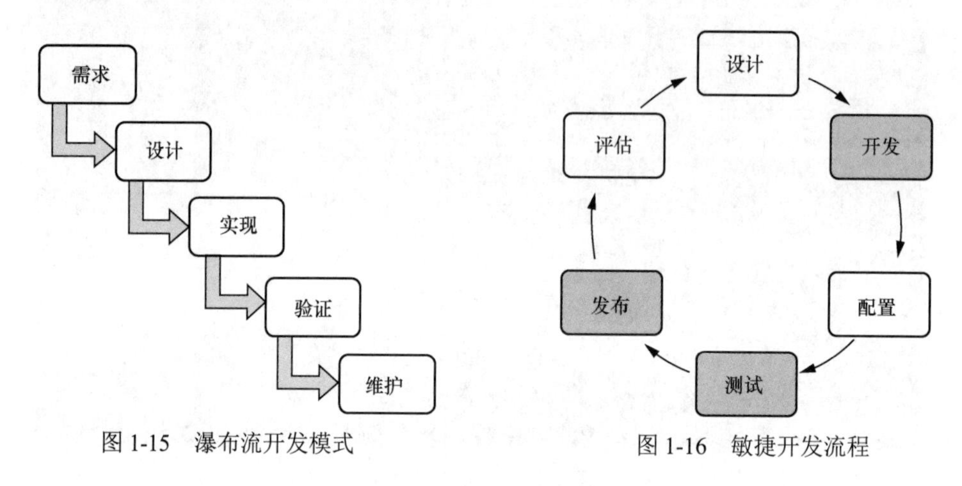

图 1-15　瀑布流开发模式　　图 1-16　敏捷开发流程

① 轻监管（比瀑布流开发模式需要更少的项目监管）。

② 重互信（重视高度信任的管理与协作）。

③ 喜变更（即便在开发的晚期阶段也可能需要变更）。

④ 强交流（强调商务人员与开发人员交流的频繁程度）。

⑤ 快迭代（高频迭代，迭代周期从年缩短到月，缩短到周，缩短到天……）。

⑥ 评估项目进展的标准是可运转的软件。

从以上特点不难看出，敏捷开发流程属于典型的轻流程、重结果，具有以高速迭代为导向，保障失败后可以迅速重来的应变能力。它与瀑布流开发模式最大的区别是各环节形成了一个循环迭代的环。

值得一提的是，在从瀑布流开发模式向敏捷开发流程转变的过程中，大多数企业采用了一种折中的开发流程：瀑布式敏捷开发（Waterscrumfall），如图 1-17 所示。采用这种折中开发流程的核心原因是敏捷开发中依赖的迭代式增量开发模式不能被单一功能团队所完成，于是只能在部分环节依然保持瀑布流的方式。由于篇幅所限，本书无法对此展开讨论，有兴趣深究的读者可以查阅相关的专业图书。

（3）新 IT 角色

我们再来看一下变革对人的影响——IT 角色的变化。传统意义上的系统管理员、存储管理员、网络管理员、安全管理员等 IT 角色将逐渐退出历史舞台，取而代之的是云管理员、云架构师、自动化工程师、开发+运维合二为一的角色 DevOps（Developer-Operations）等新 IT 角色，如图 1-18 所示。

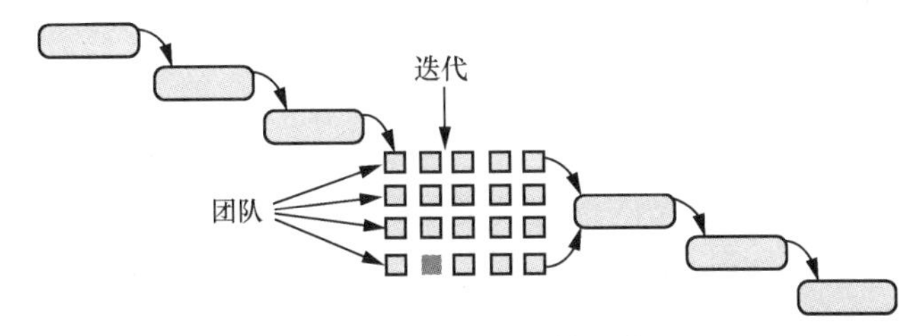

图 1-17　瀑布式敏捷开发

图 1-18　新 IT 角色

我们在前面讲解了云带来的一系列变革，那么现在来关注当选定了一种云形态之后是否就一成不变了呢？

3．云迁移

越来越多的初创型公司在早期阶段可能会因初始化投入成本较低而选择公有云服务，常见的是从云主机入手，逐渐扩展到云存储、云数据库、云加速器等服务。但是，随着业务的发展，到达某一个阶段的时候，就会出现以其他云形态来补充或者是从一个云服务提供商迁移到另一个云服务提供商的需求。不同形态云之间的转换如图 1-19 所示。

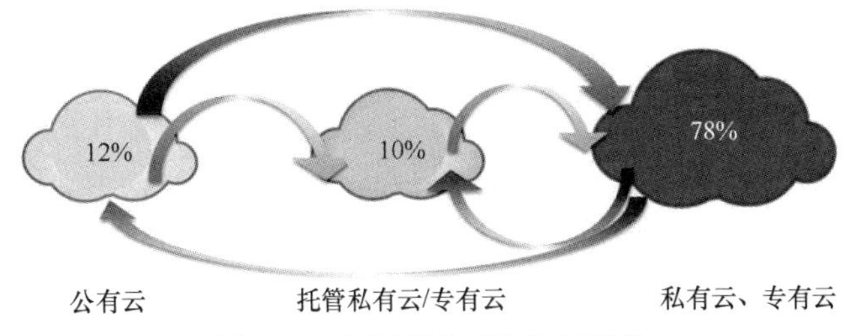

图 1-19　不同形态云之间的转换

云迁移的诱发因素多种多样，可归纳为如下几种。

（1）性价比：客户永远在追寻更高的性价比，仅此而已。

（2）功能导向：对于A云不能实现的功能，若B云可以实现，则该功能会被迁移到B云。

（3）策略导向：例如合规要求的变化在原有云无法实现。

在任何两种云之间，云迁移的方向可以是双向的或单向的。从应用到数据到基础架构，都可能被迁移。有的迁移像搬家一样是一次性的，有的迁移是具有随机性和重复性的。较为典型的例子有云爆发[1]及混合云。

图1-20中描绘的是一个典型的混合云架构，我们用表1-3来说明公有云和私有云在一个混合云架构上各自的侧重点。

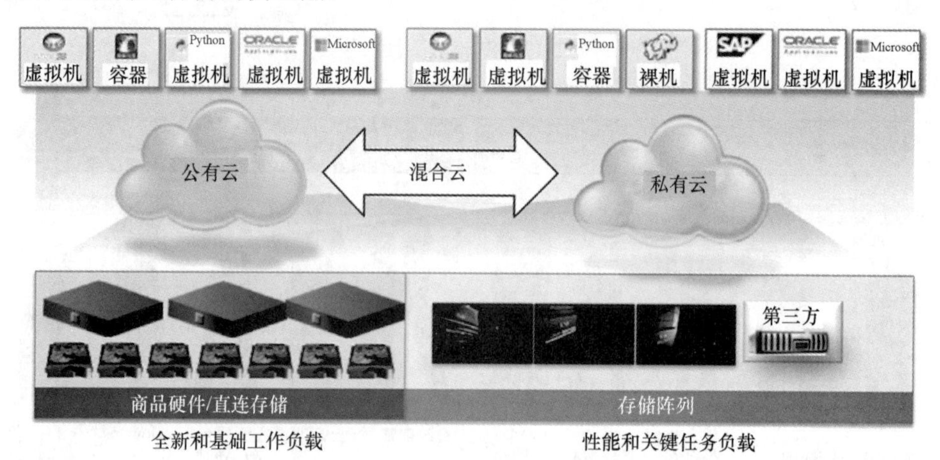

图1-20　混合云架构

表1-3　混合云架构上公有云和私有云的侧重点

维度	公有云	私有云
负载	新应用、基础工作	高性能应用、关键任务
硬件	商品化硬件、直连存储（DAS*）	存储阵列、定制化、高端硬件
虚拟化	虚拟机、容器	裸机、虚拟机、容器
应用	Web类为主	大数据分析类应用、传统应用

注：*DAS，Direct Attached Storage。

接下来我们给大家介绍一些逐渐形成潮流的云间数据交换和跨云的基础架构迁移的场景。

场景1：云间数据交换。互联网公司在业务发展初期大量使用公有云服务早已成为一种定式，但是随着业务的发展，特别是需要处理的数据量呈爆发式增长时，有一些如大数据分析的业务由于公有云服务商品化硬件的限制（如单机的CPU和内存限制），不得不考虑自建数据中心（私有云）来完成，那么就涉及公有云与私有云之间数据的传输成本与效率问题，通常最高效的方式是在两种云之间拉设光纤专线。当然，两种云所处的数据中心

1　云爆发是指私有云中运行的应用在访问量呈爆炸式增长后，会临时使用公有云服务来保证服务不间断。

在物理网络上距离越近，数据交换的效果越好。比如一家位于硅谷 Mountain View 的公司，它在 AWS 的 EC2 主机位于马路对面的数据中心，而自建的 Cassandra 集群就在其隔壁的互联网服务提供商数据中心里面，若建立一条连接彼此的 10 Gbit/s 的专线，则专线传输相当于在高速局域网里进行数据传输。当然，前面的这个例子是比较理想的场景，我们只需要关心数据如何在两个数据中心之间进行交换。这个问题可以进一步分解为 4 步。

（1）源数据传输准备：提取、去重、压缩、加密等。

（2）数据分发与传输。

（3）接收源数据：解密、解压、重建。

（4）数据重构。

图 1-21 展示的是一个典型的从源数据中心向目标数据中心通过分布式数据分发、P2P 公共网络传输数据的架构。该架构意图达到高效、可靠、分布式数据传输的效果，同样适用于基础架构迁移的场景。

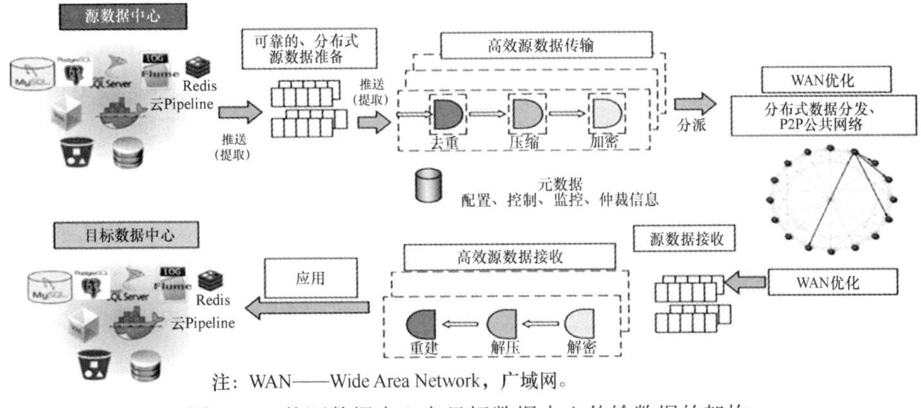

图 1-21　从源数据中心向目标数据中心传输数据的架构

场景 2：跨云的基础架构迁移。基础架构的迁移是指要把 IaaS 及之上所有的平台、服务、应用及数据完全迁移，这其中最大的挑战是对业务可持续性的要求。如果对在线业务的下线时间是零容忍，那么这就是一个经典的第三平台无缝衔接大数据迁移场景。参考图 1-21，我们来简单描述一下如何实现无缝、无损数据迁移（为简化设计起见，假设源与目标数据中心具有相同或类似的硬件配置），具体如下。

（1）对源数据中心进行元数据提取。

（2）在目标数据中心重构基础架构。

（3）非实时数据的大规模迁移。

（4）在目标数据中心启动服务、应用进入备用状态。

（5）以迭代、递增的方式在源和目标数据中心进行实时数据同步。

（6）目标数据中心调整为主服务集群。

（7）持续数据同步、状态监控。

（8）源数据中心下线或作为备用基础架构。

至此，我们应该对云的各种形态都有所了解，它们不是一成不变的，套用一句古希腊哲学家赫拉克利特的名言：唯一不变的就是变化本身。

1.3 关于云计算效率的讨论

1.3.1 公有云效率更高？

误解：公有云具有更高的效率。首先我们需要知道效率到底指的是什么。这是个亟须澄清的概念。在这里效率是指云数据中心（我们将在后文中介绍其定义）中的 IT 设备资源利用率，其中最具有代表性的指标就是 CPU 的综合利用率。当然，如果把诸如内存、网络、存储等因素都考虑进来会更全面，不过为了便于讨论，我们在本小节着重讨论 CPU 的资源利用率。

在数据中心中，我们习惯用电能利用效率（Power Usage Effectiveness，PUE）表示电力资源的利用率，它的计算式为 PUE 值=$(C+P+I)/I$ ，其中，C 表示制冷、取暖等为保持机房环境温度而耗费的电量，P 表示机房中非 IT 设备供电所耗费的电量，I 表示 IT 设备耗电量。显然 PUE 值不可能小于或等于 1，事实上全球范围内大多数云机房的 PUE 平均值大于 2，而先进机房的 PUE 值几乎可以达到 1.1，甚至是 1.06，说明先进机房有着相当惊人的高电能利用率。我国从 2013 年开始要求新建数据中心的 PUE 值小于 1.5，原有数据中心改造后的 PUE 值小于 2，见表 1-4。图 1-22 中列出的是 2020 年艾瑞咨询研究院公布的我国数据中心能耗分配情况，在 PUE 值等于 2.0 的情况下，IT 设备能耗占比最大，制冷系统能耗次之，照明及其他设备能耗是最少的。此外，即使使用的技术相同，数据中心在不同地区的指标也不尽相同。例如，年平均气温较低的区域用于制冷系统的能耗会大幅降低，PUE 值就较低。当然，各地的 PUE 要求也不同，一线城市和东部地区更为严格，且不同地区的电价也不同。

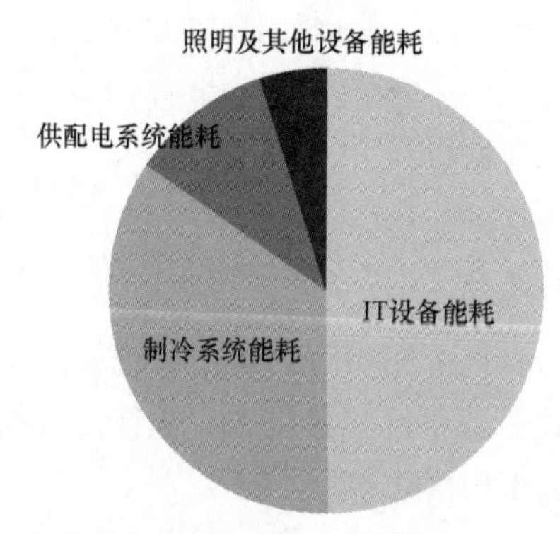

图 1-22　我国数据中心能耗分布情况（PUE 值=2）

表 1-4　部分城市的年平均气温和数据中心 PUE 要求

城市	年平均气温/°C	PUE 要求
北京	12.3	原有数据中心的 PUE 值为 1.4，新建数据中心的 PUE 值为 1.3
上海	16.6	改建数据中心的 PUE 值为 1.4，新建数据中心的 PUE 值为 1.3
广州	22.0	优先支持 1.3 以下
深圳	22.6	PUE 值在 1.4 以上的数据中心不享有能源消费的支持；低于 1.25 的数据中心可享有能源消费量 40%以上的支持
杭州	16.5	新建数据中心的 PUE 值为 1.4，改造数据中心的 PUE 值为 1.6
天津	12.7	—
武汉	16.6	—
成都	16.1	—
南京	15.5	新建数据中心的 PUE 值为 1.5
西安	13.7	—
济南	14.7	新建数据中心的 PUE 值为 1.3，至 2022 年存量数据中心改造后的 PUE 值为 1.4
青岛	12.7	新建数据中心的 PUE 值为 1.3，至 2022 年存量数据中心改造后的 PUE 值为 1.4
张北	3.7	—
乌兰察布	4.3	大型数据中心的 PUE 值为 1.4
贵安	15.3	—
中卫	8.6	—
廊坊	12.0	—
南通	15.3	新建数据中心的 PUE 值为 1.5

公有云的 CPU 资源利用率会高于私有云的吗？让我们用数据来说话，图 1-23 展示了数据中心能耗分配情况，图 1-24 列出了目前市场上主流的公有云/私有云服务器主机 CPU 的平均利用率。

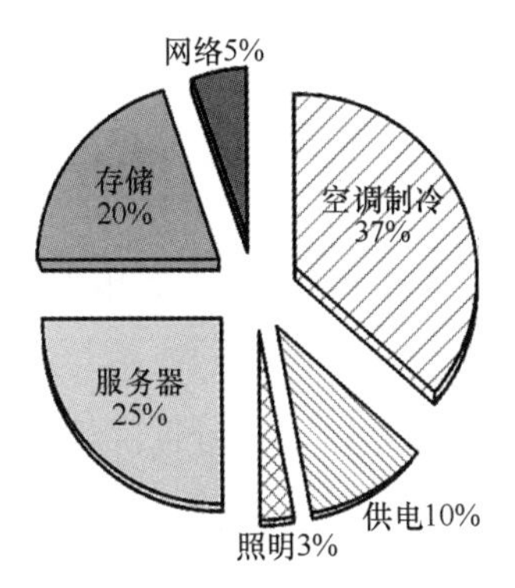

图 1-23　数据中心能耗分配情况

图 1-24 中的数据清晰地说明了公有云服务器主机 CPU 的平均利用率远低于私有云，甚

至亚马逊公司的 AWS 和微软公司的 Azure 都只有 10%左右，相当于每 10 台服务器中只有一台在满负荷运转而另外 9 台在空转。同比私有云环境下的谷歌公司，其服务器主机 CPU 的平均利用率可以达到 30%，曾是易安信（EMC）公司旗下的 Virtustream 甚至能达到惊人的 70%。

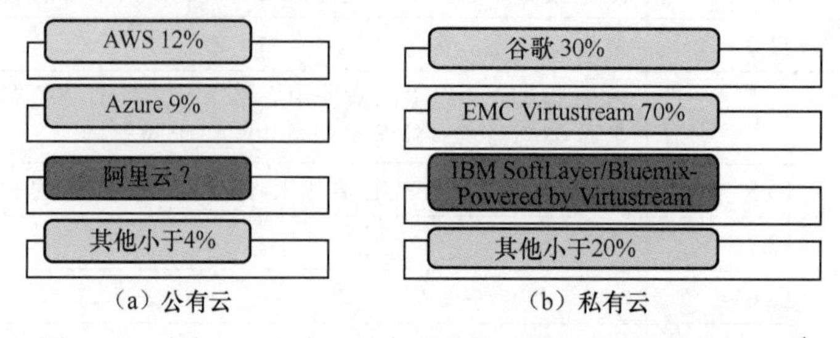

图 1-24　公有云、私有云服务器主机 CPU 的平均利用率比较[1]

公有云 IT 资源利用率较低的成因是公有云业务场景的多样化与负载高度的不可预知性。当 CPU 资源在被分配给某用户后，如果没有被该用户充分利用，就会出现 CPU 空转，进而造成事实上的浪费的情况。同样的问题也存在于其他资源分配上，例如网络带宽、磁盘空间等，这是基于时间共享"虚拟化"的必然结果。类似的基于时间共享技术的应用还有很多，比如蜂窝网络。时间共享的设计原则是"公平分配"，以确保每个被服务对象在单位时间内可获取同样多的资源，但平均主义也会造成在均分资源后因资源被闲置、空转而形成的事实浪费。

如何提高云数据中心的资源利用率呢？从数据中心能耗分布的角度而言，云主机服务器组件（尤其是 CPU）每消耗 1 W，不间断电源（Uninterruptible Power System，UPS）、空调制冷，以及配电箱、变压器等其他设备就会连带消耗 1.84 W。反之，如果能让 CPU 少消耗 1 W，那么这会为整个数据中心节能 2.84 W。图 1-25 是艾默生电气公司（Emerson）网络能源的统计数据。我们称这种瀑布流式的"级联"效应为叶栅效应、级联效应。

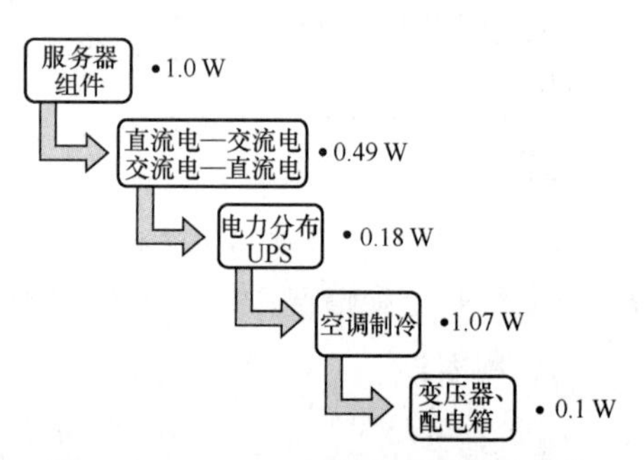

图 1-25　Emerson 网络能源的统计数据

现在我们知道提高效率的核心是提高 CPU 的利用率或降低单位时间内整体 CPU 的能耗，这两个方向的最终目标是一致的。

绝大多数的数据中心在提高资源利用率、降低能耗上有以下两种不同的路径：

（1）优化供给侧；

（2）优化需求侧。

1　CHANG X T, WANG K, GUO Y, et al. Improving resource utilization in a large-scale public cloud[C]//16th IEEE/ACM International Symposium on Cluster, Cloud and Grid. 2016.

优化供给侧并非本书关注的重点，不过为了全面起见，我们在此略作介绍。优化供给侧可以从以下几个方面来实施。

（1）在数据中心供电环节与发电环节上进行优化。

① 围绕储能系统的效率进行优化。

② 围绕数据中心发电环节进行优化。

（2）在数据中心机房温度控制环节上进行优化

① 优化空调制冷系统。

② 优化空气流动系统。

在数据中心中，市电先通过交流电到直流电的转换对储能系统进行充电，储能系统中常见的设备是 UPS（或飞轮）。图 1-26 中列出了三大类数据中心储能系统，常见的是电化学储能，即我们常说的 UPS。机械储能系统也经常被用到，电磁储能较少见，但未来如果相关技术有所突破，相信它在储能效率上也会得到相应提高。之后，UPS 再把直流电转换为交流电为电源分配单元（Power Distribution Unit，PDU）供电。在这个二元连续（交流电—直流电—交流电）的转换过程中，电力存在损耗，以及生成大量废热需要制冷系统来降温。结合图 1-23 可知，供电与空调制冷的能耗占整个数据中心能耗的 10%～47%，这里的范围表示从只供电但不制冷到既供电又制冷的能耗范围。

图 1-26 三大类数据中心储能系统

如何提高 UPS 效率，甚至是找到 UPS 替代方案是业界主要的努力方向。谷歌公司的经验是采用分布式 UPS 及电池系统直接对服务器机柜进行交流供电，在此过程中仅需要一次交流电到直流电的转换，由此可达到 99.9%的 UPS 效率，远高于业界的平均效率（80%～90%）。其他常见的做法还有提高 UPS 到 PDU 电压、更新/升级 UPS 或直接对服务器进行高压直流输电等。

UPS 替代方式越来越受到业界的重视。例如燃料电池技术和智能电源虚拟化技术，它们的一个共性是在整个供电过程中不再需要 UPS、PDU 和变压器单元，开关设备也变得简单。图 1-27 展示了使用软件定义电源技术前后数据中心配电系统的变化。

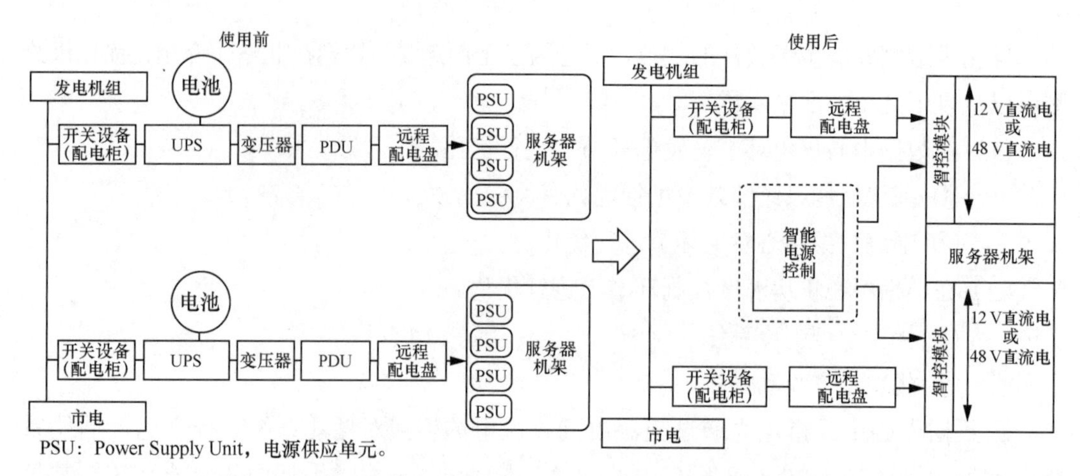

图 1-27　使用软件定义电源技术前后数据中心配电系统的变化

数据中心有严格的温度与湿度控制机制，保证 IT 设备在最优环境下发挥性能。新建的数据中心及改造的数据中心通常都会对冷热气流进行管理，例如服务器机柜冷热通道交替排列、规范布线。数据中心冷热气流管理如图 1-28 所示，服务器机柜冷热通道交替排列如图 1-29 所示，规范布线前后对比如图 1-30 所示。

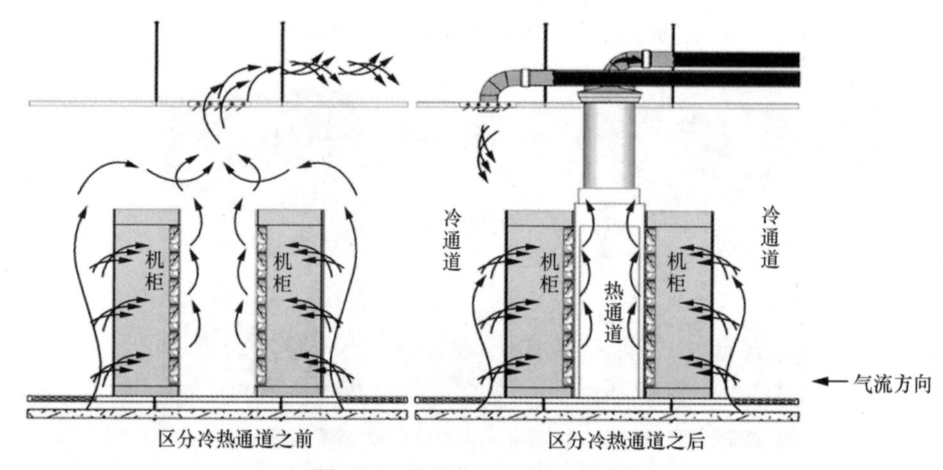

图 1-28　数据中心冷热气流管理

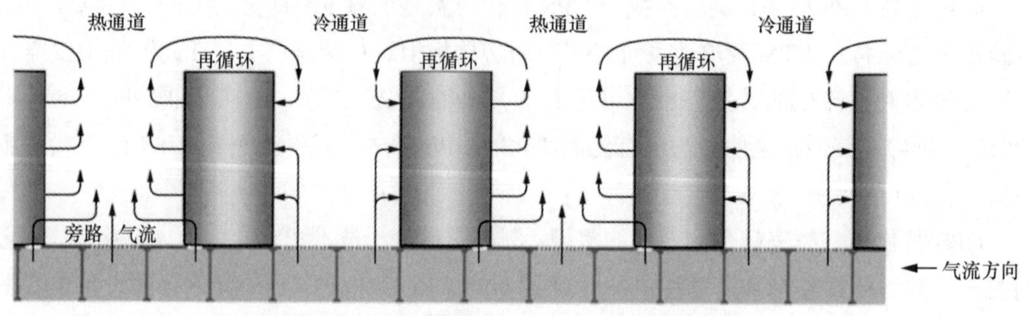

图 1-29　服务器机柜冷热通道交替排列

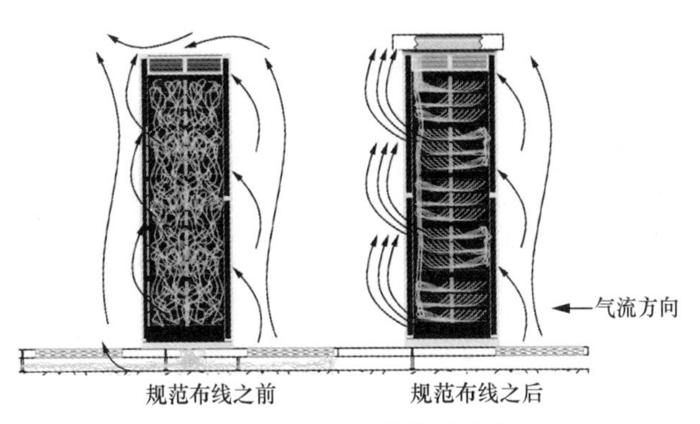

图 1-30 规范布线前后对比

我们在本小节中简要介绍了云数据中心供给侧的一些优化方式。在下一小节中，我们将主要关注云数据中心需求侧的优化手段。

1.3.2 云计算优化要论

云数据中心需求侧优化的核心是提高 IT 设备的利用率。提高过程通常分为以下 3 个步骤。

步骤 1：IT 资源虚拟化。

步骤 2：优化 IT 资源效率。

步骤 3：数据中心云平台化。

（1）IT 资源虚拟化

云数据中心的基本特点是多租户，对多租户场景最好的支持是资源虚拟化。业界最早是从服务器虚拟化开始的，紧随其后的是网络虚拟化，再之后是存储虚拟化，相关的详细讨论可参考《软件定义数据中心：技术与实践》[1]这本书。值得指出的是虚拟化是个宏观的概念，它包括硬件虚拟化，也包括软件虚拟化，但最终是通过软件接口与用户层应用对接，这也是为什么我们称之为软件定义数据中心（Software Defined Data Center，SDDC）。此前我们一直把服务器、网络与存储称为软件定义数据中心的三大支柱，现在看来应该是四大支柱——还有电源虚拟化和电力优化，如图 1-31 所示。从虚拟化进程完善程度来看，四大支柱是按照计算→网络→存储→电源电力降序排列，顺序越往后挑战越大，但是市场的机遇也越大，这正如阿尔伯特·爱因斯坦（Albert Einstein）所说：困难之中蕴藏着机遇。

（2）优化 IT 资源效率

围绕优化数据中心 IT 资源效率，特别是提高 CPU 资源利用率（或降低 CPU 能耗），我们可以将节能技术分为 4 类，如图 1-32 所示。

1 陈熹, Ricky Sun. 软件定义数据中心：技术与实践[M]. 北京：机械工业出版社, 2015.

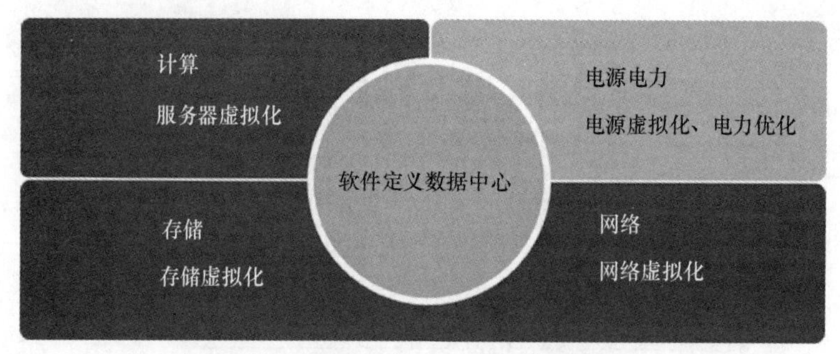

图 1-31　软件定义数据中心的四大支柱

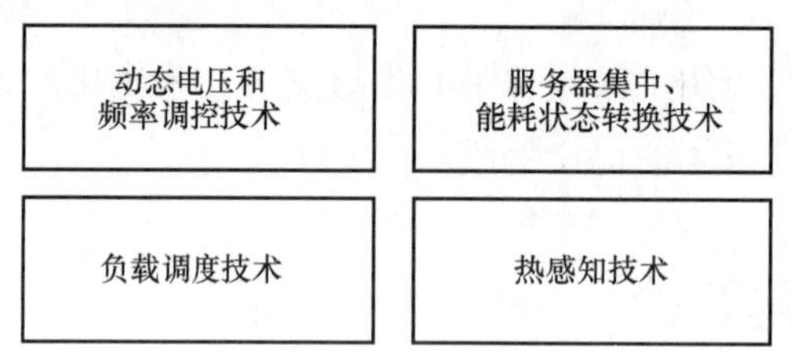

图 1-32　4 类节能技术

① 动态电压和频率调控技术

动态电压和频率调控技术是常见的能耗管理技术，特别是在对多核处理器、动态随机存储器（Dynamic Random Access Memory，DRAM）管理上。基于 CMOS 电路的能耗方程如下。

总能耗=静态能耗+动态能耗

我们可以通过调节时钟频率来调节电压，并由此降低能耗。但是，频率降低也意味着降低了处理器元器件的性能，因此并非一味降低处理器频率、降低电压就万事大吉了，还要在遵循服务质量/服务级别协议（QoS/SLA）要求的前提下进行相关的智能调控。业界常见的实践是在系统各部件负载较低的情况下降低供电频率、电压，并监控系统负载，根据需求动态调节，以保障满足服务级别协议。

② 负载调度技术

负载调度技术在所有大型云数据中心的效率博弈中可能是贡献最大的。它的基本原理非常简单，但实现起来一点都不简单——最差的情况当然是把所有 IT 设备都打开，但是每台设备处于空转或低负载运转的状态；最优的情况就是让每台运转中的设备达到满负荷、全速运转，而其他设备都处于下线、不供电状态。参考图 1-24 我们发现，曾是易安信（EMC）公司云产品的 Virtustream，以 70%的资源利用率几乎实现了最优状态，而多数公有云显然还处于大量浪费 IT 资源的状态（利用率仅达 10%，甚至更低）。需要指出的是，公有云的负载多样性及不可预见性在一定程度上使得负载调度变得更为复杂；反之，私有云中负载模式的可预测度很高，更容易实现调度优化。负载调度与迁移的实现有很多方式，虚拟机迁移、容器迁移都是近些年业界使用越来越多的方式。不过业界存在一种普遍的观点，认为容器的迁移会全面取代虚拟机迁移。我们以为这么说为时尚早，容器技术在支持有状态服务（如数据库类服务）、安全性、隔离性及生态系统建设上与虚拟机还相差甚远，不过对于无状态服务（如Web类服务），容器架构的低时延和高速性优势就很明显。在负载调度中，我们认为容器、虚拟机，甚至是裸机形式的调度需求会长期并存。

③ 服务器集中、能耗状态转换技术

服务器集中、能耗状态转换技术通常会与前两项技术共用，帮助提高资源利用率或降低能耗。一种典型的做法是在数据中心使用异构的硬件平台，也就是说在低负载情况下使用低功耗、低性能系统，当负载增长后再通过任务调度把负载移向高性能系统。这么做的好处很显然，但是如果发生频繁的负载、任务迁移，那么迁移成本也是需要考量的因素。另一种做法是通过智能硬件监控系统负载，只保留部分IT组件在线而让其他组件进入休眠状态，比如有些操作只需要内存，那么CPU、硬盘、网络设备便可以休眠，由此达到节省能耗的目的。

④ 热感知技术

在图1-25中我们展示过服务器CPU能耗的级联效应，当CPU运转时会产生热能，而机房中的主要热源来自运转的IT设备。为了保证机房的温度，空调等制冷系统又要耗费更多的电力。如何智能分配负载来保证整体能耗降低是热感知技术的核心理念。一种做法是在刀片机柜中通过把新增负载加载到现有活跃刀片机，而非新启动一个刀片机柜（刀片机组会共享电源与风扇，启动新的刀片机组能耗需求会相对更高）来实现低的热散逸；另一种做法是针对机房中热点分布与空调制冷系统和温度传感器的相对位置来定向调节在不同位置的服务器的负载，以达到节能的目的。

需要指出的是，IT设备的效率指标不能单纯地以利用率来衡量，也就是说效率与利用率（温度）之间并非是单纯的线性关系。以CPU为例，当CPU负载在95%以上之后，持续升温到一定程度反而会降低其性能，直到超载崩溃，因此，一味追求高利用率并非问题的解决之道。

（3）数据中心云平台化

数据中心云平台化是资源虚拟化后，实现资源管理、调度高度协同的一个必然的发展方向。在云的多重形态一节中，我们已经介绍了XaaS平台，在下一节我们会介绍业界建设云平台的一些最佳实践。

我们在本节介绍了一些业界提高IT设备效率的做法，希望能起到抛砖引玉的效果。有兴趣深究的读者可以继续查询、阅读相关的专业论文与图书。

1.4　业界如何建云

兵法云“知己知彼，百战不殆”，进入任何陌生领域前了解行业的现状与趋势，分析自身的需求、能力与不足，谋定而后动应该是常识。在本节，我们就业界的云计算最佳实践原则、云服务与产品的演进历程、开源与闭源、云架构与应用间的互动关系等议题展开论述，希望能拨开迷雾，让读者对云计算不再陌生，对如何解读不同云计算流派与实践不再疑惑。

1.4.1 云计算最佳实践五原则

我们在前面的内容中介绍过云计算的前世今生。跟任何新兴事物一样，云计算绝非一日铸就，它是大量现有科技的整合与结晶，并在新兴业务需求驱动下而形成的先进的 IT 生产与消费模式。

拥抱云计算有没有一些基本原则可以遵循或参考呢？这个问题可以细微到任何一种具体技术的筛选，也可以升华到哲学思考，在起始阶段就跳入细枝末节的技术讨论环节只会让人感到无所适从，过于宏观的哲学讨论又难免让人觉得不接地气，我们在多年的实践中总结了 5 条基本原则与大家分享。这 5 条原则相辅相成，在实践中可形成闭环，如图 1-33 所示。

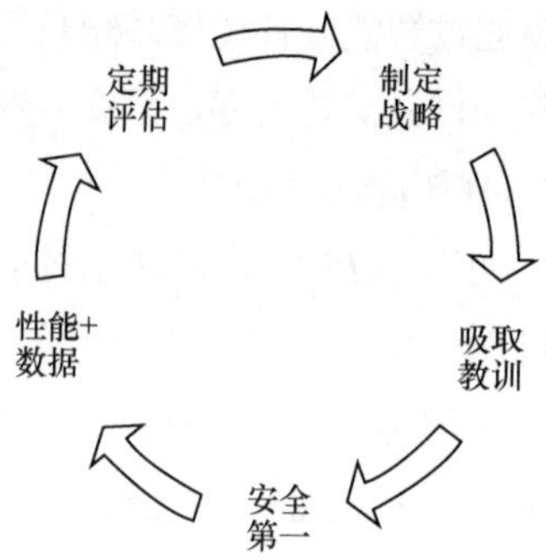

图 1-33　云计算最佳实践五原则

（1）结合需求制定战略

不结合自身业务需求与定位的云战略就是空中楼阁，没有中长期战略指导的云计算实践注定是“短命”的。云战略可以从不同的层面来制定，通常可以从消费方或供给方入手。消费方就是云计算资源与服务的消费者，供给方是云计算资源与服务的提供者。自建云则是将两种身份合二为一。业界最早也是当下最大的公有云服务提供商亚马逊公司就是典型的例子。亚马逊公司在 2006 年之前就面向内部用户提供了内网（私有云）服务，2006 年之后则把更多业务逐渐开放并推向了公有云市场。为了内容完整起见，在下面的分析中，我们将供给方与消费方结合起来综合进行考虑。另外，中小企业、机构的云计算战略与规划可以看作大型机构、政企的云计算战略的一个子集。我们在这里为大家描述的是一个相对完整的计划（超集）。

任何战略离不开 3 个要点：方向（目标）、人（队伍）、资源（钱、物、关系网、技术储备），把这 3 个要点映射到云计算战略与最佳实践上就是人员、流程与技术 3 项指标，如图 1-34 所示。

如果拥抱云计算是一种文化转型（任何业务转型的成功一定是最终以企业或机构的文化转型成功为标志）的话，人员的转变是首当其冲的。在云计算的时代，拥有云计算所需的技能应该成为常态；各部门之间的协调，特别是业务部门与 IT 部门之间的互动应当转换为以服务为驱动、以业务为导向（这在一定程度上的确意味着 IT 部门权限的相对下降）的方式。

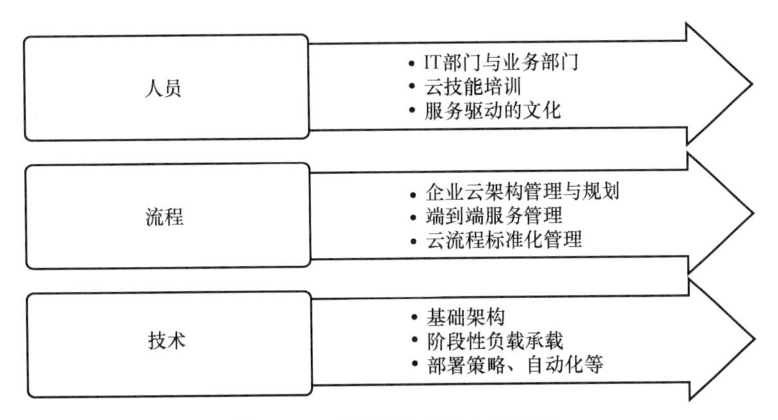

图 1-34　云计算战略的 3 项指标

人员的转变除了技能，还包括思维方式、工作方式。要确保这些转变成功实施，就需要制定相关流程——云架构规划与管理流程、标准化流程、端到端服务流程等。合理的流程通常会规避掉因缺少流程而造成的混乱与盲动，让我们少走弯路；繁复的流程则适得其反，太多的大公司制定了过多的、冗长的流程，限制了人的主观能动性、创造性。

云战略当然少不了技术，我们在这里把技术排在最后，并非轻视技术，而是要传递一个对技术准确定位的信息——在战略层面不要过早纠结技术问题，在比重上也要对技术份额有正确的认知。如果我们把云战略比作一家创业公司，技术在里面占有多大份额呢？是 75%还是 25%？市场+销售、管理+人员、财务+资本外加技术+产品，技术所占的合理份额是 15%～25%。

一些企业在上云（云化）的过程中，可谓是轻率上马、仓促开展，在变革过程中到处走捷径。一个经典的案例是某大型金融服务机构的云架构上无法支持分配 64 GB 以上内存的虚拟机，甚至无法管理 128 GB 内存的物理机。试想，如果不能管理大容量内存的服务器，那么上云最核心的目的（资源高效共享）何在呢？再者，因不允许 HTTP Keep-Alive 长链接的存在而需要对所有云上运行的应用程序进行改造——这个“无脑”的限制相当于让网络凭空增加大量的反复建立和终止链接的操作，这无异于浪费大量网络带宽。这种问题本身反映了从管理者到技术到运营者都还没有真正地融入到云化变革中。换言之，为了上云而上云，为了花钱而花钱，这种做法低效低质且浪费铺张。

那么云技术战略上要关注哪些关键点呢？首先，选择什么样的基础架构是根本，如果你的业务完全是 SaaS 或应用层面的东西，那么也许你和基础架构直接打交道的机会并不多，但是选择合适的基础架构提供商会影响到你上层业务的稳定性、可扩展性及经济性。其次，很多机构中云会经历多个阶段，从最初的只有内部测试与开发试用云架构，到逐步把生产部门迁移到云上，到最终把关键任务和核心数据置于云上，负载的迁移是渐进的，一蹴而就这种云策略将会是灾难性的。最后，云技术的采用究其本质是自动化技术的升华——自动配置、自动部署、自动升级、自动扩展或缩减资源配比，而自动化是需要有边界的，需要人来制定和调整策略并确保自动化实施过程中的可控性与安全性。

（2）博采众长、吸取教训

我国有句俗语叫入行问禁，说的是哪些禁忌要在进入一个行业之初就先了解清楚。这句话用在这里很贴切。云计算从战略到落实，禁忌之一是盲动，盲目冒进。罗马非一日建成，妄图一步把所有业务搬到云上，将所有流程都云化，这是不可能的事情。禁忌之二是盲从，一窝蜂地去做同样的事情。类似的例子我们在各行各业看到了太多，没有审慎地调研、论证项目需求分析就盲目“上马”——今天我们看到大量的数据中心空有基建之表而无云计算架构与应用之实，令人扼腕。禁忌之三是盲信，云计算高速发展到今天已有 15 年之久了，很多先前的经验已经被总结成各类专题研究、案例分析，但是近些年业界广泛存在的一个现象是大量软文充斥其间，案例、专题本来应该由独立、公允的第三方来完成的，但是事实却并非如此，各种“王婆卖瓜”式宣传在混淆着我们的视听，各种细枝末节的内容被人为包装成攸关成败的核心部分。而如此种种的目的是兜售产品、方案与理念，如何能抽丝剥茧、还原真相，这个问题在今天显得格外重要。

（3）安全第一

知名咨询公司高德纳（Gartner）早在 2016 年就预测安全指标会取代成本和敏捷性等因素，一跃成为政府机构及其代理机构在云战略考量中的首要因素。数据的安全性如果没有保障，轻则造成业务损失，重则对国家安全，以及个体的生命财产安全造成严重威胁。反观我们走过的从互联网到云计算的历程，有太多的时候敏感的数据被迫在“裸奔”：明码传送的密码、安全措施上“千疮百孔”的网络主机、缺少备份的数据库。提高整体云计算的安全性应当是一个战略层面的议题，从数据使用与保护安全策略到安全流程，再到人员安全知识培训一个都不能少。

（4）性能保障与数据可用性

这是云计算最佳实践中的经典问题。之前提到过云计算的经济规模效应，一方面，它不仅仅是规模变大后平均成本的下降，也可能会造成性能的相对下降，例如整体机房出口带宽饱和后，网络中争夺资源的设备越多，单位主机的带宽会越低；另一方面，云计算服务提供商多少都会承诺提供超大的、可扩展的存储空间，但是很多时候数据的可用性并没有明确的服务质量或服务级别协议来保障。这里面涉及一个技术概念——数据热度，在图 1-35 中，数据按照访问需要的频繁性与迫切性被分为 4 类：热数据、暖数据、冷数据与备份数据。

简单来说，热数据需要频繁被访问并且应当在最短的时间内得到处理，因此一般把热数据保存在内存或缓存中；暖数据的访问频度与迫切性相对于热数据来说就低了一些，可能被保存在本地硬盘中；冷数据继续退而求其次，可能保存在网络存储设备中；而备份数据则有可能完全断电保存，只有在遇到如灾后备份恢复这类场景时才会被取出。数据的存储成本与数据热度成正比，热度越高，单位存储成本越高，因此从经济角度来看，热度越高的数据相对而言存储量应当越小，其他 3 类依此类推。

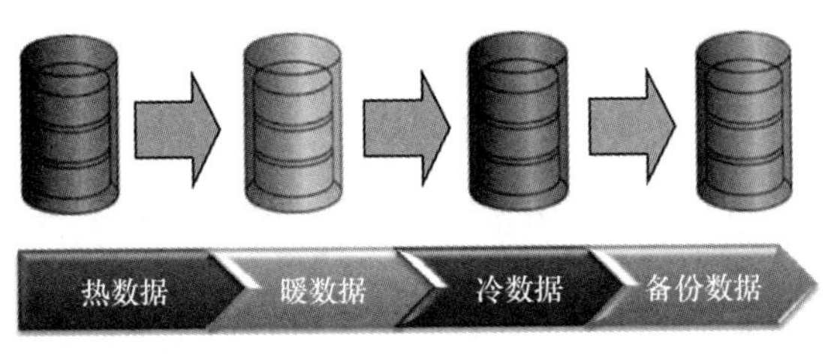

图 1-35　数据热度

整个存储行业过去几十年的发展，可以被理解为因数据热度的细分而催生了大量的专业化公司，以满足客户不同的数据可用性需求。数据的可用性还有其他一些维度，例如数据的准确性（一致性）、安全性、可压缩性、去重性（我们在后面的篇幅中会单独介绍关于数据去重的知识）等。在云计算进程中，所有的一切都是以某种数据的形式存在的，如何保障它们安全、高效、经济、可用，其意义不言而喻。

（5）定期评估业务发展并相应调整云发展战略

云计算是一门典型的实践主导的工程学，它是一直随着业务需求、应用场景、市场热点，甚至新老技术交替而不断变化的。形成良好的机制来重新评估现有云战略、战术，并及时调整和更正留存的问题是所有云计算的拥抱者应当具有的正确姿态。

1.4.2　云服务与产品的演进

了解云计算服务、产品与解决方案的演进历程可以从服务提供方或需求方入手。以服务需求方为例，业务需求出发点的不同导致选择云计算解决方案的切入点不同，我们以 XaaS 作为切入点（见图 1-36）。对于某些用户而言，提供远程桌面、瘦客户端（取代现有 PC 主机、笔记本电脑）是日常办公云化的第一步；而对于其他用户，特别是一些对于流程较注重的公司而言，他们可能会从购买 SaaS 化的办公自动化系统、CRM 或 ERP 系统入手。研发型机构或 IT 公司接入云的方式则更有可能是直接购买虚拟化的 IaaS 资源，如云主机、云数据库服务等。当然，对于部门内、部门间协同工作要求较高的机构，他们可能会从类似于白板、通信录、日历、库存、订单管理、共享桌面等服务切入。这一类服务都被冠以“科研云”的名头，实质上是不折不扣的 SaaS。

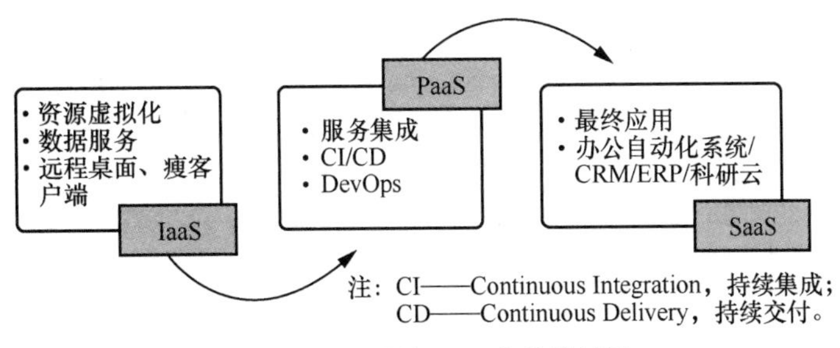

图 1-36　云服务、云产品的演进

1．DevOps

无论是从底层的 IaaS 还是从上层的 SaaS 接入云，它们都会向中间层的 PaaS 平台演进。PaaS 提供的核心服务可以分为两大类：

（1）集成化的服务（部署、维护、升级、兼容性管理、服务目录等）；

（2）一体化开发+运维（DevOps）、持续集成、持续部署。

这里我们要对 DevOps 概念做一个简要的介绍，它是对重视“软件开发人员（Dev）”和“IT 运维技术人员（Ops）”之间进行快捷沟通协作的统称。在研发机构中，开发、测试与运维通常作为 3 个不同的部门独立存在。在产品开发的生命周期中，开发部门提交半成品或成品给测试部门；测试部门检验合格后提交给运维部门；运维部门负责最终的集成、部署、实施、维护。随着业务需求、市场环境的快速变化，产品迭代的需求愈来愈强，开发—测试—运维的周期越来越短，特别是随着敏捷开发模式的推广，越来越多的公司，特别是互联网企业率先采用了让三部门高度协同，甚至一体化的 DevOps 模式，如图 1-37 所示。在图 1-37 中，3 个圆的交集部分为 DevOps——DevOps 的概念于 2008 年被正式提出，但是业界巨头（如雅虎）早在 2004 年就广泛采用 DevOps 的运营模式——令人印象深刻的是，在雅虎工作的每个开发人员都要轮流佩戴一周寻呼机（又称 BB 机），实行“7×24 h”不间断值班制，发生问题时开发人员可远程登录主机排查问题，若问题依然不能解决就需要开发人员亲自去机房排查。采用 DevOps 模式对于开发人员而言，意味着身兼数职（对细化分工的一种逆向操作）；而对于测试与运维工种而言，则意味着被弱化，甚至是被消灭。

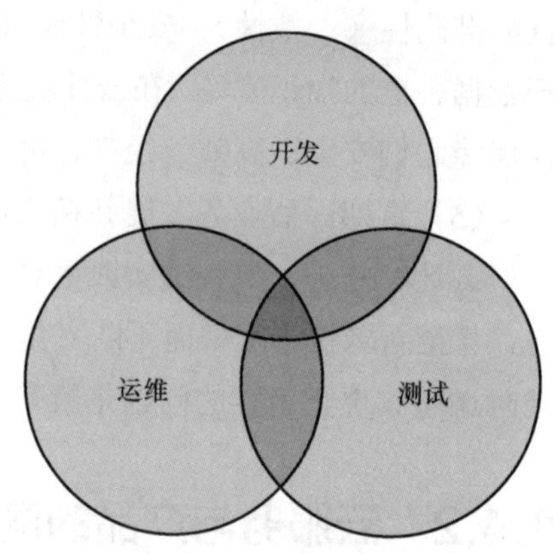

图 1-37　DevOps 的三位一体

如果从云的基本属性角度出发，云服务提供方（建设者）与云的客户（需求方）的诉求有不同的演进阶段。前者通常把基础架构、平台、服务与应用的弹性放到首位，把系统的稳健性放在其次，再次是各项性能指标的提高，最后则是系统安全性的提高。而对于后者来说通常在进入云初期，其第一考量是低成本，其次是弹性、敏捷性、可伸缩性，再次是系统的稳健性与安全性。两者的优先级看似有很大差异，实则是对立统一的。云建设的演进历程：提供方和需求方对比如图 1-38 所示。

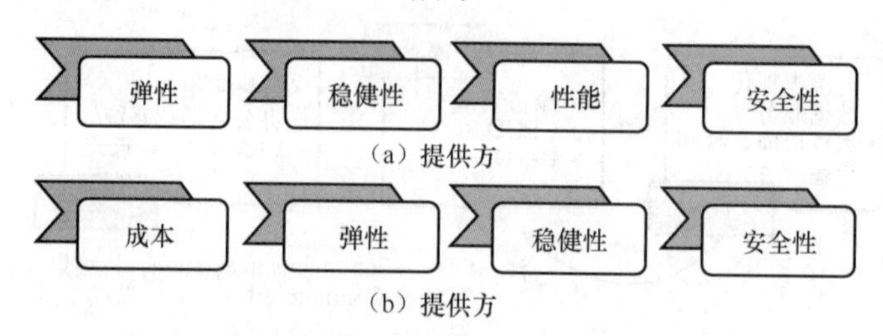

图 1-38　云建设的演进历程：提供方和需求方对比

在云计算发展过程中，图 1-38 所示内容是从早期阶段到逐渐成熟过程中必然经历的阶段。安全性成为云计算考量的首要因素是云逐渐趋于成熟的标志之一。在性价比、弹性、敏捷性、稳健性、性能这些难题都被攻克后，安全性相关问题一定会被提上议事日程。

云的弹性有以下几个重要的衡量指标。

指标 1：提供资源所需的时间。

指标 2：提供可伸缩资源的全面性——左右水平、上下垂直、计算、网络、存储、服务、应用等。

指标 3：对于弹性资源的监控粒度。传统监控方式的颗粒度是基于物理机或虚拟机的资源组件（如 Nagios、Ganglia 等），但是在云计算框架下，对于一个可能跨越了多台物理机、虚拟机或容器的应用或服务而言，对其进行监控的复杂度大增，需要在对整个应用或服务的各项指标做综合甚至是加权计算后呈现给用户。

指标 4：资源供应的准确性，避免过度供应或供应不足。

云的性能评测可以从以下多个维度展开。

维度 1：传统指标的评测，如 CPU/vCPU[1]利用率、网络带宽利用率、磁盘吞吐量等。

维度 2：云化工作负载性能评测，如对数据库、大数据或某个具体应用的性能（吞吐量、启动速度等）的评测。

维度 3：其他功能的支持及指标，如是否支持实时的块数据复制、系统每秒能完成的读/写操作次数（Input/Output Operations Per Second，IOPS）、是否支持传统应用向云迁移、云内及跨云数据迁移速度等。

谈到云的性能，其核心就是云上工作负载的性能。在这里我们需要引入和澄清一个重要的概念：云本地应用、云原生应用。并非所有的应用都是为云而生的，传统应用的重要特点是其独立性和封闭性，而在云基础架构上运行的应用分为两类：传统应用的云化迁移、创建的云本地应用。传统应用通常对底层硬件有很多需求，因此迁移并非像搬箱子那么简单，通常需要对其进行虚拟机或容器封装（有些甚至需要在符合规格的裸机上直接运行才能保证其效率，如大数据类应用），并且这些传统应用很难进行弹性扩展，如此一来它们的云化迁移更多的是为了云化而云化。

2．云原生应用

云原生应用又被称为云本地应用，具有五大特点，如图 1-39 所示。

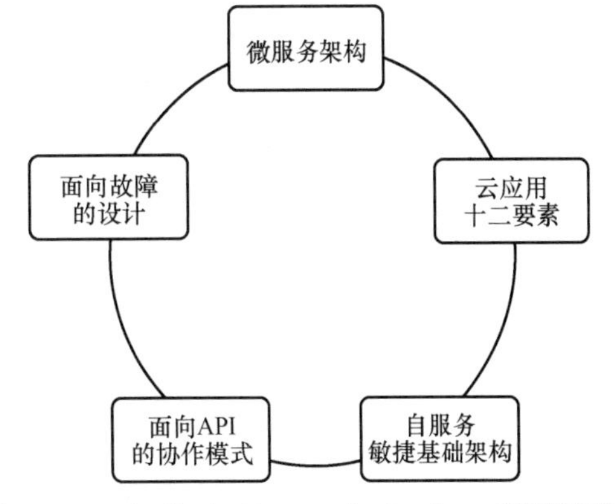

注：API——Application Programming Interface，应用程序接口。

图 1-39　云原生应用的五大特点

1 vCPU：Virtualised CPU，虚拟化的 CPU。

（1）微服务架构

微服务架构是云本地应用最重要的特点，它源自面向服务的体系架构（Service Oriented Architecture，SOA）。可以认为它是SOA整体框架中的一部分，在云化的过程中逐渐演变为各个云组件之间通过可独立部署的服务接口实现通信。图1-40形象地展示了传统独立应用与微服务架构应用间的差异。独立应用是一个“大包大揽”的整体，每一个应用进程会把多个功能集成在一起，独立应用的扩展是以应用进程为单位扩展到多台主机上；而微服务的最大区别在于把每一个功能元素作为一个单独的服务，这些服务可以部署在不同的主机上，每个服务只要保证通信接口不变，它们可以各自独立进化。从DevOps的角度出发，微服务架构具有非常明显的优势——一个服务的故障不至于导致整个应用下线，而在独立应用架构中，任何一个单一功能的维护、升级都要求整个应用进程下线、重启……

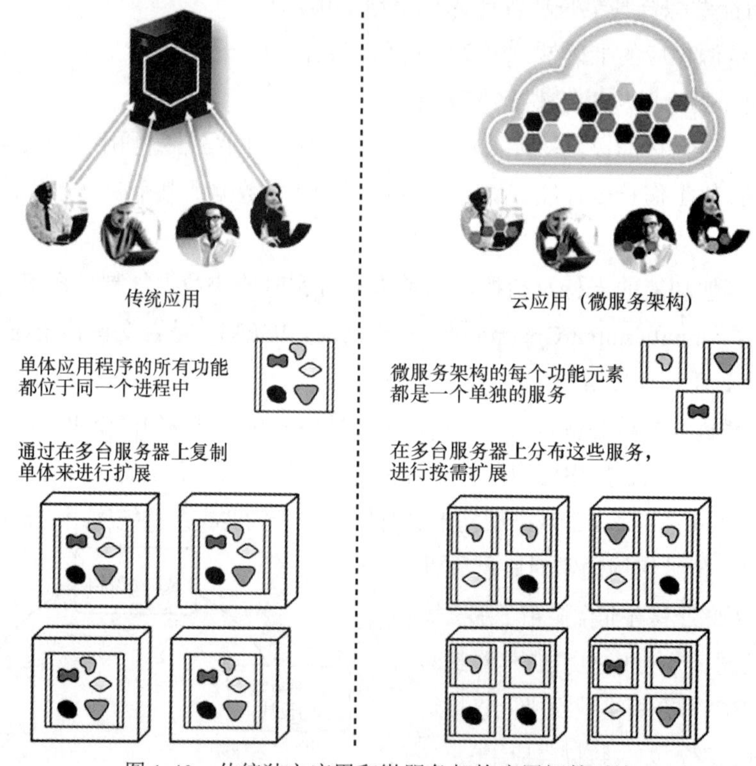

图1-40　传统独立应用和微服务架构应用间的对比

（2）云应用十二要素

云应用十二要素是被业界广泛引用的云原生应用的通用特点，由亚伦·威金斯（Adam Wiggins）在2012年提出。作为Hevoku的创始人，他总结了云原生应用的十二要素：单代码库多次部署、明确定义依赖关系、在环境中存储配置、后端服务作为附加资源、建设发布及上线运行分段、以无状态进程运行应用、通过端口绑定暴露服务、通过进程模型扩展实现并发、通过快速启动与优雅终止实现最大化稳健性、开发环境=线上环境、日志=

事件流、后台管理任务=一次性进程。有些人甚至称十二要素为建设与运行云应用最佳实践的金标准。

（3）自服务敏捷基础架构

自服务敏捷基础架构的概念最早在 2015 年出版的《迁移云原生应用程序架构》（*Migrating to Cloud-Native Application Architectures*）一书中被提出。自服务敏捷基础架构的另一种叫法是 PaaS，它可帮助程序员完成以下 4 件事情。

① 自动化、按需的应用实例伸缩。

② 应用程序健康管理。

③ 对应用实例访问的自动路由与负载均衡。

④ 对日志与度量数据的集结。

（4）面向 API 的协作模式

面向 API 的协作模式是在向微服务架构、十二要素应用建设、自服务敏捷基础架构三大模式转变过程中必然出现的新型协同工作模式。传统的协同开发模式是基于应用部件间的方法调用，而在云架构中，协同开发模式更多的是通过调用某种 API 的方式来实现组件间的通信，而 API 版本之间的兼容关系通过版本号来定义与协调。REST[1] API 就是一种非常流行的方式——它也是整个万维网（World Wide Web，WWW）的软件架构标志性风格——无独有偶，REST 的作者 Roy Fielding 在他的博士答辩论文中对 RESTful API 进行了定义，而他同时也是 HTTP/1.1 的主要作者。REST 与 HTTP 之间有如此千丝万缕的联系，以至很多人将二者混为一谈，因此我们在这里简单澄清下二者的区别。

① HTTP 是传输层协议；REST 是一组架构约束条件，它可以使用 HTTP 或其他传输层协议来实现。

② HTTP API 与 REST API 之间存在本质区别。任何使用 HTTP 作为传输层协议的 API，如简单对象访问协议（Simple Object Access Protocol，SOAP），都是 HTTP API。而 REST API 则遵循 REST 的约束条件，更多的是一种围绕资源的设计风格而不是一个标准。

（5）面向故障的设计

面向故障的设计是云计算弹性与敏捷性的终极体现，在遵循微服务架构、十二要素、自服务、面向 API 的设计原则下，云本地应用可以做到零下线时间，也就是说在故障甚至灾难发生时系统有足够的冗余来确保服务保持在线。业界著名的面向故障的实践案例是 Netflix 公司的工程师为了测试他们在 AWS 上的服务的稳健性而开发的一套叫作 Chaos Monkey 的开源软件，该软件会发现并随机终止系统中的云服务，以此来测试系统的自我恢复能力。

---

1 REST：Representational State Transfer，描述性状态迁移。

云的发展过程就像一次旅程，如图 1-41 所示。要提供云服务，就需要改造传统数据中心（Conventional Data Center，CDC）。在传统数据中心内，计算、网络、存储等资源通常专供各个业务单元或应用程序使用，这会导致管理复杂和资源非充分利用。传统数据中心所存在的限制促使了虚拟化数据中心（Virtualized Data Center，VDC）的产生，虚拟化进程一般遵循的是计算虚拟化、网络虚拟化、存储虚拟化等分阶段实施原则。持续增大的 IT 成本压力及业务按需处理数据的需求最终催生了云数据中心，我们称之为软件定义数据中心，它的核心机制是以服务和应用为导向。在硬件层面，它和虚拟化数据中心与传统数据中心并没有本质区别，主要的不同是通过软件工程的高度发展来实现的，也就是我们在图 1-39 中所提的云原生应用的五大特点。

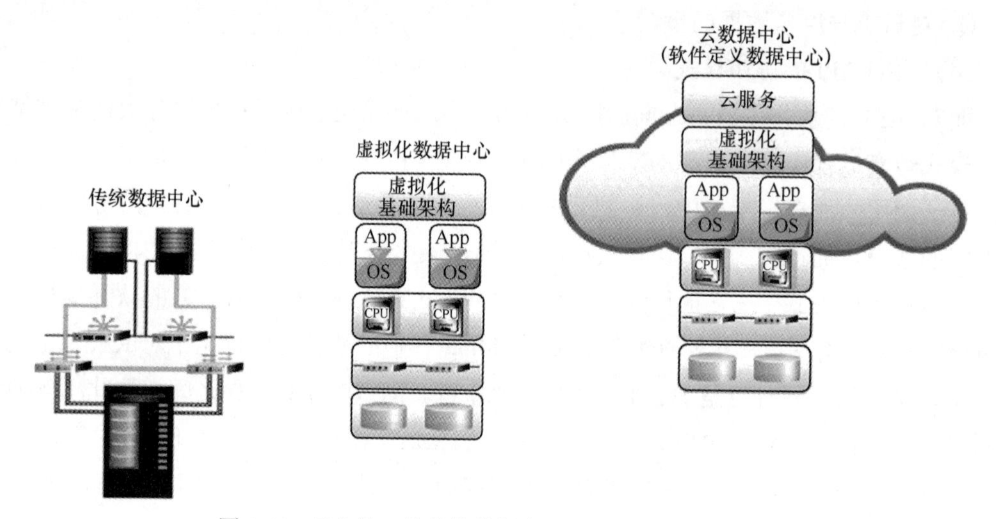

图 1-41　云之旅：从传统数据中心到软件定义数据中心

在本小节最后，我们再从云的形态入手，分析云的演进历程。如图 1-42 所示，通常一个完整的云演进历程是：从数据中心（无论是场内还是场外）到私有云，再到公有云，最终演化为混合云。不同的机构和组织进入云的切入点可能会因需求与能力的差异而不同，无论是从相对原始的传统数据中心开始还是从私有云或公有云服务切入，云服务通常不会以一种单一的云形态来获得，其中原因值得深思。

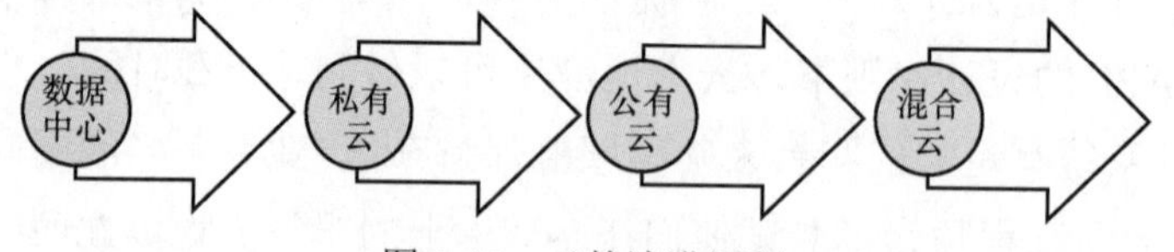

图 1-42　云的演进历程

以中小企业为例，最先使用的云服务可能是公有云的虚拟主机，而后逐步演进到使用公有云的存储服务、数据库服务、网络服务，直至大数据服务。有多种原因可能会造成该企业考虑其他云服务提供商或云形态，诸如过度部署、缺少实时审计所导致的空转与资源浪费，不同热度的数据访问代价差异而造成的存储浪费。看似天上掉馅饼式的免费、复杂的计费方式、高昂的故障修复成本等云计算的隐藏成本，都可能会让你在看到账单的时候大吃一惊。

另外，当公有云的成本达到一定金额或某些任务无法在现有云服务目录中得到满足时，很多企业把每年在公有云上消费100万美元作为一条警戒线，一旦达到或超过该线就会开始把部分业务向私有云迁移。较为典型的是那些对单机配置与性能要求高的大数据分析类业务，这些业务更适合直接在物理机上运行，而且运行时间较长，在公有云环境中通常很难获得足够高的配置，也很难保证长时间运行的业务不被强行中断——云计算、大数据服务丰富的公司（如亚马逊）也不能保证所有的业务需求都可以被满足。那种一站式的观念对于需求单纯的初创企业可行，对于业务需求日渐丰富、复杂化的组织而言，则很难满足他们的需求，也就是说，通常需要异构的数据中心或两种以上的云、虚拟化环境来满足他们的业务需求。大多数企业的首席信息官会考虑通过迁移一部分任务到其他云来实现成本控制，完成任务。至此，我们达到了云旅程的一个稳定状态——混合云。混合云是大多数云旅程的主要趋势。对于业务部门和IT部门而言，这也意味着面向多云环境的业务管理与运维变得更加复杂。

1.4.3 开源

整个云计算行业的发展史算得上是半部近十几年以来IT行业的“江湖恩仇录”，本小节我们来梳理一下云计算行业的技术发展脉络，希望能对大家有所启示。

1. 开源技术栈

提到云计算，我们先从相关的技术栈入手。多种技术的上下叠加，我们称之为技术栈或技术堆栈。技术栈这一IT界专有名词在本书中被频繁使用，图1-9形象展示了XaaS服务平台对何种技术进行了自动化处理从而给用户提供服务。纵观整个云计算、互联网过去近30年的技术发展，其核心是LAMP。所谓LAMP是B/S和C/S技术的四大代表性开源技术——Linux、Apache、MySQL、Perl/PHP/Python的首字母。鉴于LAMP技术如此重要，我们在此对它们做个概览。

（1）L：Linux操作系统。它颠覆了IBM公司的小型主机，也颠覆了微软公司的Windows操作系统。从此既不用被IBM公司“勒索”高昂的软硬件费用，也不用向微软公司缴付Windows操作系统软件许可证费用了，于是从原厂委托制造（Original Equipment Manufacture，OEM）、原厂委托设计（Original Design Manufactuce，ODM）服务器厂家到付费用户一窝蜂地投向Linux阵营。

（2）A：Apache Web服务器。从技术本质而言，万维网的发展就是C/S架构向B/S架构倾斜，就是向客户端浏览器倾斜。Web服务器市场中份额雄踞半壁江山的非Apache

Server 莫属，颇有一统江湖的味道。和另外几款开源 Web 服务器相比，速度不是它的优势，不过如果从功能全面性上考量，Apache 几乎完胜。2019 年，全球 Web 服务器市场份额位列第二名的是谁？这个问题对于非 IT 人士来说，能答对的恐怕不多。这个问题的答案是 Nginx，那时它大约占全球 Web 服务器市场份额的 23.73%（2022 年年初，Nginx 的市场份额已超越 Apache Server，约为 34%，是全球第一）。Nginx 确切地说是一台身兼两职的服务器——反向代理服务器+轻量级 Web 服务器，它通常与 Apache 协同工作。Nginx 比 Apache 晚诞生了 7 年，一开始就是为 C10k（Concurrency-10 000=并发 10 000 链接）而生——所以越是对并发访问需求大的大型网站越会采用 Nginx。第三名是微软公司的 IIS，它只占了全球 Web 服务器市场份额的 21.04%。用户坚定的开源、免费优先的采购策略充分体现在 Web 服务器市场上。图 1-43 是 2019 年第一季度的全球 Web 服务器市场份额比较，这张图告诉我们一个千古不变的道理——古人求金榜题名，位列三甲，今人力争前三。原因很简单，跌出前三，就意味着没人知道你是谁了。Apache Server 作为一款超级流行的开源 Web 服务器软件，其身后的 Apache 软件基金会功不可没。Apache 软件基金会麾下还有很多赫赫有名的软件，例如 OpenStack，我们会在后文中介绍。由基金会这种相对中立的组织机构来运维开源社区的方式似乎越来越得到业界的青睐。

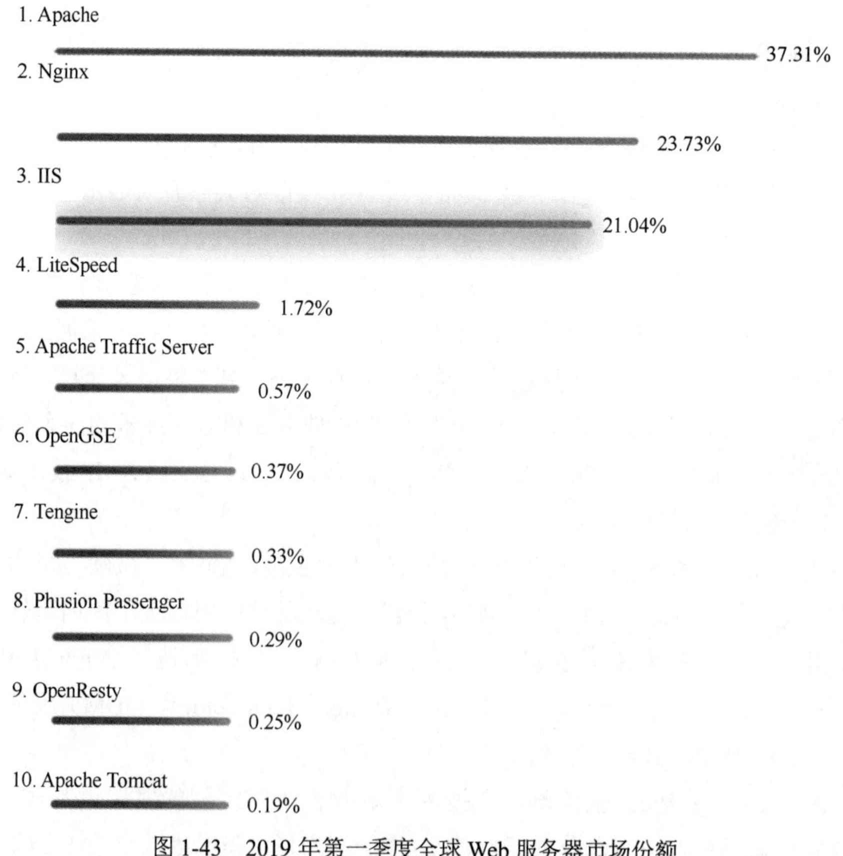

图 1-43　2019 年第一季度全球 Web 服务器市场份额

（3）M：MySQL。同 Apache、雅虎同年诞生的 MySQL，一直是业界流行的开源关系数据库。在互联网高速发展带动 IT 行业发展的几十年中，服务器前端是 Web 服务器的天下，而整个后端的数据关系建模、处理与管理离不开关系数据库，特别是 Apache 与 MySQL 一对开源组合，堪称对商用市场剧烈颠覆之楷模。在数据库领域，做得比较好的是甲骨文（Oracle）公司。此外 Oracle 公司在 Windows 服务器市场也抢走了微软公司 SQL Server 的头筹，而 2010 年 Oracle 公司在收购 MySQL 的母公司 Sun Microsystems 之后又成了 MySQL 的东家，于是之后数年数据库市场份额前三强为 Oracle>MySQL>SQL Server。第四、五名值得一提，因为大数据的蓬勃发展，NoSQL 的代表 MongoDB 近两年快速爬升到了第四名，而第五名 PostgreSQL 则是 MySQL 多年的宿敌。关于两者孰优孰劣的争论由来已久，不过归纳起来有 3 点：①PostgreSQL 一直被认为是开源的 Oracle 数据库与 SQL Server，提供的功能更为全面，在与 SQL 标准兼容上从一开始就做得更好；②面向大数据的 NoSQL 及 JSON 类功能支持做得更好；③执云计算牛耳的亚马逊 AWS 的很多数据库、大数据类服务是在 PostgreSQL 基础上构建的，这直接导致其排名上升，不过其市场份额仍旧不到 MySQL 的 1/4。从广义开源数据库角度看，M 可以泛指任何开源类型的数据库，PostgreSQL 也是 LAMP 中 M 的一种可能。开源与商业版本的数据库在过去 10 年间的互动可谓此消彼长，图 1-44 是 2013—2022 年两者市场份额变化趋势比较。由图 1-44 可以看出，如今开源数据库的市场份额已经超过了 50%，不过 2021 年之后的市场份额增长趋势似乎趋于平缓，其原因除了后续继续观察走势，还有待于深究。

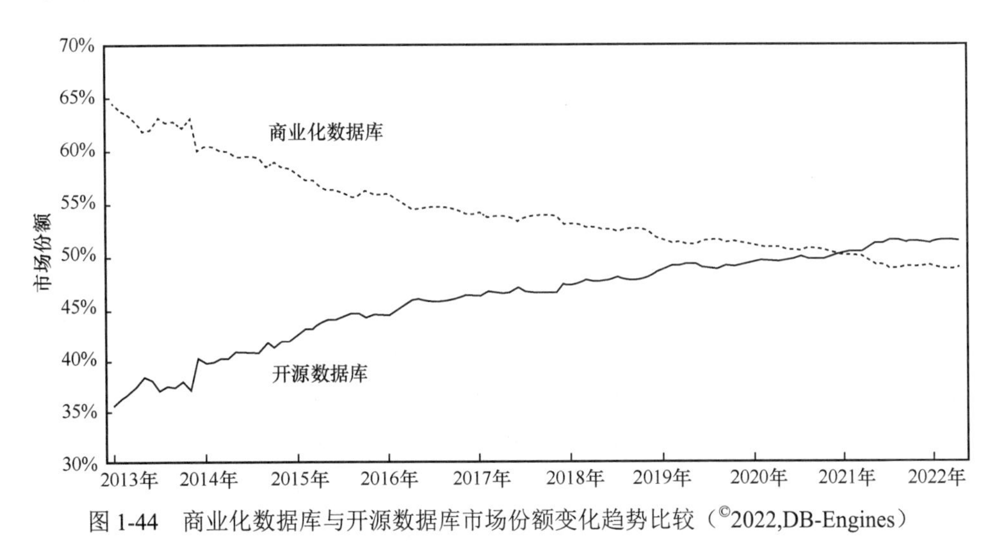

图 1-44　商业化数据库与开源数据库市场份额变化趋势比较（©2022,DB-Engines）

（4）P：Perl/PHP/Python。LAMP 这一概念在早期被提出时，P 指的是 Perl 或 PHP。早期的互联网公司无论是雅虎、谷歌还是亚马逊，都同时在用这两种语言。Perl 以高灵活性而著称，PHP 诞生得稍晚。但是可谓后来者居上，到了 2015 年，Python 已经超越 PHP，并跃升至所有编程语言使用排名的第二名。近几年来各类人工智能、大数据处理框架风起云涌，Python 的流行度持续上升，Python 已经开始雄霸编程语言流行榜第一名（见图 1-45）。Java

仍居主要地位，Java 长久不衰的“秘方”与一代又一代商业公司的推广不无关系。从 1994 年诞生于 Sun Microsystems 公司到 2010 年委身于 Oracle 公司，到近几年谷歌公司推动的安卓手机开发平台的攻城略地，再到这两年云计算与大数据的火爆，虽然催生了一批新的编程语言，Java 依旧生机盎然且被广泛使用。对于国内的程序员而言，他们使用的编程语言中前 4 种分别是 Java、Go、JavaScript 与 Python，这个排名与国际接轨很紧密，并没有体现出特别强烈的本土特色。

Jan 2022	Jan 2021	Change	Programming Language	Ratings	Change
1	3	⌃	Python	13.58%	+1.86%
2	1	⌄	C	12.44%	-4.94%
3	2	⌄	Java	10.66%	-1.30%
4	4		C++	8.29%	+0.73%
5	5		C#	5.68%	+1.73%
6	6		Visual Basic	4.74%	+0.90%
7	7		JavaScript	2.09%	-0.11%
8	11	⌃	Assembly language	1.85%	+0.21%
9	12	⌃	SQL	1.80%	+0.19%
10	13	⌃	Swift	1.41%	-0.02%
11	8	⌄	PHP	1.40%	-0.60%
12	9	⌄	R	1.25%	-0.65%

图 1-45　2022 年编程语言排行榜（TIOBE 官网统计结果）

综上所述，LAMP 技术栈或软件包在本质上是开源或免费软件的有机组合。伴随着互联网兴起和发展，我们看到了免费软件、开源软件的横空出世，顺应并在很大程度上满足了市场的需求。图 1-46 展示的 LAMP 架构所涵盖的范畴可以说是整个互联网的后台对数据进行流动、处理、分析的缩影——上层有 Web 服务器，中间有公共网关接口（Common Gateyway Interface，CGI）编程语言，底层有关系型数据。整个后台与前端的浏览器或应用 App 以 HTTP 或 HTML5 的方式交互，构成了一幅颇为完整的互联网、移动互联网的技术画卷。LAMP 架构是 C/S 技术架构的代表，当互联网的后端向云平台跃进的时候，本质上依然是 LAMP 在主导，尽管具体的技术内容可能会有出入。不过作为一个代名词，它在可见的时间段内依然不会过时。

亚马逊是最先开始走进云计算的公司，那我们就从它入手，揭开波澜壮阔的云计算发展画卷。和绝大多数的互联网公司一样，亚马逊公司的技术栈也是 LAMP。亚马逊公司的开发模式和很多其他大型的互联网公司颇有共通之处——扁平化的开发组织架构；同时有 200～300 个项目在推进，每个项目负责相对独立的开发任务，项目组之间通过预先定义的 API 实现接口交互；每个项目组一般有 6～8 人。亚马逊公司的首席技术官（Chief Techonology Officer，CTO）沃纳·威格尔（Werner Vogels）甚至曾专门提到他的研发团队每个小组的人员数量以聚餐时两份大的比萨可以喂饱的人数为上限。亚马逊公司采用“扁平化组织架构+敏捷开发”模式，这样的设置使得其开发迭代的速度成倍提高（反观传统的多层纵深组织架构和传统的 *N* 步走瀑布流式的开发模式，它们虽然很严谨，但是在推陈出新效率上就远远不及亚马逊公司所采用的这种模式）。

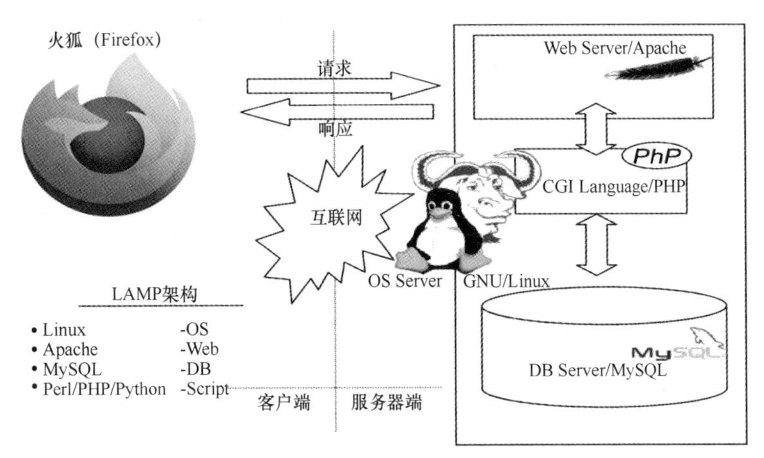

图 1-46 LAMP 架构概览

在互联网、云计算时代，高迭代速度等同于高劳动生产率。从这个角度看，互联网公司中率先实行的“扁平化组织架构+敏捷开发”模式确实推动了生产力的发展。亚马逊公司的这种超越同侪的生产力在 2006 年终于体现在把原本服务内部需求的基于 LAMP 架构的私有云服务推到了公网之上，于是在业界率先推出了 AWS 公有云云计算服务。以 AWS EC2 云主机服务的迭代更新为例，从 2006 年启动了云上计算的创新和革命开始到如今，AWS EC2 已提供 500 种实例类型，覆盖全球 245 个国家和地区。此外还有 AWS S3，虽然它是配合 AWS EC2 推出的存储服务，但其在 2006—2019 年期间，由最初的 8 个服务扩展到 200 个服务。而且，这项存储服务仍然在进化。

2006—2021 年 AWS EC2 的快速发展历程如图 1-47 所示。AWS 一直以超线性的速度在快速发展，推陈出新的速度令人咋舌。2012 年，亚马逊公司发布了 Amazon DynamoDB，就此掀开了云原生数据库的创新序幕；还发布了当时业界的首个云原生数据仓库 Amazon Redshift，从此数据仓库不再成为超大型企业的专利。2013 年，亚马逊公司发布 Amazon Kinesis 和新迭代的 EC2 C3 实例，后者从底层革新了 EC2。2018 年，亚马逊公司首次发布了 Amazon Outposts，这是亚马逊公司重塑混合云的关键一环。2020 年，亚马逊公司首次实现在云上按需运行 macOS 工作负载，发布了云上首个 Mac 实例 Amazon EC2 Mac。2021 年，亚马逊公司又发布了基于 ARM 的自研 CPU 处理器 Amazon Graviton 3，并且推出了 Amazon Private 5G 这样的托管服务，以及 Amazon SageMaker Canvas，零代码服务大大降低云计算的门槛，让人们通过简单的点击操作就能完成整个机器学习的工作流。不过，AWS 也常被一些小公司、开源项目所诟病，指其大幅抄袭创业公司的产品，不负责任地滥用开源项目。这可能也是全球互联网公司的通病。

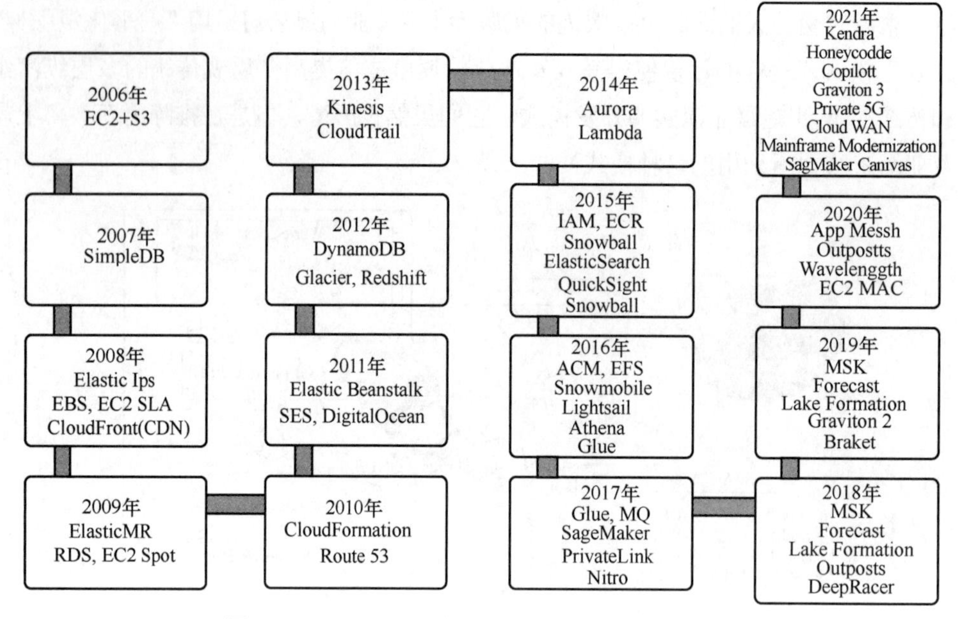

图 1-47　2006—2021 年 AWS EC2 的快速发展历程

2. 开源与闭源

自亚马逊公司在 2006 年打开了云计算的“潘多拉之盒”，整个 IT 行业过去 10 年的发展风起云涌，大到行业巨头，小到初创公司，太多企业投身其中。我们梳理了云计算的发展旅程，发现开源与闭源（商业）两大阵营的博弈贯穿始终，并对两大阵营的厂家与云产品按照“魔力四象限”（Magic Quadrant）的分类把它们放置于商业–巨头、商业–小散（指中小企业）、开源–小散、开源–巨头 4 个象限之内，如图 1-48 所示。这张图囊括了云计算领域里产品非常有代表性的厂家。

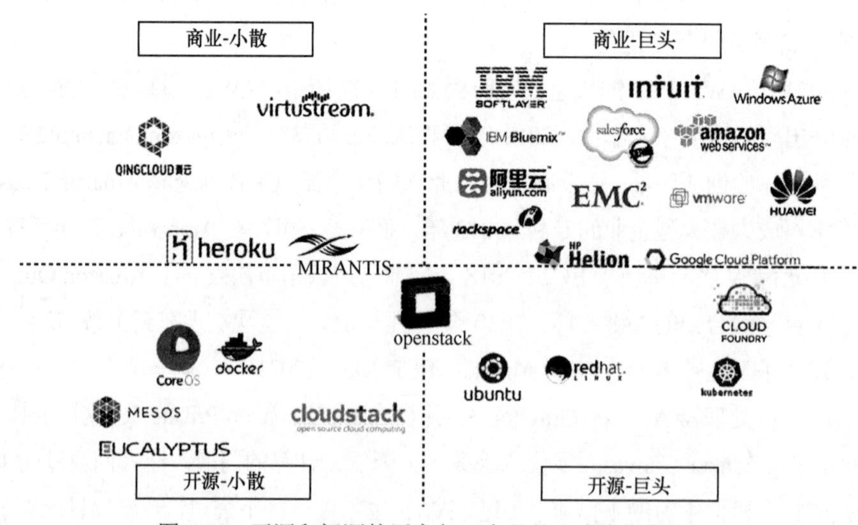

图 1-48　开源和闭源的厂家与云产品的“魔力四象限”

按产品形态的分类如下。

（1）IaaS：如 IBM Softlayer、OpenStack（Rackspace）、CloudStack 等。

（2）PaaS：如 Cloud Foundry、IBM Bluemix、Openshift（RedHat）等。

（3）SaaS：Salesforce、Intuit。

（4）综合类（前三者的组合）：如 AWS、Windows Azure、Google Cloud Platform、HP Helion、Heroku 等。

（5）工具、组件类：Mesos、Kubernetes 等。

按产品或公司面世时间的排序如下。

（1）1998 年：VMware—— 虚拟化龙头诞生。

（2）1999 年：Salesforce—— SaaS 龙头诞生。

（3）2006 年：AWS EC2e—— 公有云龙头诞生。

（4）2007 年：Heroku。

（5）2008 年：Eucalyptus、Google Cloud Platform。

（6）2009 年：阿里云、VirtuStream。

（7）2010 年：CloudStack、OpenStack、IBM Softlayer、Windows Azure。

（8）2011 年：Cloud Foundry、华为云。

（9）2012 年：OpenStack Foundation、Mirantis。

（10）2013 年：Docker、Mesos、青云、CoreOS。

（11）2014 年：IBM Bluemix、HP Helion、Kubernetes。

时间拨回到 2016 年，以阿里云、华为云、腾讯云、百度智能云为代表的中国云计算技术开始发力，目前已经占据了八成的中国云计算市场。此外，许多互联网大厂已经盯上了这个万亿市场，京东、字节和快手蠢蠢欲动，号称“无边界”的美团也曾大举布局过云计算业务，但云计算市场仅剩两成的市场份额，这场竞争无疑是激烈的。

由图 1-48 还可以看出云计算的厂家主要集中在右上角的第一象限——它们的产品与服务的形态以大公司推出的商业化产品+服务（无论是否依赖开源项目）为主；而第二、三、四象限则略显冷清（稍后分析为什么开源与中小企业在云计算领域落到雷声大雨点小的境地）。如果换个维度来看云计算生态系统的演变，会发现业界的收购与联盟从来没有停止过（见图 1-49）。

在开源领域较为知名的三大 IaaS 项目——Eucalyptus（2008 年）、CloudStack（2010 年）、OpenStack（2010 年）。它们在建立伊始都受到了亚马逊 AWS 的影响，意图构建一套可自主建设云环境的开源框架。同时为了更好地吸引客户，它们都积极兼容 AWS 的 API——不过三者的命运多有不同。2011 年，CloudStack 就被 Citrix 收购；2014 年，惠普（HP）公司把 Eucalyptus 收购后将其并入了 HP Helion 云架构中；OpenStack 则于 2012 年被 OpenStack 基金会接手后一路高歌猛进。以基金会的方式推广和运作开源项目已经成了业界的一种时尚，OpenStack 基金会在用户活跃度、资金投入等维度上与 Linux 基金会难分伯仲。

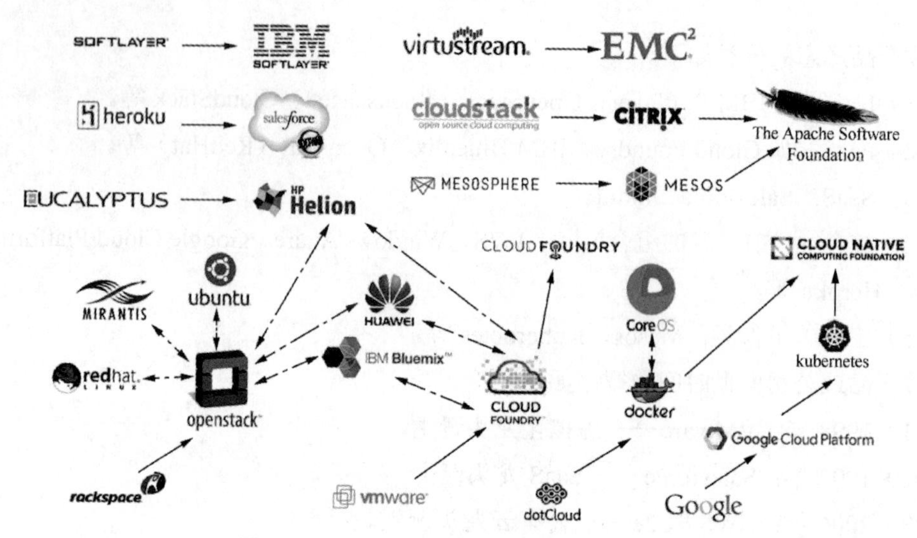

图 1-49　云计算生态系统演变：收购、联盟

同样值得一提的是另外 3 家基金会。第一家是 Apache 软件基金会。图 1-48 和图 1-49 中提到的 CloudStack 与 Mesos 项目都是 Apache 软件基金会旗下项目。此外，它还有数量惊人的大数据相关项目，诸如 Hadoop、Spark、HBase、Hive、Sqoop 等，不过让 Apache 软件基金会最早成名的项目是 Apache HTTP Web 服务器项目。该项目建立已近 30 年了，从万维网到互联网到移动互联网、从小型主机到 PC 到移动终端、从传统数据中心到虚拟化数据中心到云计算中心，在协议栈层本身来看，其在过去几十年并没有发生本质的变化，始终是 TCP/IP+ HTTP 类 IP 通信协议在起主导作用。这一方面充分说明了当年 TCP/IP/HTTP 的前瞻性，另一方面意味着未来协议栈潜藏着巨大的创新机遇。第二家是围绕着开源 PaaS 系统 Cloud Foundry 而成立的 Cloud Foundry 基金会，如 IBM 公司、惠普公司的公有云、私有云、混合云解决方案。通用电气公司、英特尔公司的物联网、大数据解决方案都是基于 Cloud Foundry 之上的。第三家则是围绕着 Cloud Foundry 的竞争对手 Kubernetes 而组成的原生云计算基金会（Cloud Native Computing Foundation，CNCF），其最大的投资方是 Kubernetes 的主要贡献者谷歌公司。无独有偶，两家基金会的主要成员竟然有很大交集，IBM、英特尔、思科、华为、VMware 等公司都同时是两家背后的投资方。造成这种现象的原因是什么呢？

首先，两者都是业界知名的 PaaS，不过其出发点和风格却大不相同。我们针对两者的不同做了一个表格与大家分享，见表 1-5。Cloud Foundry 是结构化 PaaS 的典型代表，Kubernetes 则是非结构化 PaaS 的典型代表。两大阵营的典型用户群体、设计架构、组件功能支持都有很大差异——特别是对应用的支持视角，两者差异极大。Cloud Foundry 以应用为单位进行操作，而 Kubernetes 则是以容器为单位进行操作，以至于有些人称之为容器即服务（Container as a Service，CaaS）。在典型用户层面，结构化 PaaS 因为高代码质量、功能丰富、稳定成熟而受到大型机构青睐，而非结构化 PaaS 则因为容易定制、灵活而受到互联网等新兴企业的青睐。

表 1-4　Cloud Foundry 与 Kubernetes 的不同

开源系统	典型用户群体	云形态	服务经纪人	可直接访问容器工具	应用感知与工作台	内置负载均衡	可替换组件	日志与监控
结构化 PaaS：Cloud Foundry	大中型企业、机构	公有云或私有云	平台内置	容器被平台抽象化	平台内置	是	很少	平台内置
非结构化 PaaS：Kubernetes	互联网公司、初创企业	公有云或私有云	需要定制开发	容器服务可直接访问	需要定制开发	不是	很多	需要定制开发、第三方提供
开源系统	平台管理工具	用户管理	对 Windows 平台的支持	网络限流支持	镜像支持	应用为单位的扩展	容器为单位的扩展	架构比较
结构化 PaaS：Cloud Foundry	是，通过 Bosh	是	是	不是	是	是	—	平台组件——Garden，Converger，BBS，Router，Buildpack，Loggregator 等
非结构化 PaaS：Kubernetes	部分继承	不是	不是	是	是	—	是	第三方提供——Docker，Mesos，etcd，cAdvisor 等

图 1-48 和图 1-49 所示内容给我们的启示是：开源是一个不可阻挡的趋势。在云计算浪潮的引领和冲击之下，开源似乎全面性地压倒了闭源和纯商业版本的产品与服务，从互联网时代的 LAMP 到以 OpenStack 为代表的 IaaS、到 Cloud Foundry 为代表的 PaaS、到以 Kubernetes 和 Mesos 为代表的 CaaS，再到 Unikernels（2016 年年初被 Docker 收购），每一个开源项目都来势汹汹。云计算发展历程如图 1-50 所示。但若深究，开源只是近年来多种商业模式中比较流行的一种，企业最终要活下去，光靠把项目开源还远远不够。在本书第 3 章和第 4 章中，我们还将深度分析开源的经营之道与架构构建之道。

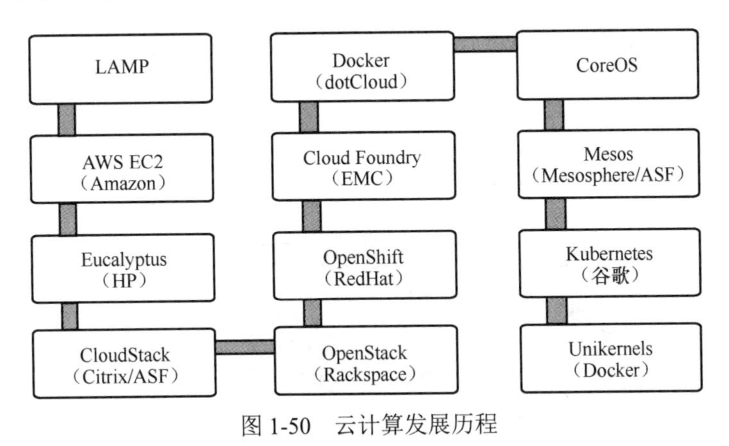

图 1-50　云计算发展历程

揭秘大数据

在科技发展史上，恐怕没有任何一种新生事物深入人心的速度堪比大数据。如果把2012年作为数据量爆发性增长的第一年，那么短短数年，大数据就红遍街头巷尾——从工业界到商业界、学术界，所有的行业都经受了大数据的洗礼。从技术的迭代到理念的更新，大数据无处不在。

2.1 大数据从何而来？

时至今日，在日常的生产生活中，每时每刻都有数以亿计的设备在产生巨大体量的数据……

2.1.1 大数据的催化剂

那么到底是什么催生了大数据呢？大数据的三大催化剂分别是社交媒体、移动互联网与物联网（Internet of Things，IoT）（见图2-1）。

图2-1 大数据的三大催化剂

（1）社交媒体

社交媒体的雏形应该是公告板系统（Bulletin Board System，BBS）。最早的 BBS 是美国加州旧金山湾区在 1973 年出现的社区记忆系统，当时网络连接是通过调制解调器（Modem）远程接入一款叫作 SDS 940 的分时处理大型主机来实现的。我国最早的 BBS 是建设于 1992 年的“长城”站，据说它孕育了曾活跃了中国最早一批像马化腾、求伯君、丁磊等本土互联网创业者的惠多网。1994 年中国科学院建立了真正意义上的基于互联网的 BBS——曙光站。而同时在线超过 100 人的第一个国内大型 BBS 则是长盛不衰的水木清华站（现名为水木社区）。它的起因是清华大学的同学们对于连接隔壁中国科学院的曙光站竟然要先从中国教育网跑到太平洋彼岸的美国再折返回中科院网络表示愤懑，于是自立门户成立了水木清华站——它最早是在一台 386 PC 上提供互联网接入服务的。

早期的 BBS 主要使用远程终端协议（Telnet），其内容以纯文本的方式呈现。随着网络带宽的增大，社交媒体的形式很快发展成为早期的在线服务，例如 20 世纪 80 年代初开始提供的新闻组，也叫新闻服务器（NewsGroups 或 Usenet）。简单来说，Usenet 是电子邮件与 Web 论坛的混合体。Usenet 之后社交网络逐步演进为以 HTTP 等为主要通信协议的方式，内容也愈发地图文并茂。从我们熟知的各种社交网站（Social Networking Site，SNS）到各类即时通信（Instant Messaging，IM）工具演进到今天的具有多种功能的社交类移动应用，如微信、微博、色拉布（Snapchat）、脸书即时通（Facebook Messenger）等，它们都提供丰富的内容呈现方式。

值得一提的是，GWI 发布的《2021 社交媒体趋势报告》表明，使用 SNS 作为获取新闻、其他资讯方式的人数呈上升趋势，也就是说 SNS 正在作为新兴的媒体取代传统的报刊、电视台等媒体，这也是为什么我们越来越多地把 SNS 叫作社交媒体。在国外，脸书（Fackbook）、Instagram 是比较受欢迎的社交平台；在国内，微博是比较受欢迎的社交平台。

（2）移动互联网

移动互联网是互联网的高级发展阶段，也是互联网发展的必然。移动互联网是以移动设备——特别是智能手机、平板电脑等移动终端设备——全面进入我们的生活、工作为标志的。

移动互联设备的发展如此迅速，QuestMobile 发布的《2022 中国移动互联网秋季报告》表明，移动互联网的用户黏性不断增强，且向银发群体渗透，46 岁以上的中老年群体为用户增长主要来源。全球技术情报公司 ABIResearch 发布的数据预测，到 2026 年全球 5G 移动数据流量将达到 1 676 EB，复合年增长率为 63%。从 1992 年到 2019 年，整个互联网数据流量的增长达到了惊人的 45 000 000 倍——1992 年硬盘刚进入 1 GB 的时代，每天 100 GB 的互联网数据流量相当于全世界每天交换了 100 块硬盘之多的数据；1997 年这一数据增长了 24 倍，平均每小时 100 块 1 GB 硬盘，而同一时期的硬盘容量增长到了 16～17 GB。1997—2002 年是互联网猛烈增长的 5 年，互联网数据流量迅速达到了 100 GB/s 的水平，而同一年硬盘寻址空间刚刚突破 137 GB 的限制；2007 年又增长了 20 倍到达了 2 000 GB/s 的水平，同年日立（Hitachi）公司也推出了第一块 1 TB（1 000 GB）容量的硬盘；2014 年的互联网数据流量已经突破 16 TB/s，无独有偶，希捷（Seagate）公司也在同年发布了业界第一款 8 TB 的硬盘……但无论从哪个角度看，互联网数据流量的增速都超过了单块硬盘的扩容速度，这也从另一个侧面解释了为什么我们的 IT 基础架构一直处于不断的升级、扩容中——大（量）数据联网交换的需求推动！如图 2-2 所示，IDC 预测，到 2025 年，全球数据领域的数据规模将增长到 175 ZB。

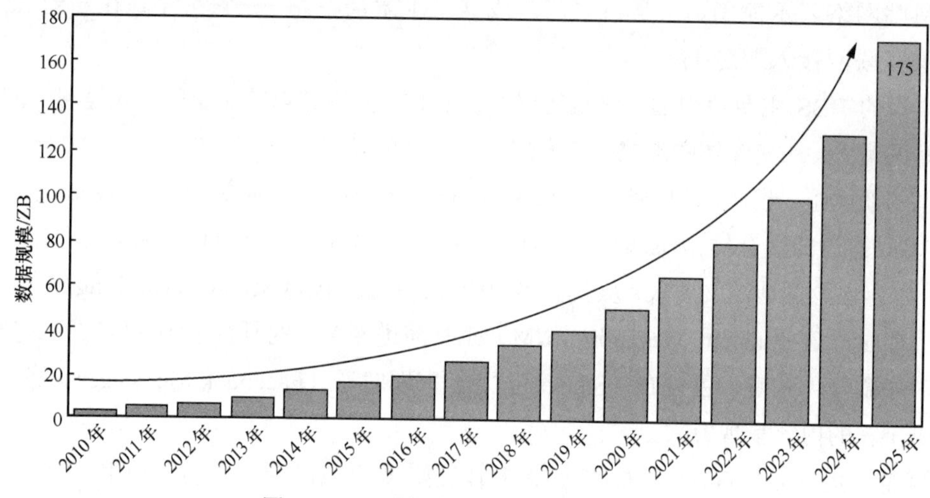

图 2-2　IDC 预测的全球数据按年增加量

（3）物联网

物联网的起源可以追溯到 1999 年。当时在宝洁（Procter & Gamble，P&G）公司工作的英国人凯文·艾什顿（Kevin Ashton）最早冠名使用了 IoT 字样。同年，他在麻省理工学院成立了一个旨在推广射频识别（Radio Frequency Identification，RFID）技术的自动识别中心。对于宝洁公司来说，最直接的效益就是利用 RFID 技术，并将其与无线传感器的结合对其供应链系统进行有效的跟踪与管理。目前物联网的定义在业界有很多种，最简洁明了的定义为物联网是一个基于互联网、传统电信网等信息承载体，让所有能够被独立寻址的普通物理对象实现互联互通。物联网、传感器网络、泛在网之间的关系如图 2-3 所示。

中国人对物联网的熟知应当是 2009 年，时至今日，世界上许多国家已将物联网的发展提升至国家战略层面，其中典型代表有中国的“感知中国”、美国的“智慧地球”、欧盟的“物联网—欧洲行动计划”、日本的“I-Japan”、韩国的“U-Korea”等。我国已将物联网明确列入《国家中长期科学和技术发展规划纲要（2006—2020 年）》和 2050 年国家产业路线图中。

未来，物联网的应用将深入工业生产、家居生活、交通物流、环境监测、公共安全、军事国防等生产与生活的方方面面。

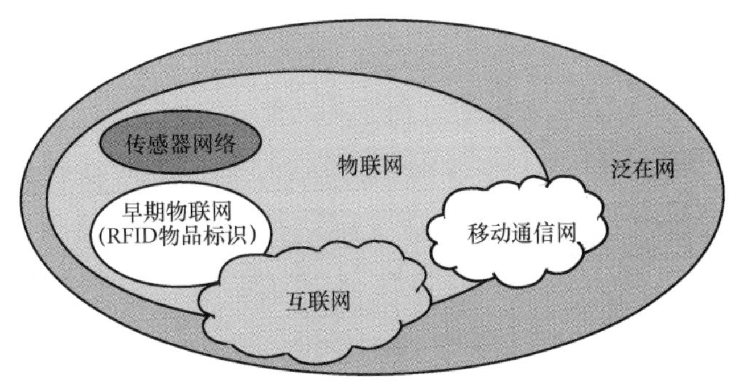

图 2-3　物联网、传感器网络、泛在网之间的关系

社交媒体、移动互联网、物联网三大催化剂让数据量在过去几十年间呈指数级增长。此外，数据的产生速率及数据的多样性与复杂性都在随之增长。对于数据的这三大特性——数据量（Volume）、产生速度（Velocity）、多样性（Variety），我们通常称之为大数据的 3V。如果再考虑数据来源的可靠性与真实性以及数据的价值，则 3V 可以扩展为 5V。不过通常业界对数据价值的定义掺杂了很多主观因素，因此业界通常习惯引用 IBM 公司最早提出的 4V——The Four V's of Big Data，即大数据的四大特征，如图 2-4 所示。

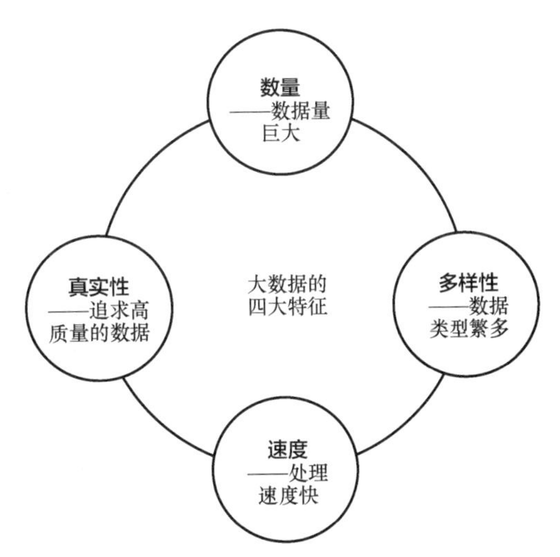

图 2-4　大数据的四大特征

2.1.2　数据→大数据→快数据→深数据

大数据从何而来？作为一门技术，大数据有哪些分支与流派？纵观人类发展史，围绕信息的记录、整合、分析与处理方式及规模，我们将其分为 6 个阶段，如图 2-5 所示。如

果单纯地从数据处理的核心特点来看，又可以分为：从数据到大数据（突出以规模为主），再到快数据（突出处理速度的挑战），最后到深数据（突出数据处理深度、查询复杂度增加的挑战）。

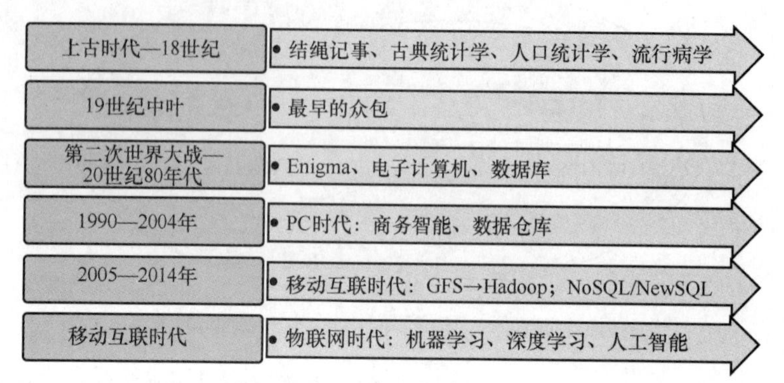

图 2-5　人类围绕信息及信息技术发展史的 6 个阶段

（1）上古时代—18 世纪

在人类发展早期的蒙昧时代，传递信息和记事的方式可以用 6 个字来概括：垒石、刻木、结绳。垒石以计数，刻木以求日，结绳以记事。这 3 种貌似离我们很遥远的方式经常被称为原始会计手段——即便在今天，它们在我们的文化和生活当中依然留有深深的印记——流落荒岛、漂流海上，刻木求日依然是最有效的方法；而汉字当中有大量文字也可以找到结绳的影子，汉朝人郑玄在《周易注》中说：“古者无文字，结绳为约，事大，大结其绳；事小，小结其绳。”在印加文化当中也有结绳记数的实例，并且有学者发现印加绳的穿系方法与中国结的穿系方式惊人的一致。这或为两种文明存在传承关系的证据之一（见图 2-6）。

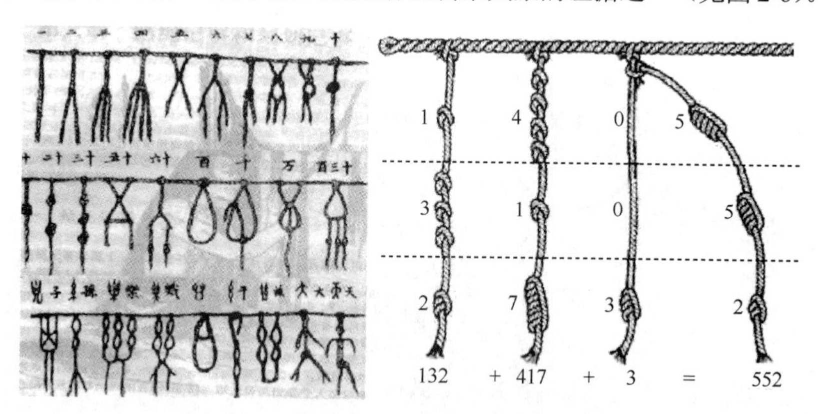

图 2-6　中国古代结绳记事与文字及印加绳

原始会计学的这几种记事或计数的方式显然不能承载足够多的信息与数据，直到文字的出现，这种情况才得到改善。以中文的发展为例，可归纳为结绳→陶文→甲骨文→金文→大篆→小篆→隶书→草书、楷书、行书等。文字所能蕴含的信息无比巨大，最典型的是在古籍善本中记录的户籍管理与人口统计信息。中国早在夏、商、周 3 个朝代就已经有了比较完备的统计制度，而人类文明更早还可以追溯到古巴比伦在公元前 4000 年前后举办过的地籍、畜牧业普查。

统计学发展为一门系统化的科学可以追溯到 17 世纪中叶的英国，伦敦的缝纫用品商人、业余统计学家约翰·格兰特（John Graunt）在 1662 年出版了《关于死亡表的自然的和政治的观察》（*Natural and Political Observations Made upon the Bills of Mortality*）一书，书中使用了统计学与精算学的方式对伦敦市的人口建立了一张寿命表，并对各地区的人口进行了统计分析与估算——我们来看一下当时大的时代背景：以黑死病（鼠疫）爆发为起点的第二次鼠疫大流行已经肆虐了欧洲 300 年之久，而在伦敦这样人群密度高的城市中，英国政府需要一套针对鼠疫等传染病爆发的预警系统——格兰特的分析与建模工作可以称作人口统计学与流行病学的鼻祖。

（2）19 世纪中叶

人类对数据进行收集、处理、分析后从中获得信息并对信息提炼而成为知识的实践从来没有停止过，只是在形式上从早期人类的原始会计学，发展到 3 个世纪前的古典统计学。时光再向前走到 19 世纪中叶——出现了最早的众包——1848—1861 年美国海军海洋学家、天文学家马修·F. 莫里（Matthew F. Maury）通过不断地向远航的海员们提供数以十万计的免费的季风与洋流图纸，并以海员们返回后提供详细标准化的航海日记作为交换条件整理出了一整套详尽的大西洋—太平洋洋流与季风图（见图 2-7）。

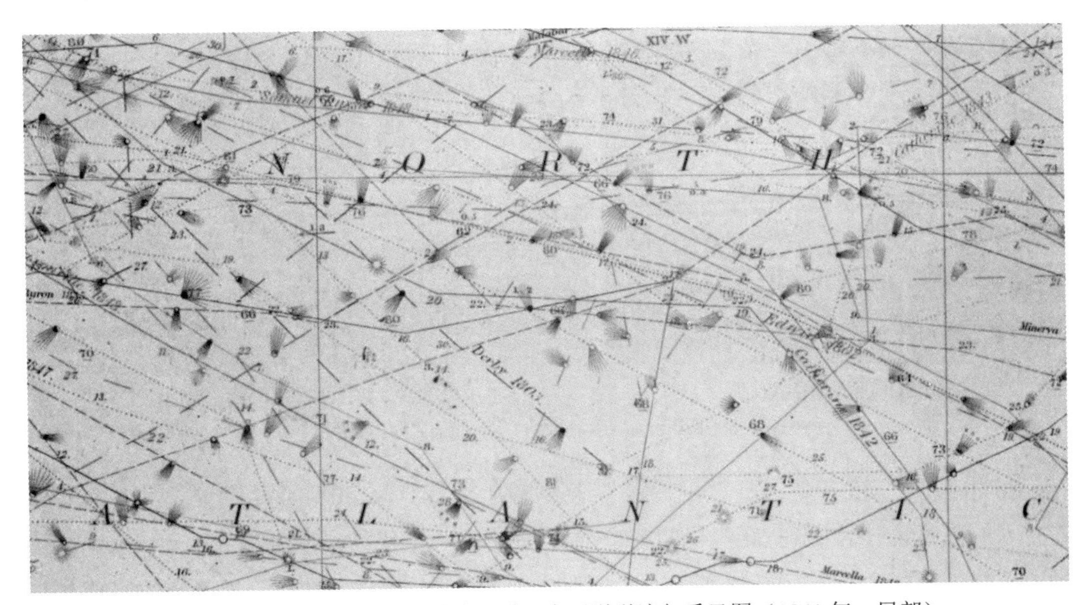

图 2-7　马修·F. 莫里绘制的大西洋—太平洋洋流与季风图（1841 年，局部）

众筹带来的一个显著结果是在 1851 年与 1853 年间，由同一艘船根据马修·F. 莫里基于众筹而发布的两本手册《季风和洋流图》《航海指南》打破了从纽约到旧金山的最短航行时间纪录 89 天，比同一时期的其他船只缩短了超过一半的时间，而这一纪录则保持了 136 年之久！要知道贯穿美国大陆连接东西海岸的太平洋铁路直到 1869 年才修建成功，而打通连接大西洋与太平洋的巴拿马运河直到 1914 年才开通，在此之前，从东海岸的纽约到西海岸的旧金山要通过南美洲最南端的好望角，整条航线超过 25 000 km（约 13 000 海里）。

（3）第二次世界大战—20 世纪 80 年代

19 世纪的众筹的力量虽然巨大，但在数据处理的方式上还受限于手工整理。真正的电子数字可编程计算机是第二次世界大战后期在英国被发明的，盟军为了破解以德国为首的轴心国的军用电报密码——尤为著名的是恩尼格玛（Enigma）密码机——一款典型的民用转军用密码生成设备，在一个有 6 根引线的接线板上一对字母的可互换可能性有 1 000 亿次，而 10 根引线的可能性则高达 150 万亿次。对于如此规模的海量数据组合可能性，使用人工排序进行暴力破解的方式显然不会成功。英国数学家艾伦 • 图灵（Alan Turing）在 1939—1940 年通过他设计的电动机械设备 Bombe 来破解纳粹不断升级优化的 Enigma 密码时意识到了这一点，于是在 1943 年他找到了另一位英国人汤米 • 佛朗斯（Tommy Flowers）。仅用了 11 个月的时间，1944 年年初，佛朗斯设计的 Colossus 计算机面世，并成功破解了当时最新的德军密码。Enigma、Bombe 和 Colossus 之间的对比如图 2-8 所示。每台 Colossus 计算机的数据处理速度是 5 000 个字符每秒，纸带以 12.2 m/s 的速度移动，并且多台 Colossus 可以并行操作——我们今天称之为“并行计算”。

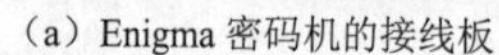
（a）Enigma 密码机的接线板　　（b）Bombe 解密设备　　（c）Colossus 真空管电子计算机

图 2-8　Enigma、Bombe、Colossus 之间的对比

20 世纪 50—70 年代是计算机技术飞速发展的 20 年，从 50 年代中期开始的基于晶体管技术的晶体管计算机到 60 年代的大型主机，再到 70 年代的小型主机的出现，人类对数据的综合处理能力、分析能力及存储能力都得到了大幅提高，而数据分析能力的提高是与数据存储能力的提高相对应的。在软件层面，最值得一提的是数据库的出现。在这里，我们需要介绍一下数据库的发展史，以便读者能对本节及相关内容有全面的了解。数据库可以算作计算机软件系统中最为复杂的系统，数据库的发展在时间轴上可大体分为四大类。

① 导航型数据库。导航型数据库是 20 世纪 60 年代随着计算机技术的快速发展而兴起的，主要关联了两种数据库接口模式——网络模型（Network Model）和层次模型（Hierarchical Model）。前者在大数据技术被广泛应用的今天已经演变为图数据库（Graph Database），简而言之就是每个数据节点可以有多个父节点也可以有多个子节点；而后者描述的是一种树状分层分级的模式，每个数据节点可以有多个子节点，但是只能有一个父节点，不难看出这种树状结构对数据类型及关系的建模的限制是较大的。

② 关系数据库。关系数据库管理系统（Relational Database Management System，RDBMS）自 20 世纪 70 年代诞生以来，在过去几十年中方兴未艾，也是我们今天最为熟知的数据库系统类型。关系数据库的起源离不开一个英国人——埃德加・弗兰克・科德（Edgar Frank Codd），20 世纪 70 年代他在 IBM 公司的硅谷研发中心工作期间对 CODASYL Approach（20 世纪 60 年代中期—70 年代初的导航型数据库）并不满意（如缺少搜索支持），于是在 1970 年与 1971 年先后发表了两篇著名的论文《大规模共享数据银行的关系模型描述》（“A Relational Model of Data for Large Shared Data Banks”）和《基于关系计算的数据库子语言》（“A Data Base Sublanguage Founded on the Relational Calculus”）。

这两篇论文直接奠定了关系数据库的基础，即数据之间的关系模型，且第二篇论文中还描述了 Alpha 语言。这个名字相当霸气，要知道 C 语言是受到了贝尔实验室发明的 B 语言的启发而产生的，而 Alpha（=A）语言竟然意图排在它们之前，由此可见科德老先生对 Alpha 语言寄予的厚望。回顾数据库的发展历史，Alpha 语言的确直接影响了数据库查询语言 QUEL（Query Language），而 QUEL 是 Ingres 数据库的核心组件，也是科德与加利福尼亚大学伯克利分校合作开发的最重要的早期数据库管理系统。今天我们大量使用的很多 RDBMS 都源自 Ingres。比如 Microsoft SQL Server、Sybase、PostgreSQL（Postgres 取自 Post Ingres）。

QUEL 最终在 20 世纪 80 年代初被 SQL 所取代，而随之兴起的是 Oracle、IBM DB2、SQL Server 这些如今知名的 RDBMS。在关系数据库系统中，两种东西最重要——RDBMS 与 SQL，其中，前者是数据存储与处理的引擎，通过 SQL 这种“智能”的编程语言实现对前者所控制的数据的操作与访问。

③ 面向对象数据库。面向对象数据库的兴起滞后于关系数据库大约 10 年。面向对象数据库的核心是面向对象，面向对象数据库借鉴了面向对象的编程语言的特性，对复杂的数据类型及数据之间的关系进行建模，其中对象之间的关系是多对多，通过指针或引用实现访问。通常而言，面向对象编程类语言与面向对象数据库结合得更完美，以医疗行业为例，Object 数据库的使用不在少数，合理使用的话效率会更高（例如 InterSystems 的 Cache 数据库）。

④ 大数据类新型数据存储与处理方式（NoSQL/NewSQL/Hadoop）。它是在 21 世纪的第一个 10 年内才冒出来的大数据类新型数据库，确切地说是在数据爆炸式增长（数量、

速率、多样性）的条件下为了高效处理数据而出现的多种新的数据处理架构及生态系统，简单而言有 NoSQL、NewSQL、Hadoop 三大类。

在后面的内容中我们会展开讲述这些大数据处理系统之间的优劣与异同。

（4）1990—2004 年

20 世纪 90 年代初，个人计算机（PC）与互联网进入了全方位高速发展阶段。从 1977 年到 2007 年的这几十年，PC 销售规模从 1977 年的 5 万台增长到 2007 年的 1.25 亿台。根据思科公司早期发布的《VNI 全球互联网流量分析》报告，2002 年，网络传输数据量达到 1992 年的 86 000 倍（见图 2-9），数据的突飞猛进催生了在企业与机构当中广泛使用商业智能（Business Intelligence，BI）与数据仓库（Data Warehouse，DW）系统来对大量数据进行信息化管理，例如数据集成、数据仓库、数据清洗、内容分析等。其中，商业智能与数据仓库可统称为 BIDW，通常两者会协同工作，数据仓库为商业智能系统提供底层的数据存储支撑。本书作者团队中的一位作者 2004 年在雅虎公司战略数据服务部门工作时，雅虎公司已经建立了当时全球最大的数据仓库，每天从全球上万台 Apache Web 服务器汇总超过 27 TB 的数据进行分析。为了提高数据提取–转换–加载（Extract-Transform-Load，ETL）的效率，他和他的同事几乎重写了整个 Linux 技术栈中与排序、搜索、压缩加解密相关的命令与函数库，并让它们支持在多台机器上并发分布式处理，最终让大多数的函数效率提高了 20～1 000 倍。不过，即便如此，他们也只是把原有的商业智能系统从做年报、季度报、月报，精确到天报甚至小时报，获得海量数据的实时分析与汇总依然是一项巨大的挑战。不过，在 2004 年使用新的 ETL 工具与分布式系统架构来高速处理大量数据已经算是大数据的雏形了。

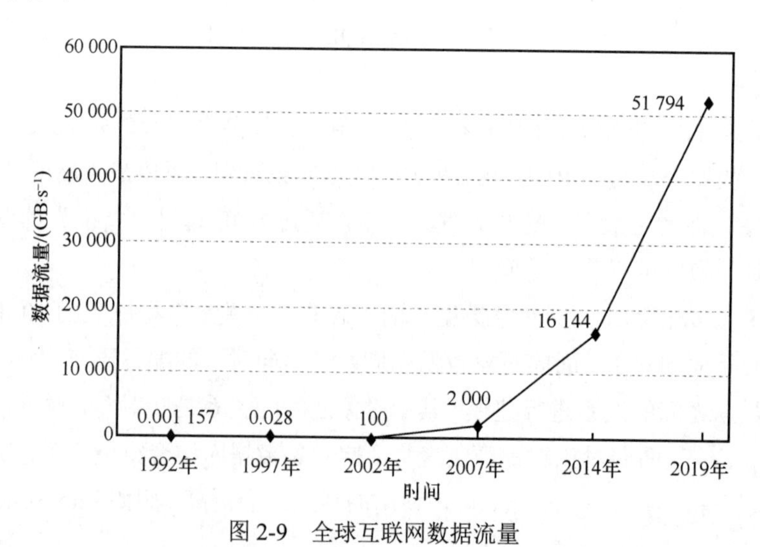

图 2-9　全球互联网数据流量

（5）2005—2014 年

过去的 10 年让我们见证了移动互联时代的到来——以谷歌、Facebook、推特

（Twitter）、百度、阿里巴巴、腾讯为代表的互联网公司的兴起。这些互联网企业在搭建技术栈时有两个共通之处：LAMP+PC-Cluster。我们在第 1 章已经描述过 LAMP，在此不再赘述；PC-Cluster 指的是基于商业硬件，特别是 PC 搭建的大规模、分布式处理集群。

从科技发展史的角度看，这 10 年间值得一提的两项新兴技术都源自谷歌公司。第一项新兴技术 GFS 是谷歌公司在 2003 年发布的论文“The Google File System”中提出的，是谷歌公司为了提高在大规模 PC 集群中数据分布式存储与访问效率而设计的分布式文件系统。第二项新兴技术 MapReduce 是谷歌公司在 2004 年发布的论文“MapReduce: Simplified Data Processing on Large Clusters”中提出的，它描述了一种面向大规模集群的数据处理与生成的编程模型。这两篇论文直接启发了雅虎公司于 2004 年请来道•卡廷（Doug Cutting）开发了后来大数据领域知名的开源分布式数据存储与处理软件架构 Hadoop。与 Hadoop 同时代涌现的还有 NoSQL 与 NewSQL 这些新型的数据库处理系统。在后面的章节中，我们会就这些大数据、快数据和深数据的处理技术展开论述。

（6）移动互联时代

移动互联时代的自然延伸就是我们今天所处的万物互联时代。十几年前被学术界宣判已经走入“死胡同”的人工智能在机器学习、深度学习等技术的推动下，又在诸如图像视频、自然语言处理、数据挖掘、物流、游戏、自动驾驶汽车、自动导航、机器人、舆情监控等很多不同的领域获得了突破性的进展，其中值得一提的是谷歌公司的一款人工智能程序阿尔法围棋（AlphaGo）在 2015 年年底和 2016 年年初分别击败了欧洲围棋冠军、职业二段选手樊麾和韩国著名棋手李世石。这也标志着人工智能正在大步幅逼近甚至在不远的未来超越人类大脑对海量信息的处理与预判能力，至少在限定规则的领域内，围棋和象棋就是很好的例子；而自动驾驶则因为几乎是无边界的，所以人工智能在相当长的时间内还无法在所有路段、路况的条件下取代人类。

但是，人工智能、机器学习、深度学习、卷积神经网络等技术的再一次高速发展，并不意味着依赖它们就可以解决我们所有的问题。随着这些技术向各个垂直行业的逐步渗透，我们甚至可以看到很多应用场景中对于如何掌控人工智能尤其是白盒化人工智能、降低模型风险等有了更加明确的需求。例如金融、互联网领域中涉及的风控、反欺诈、营销、经营等环节就明确地要求所应用的人工智能技术要么具有白盒化（每一步的计算与操作是透明的、可控的），要么选择替代性技术。在后面的部分中，我们会分享一些行业案例，以供读者参考。

数据的完整生命周期可分为 5 个阶段：通过对杂乱无章的数据进行整理得到信息，对信息进行提炼并使其成为知识，知识升华后成为（人类）可传承的智慧，人类又把智慧、知识与信息演变为可以赋予机器的智能，如图 2-10 所示。

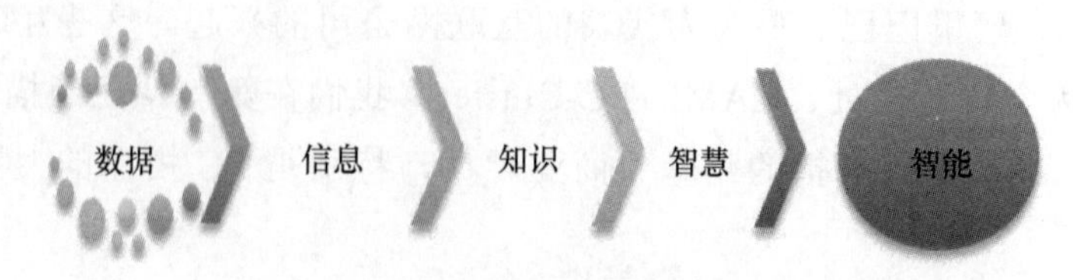

图 2-10　数据的完整生命周期

总之，人类可以说是围绕着信息整合、处理的方式与手段在不断发展。我们一步步走向大数据，而当大数据成为常态的时候，大数据已经无处不在地融入我们的生活，如图 2-11 所示。

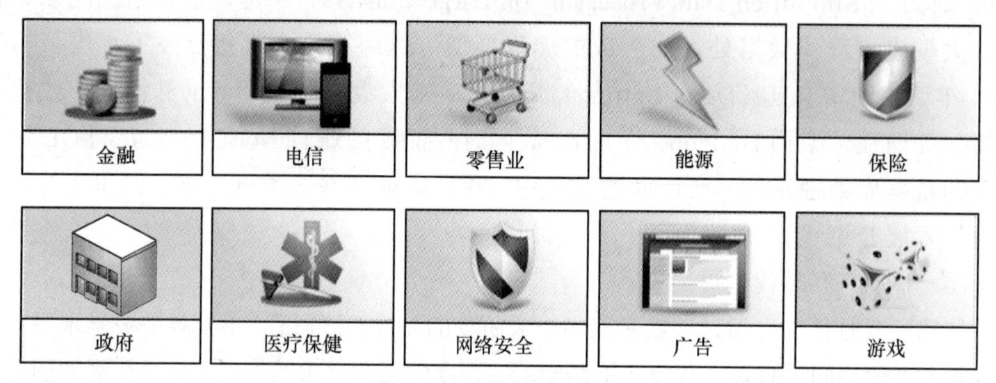

图 2-11　大数据无处不在

图 2-11 中列出了已经正式应用大数据的行业，这也是我们常说的数据驱动的商业。

2.1.3　大数据不只是 Hadoop

认知误区：大数据就是 Hadoop。2020 年以前这种论调在业界颇有市场，尤其是在国内市场（尽管美国市场在 2019 年就有人提出了“Hadoop 已死”的论调）。因为 Hadoop 真的很火爆，所以尽管许多人并不清楚 Hadoop 到底是什么、可以用来做什么，只是看到了行业的头部企业使用了基于 Hadoop 的系统，于是中小型企业也一窝蜂地要使用基于 Hadoop 的系统处理大数据相关业务。在这种跟风的市场氛围下，如果某种大数据技术和 Hadoop 不沾边儿，那么客户、投资人甚至企业自己的团队成员都有可能会对该技术的前景持迟疑态度。

那么如何避免盲从，实现理性选择呢？我们需要先了解大数据处理发展历程中形成了哪些主要的流派与生态系统。从 20 世纪 90 年代到今天，面向海量数据的处理与分析方式经历了 3 个主要阶段。我们在图 2-12 中以大数据技术 NoSQL、Hadoop 和 NewSQL 为例，展示了这 3 个发展阶段。

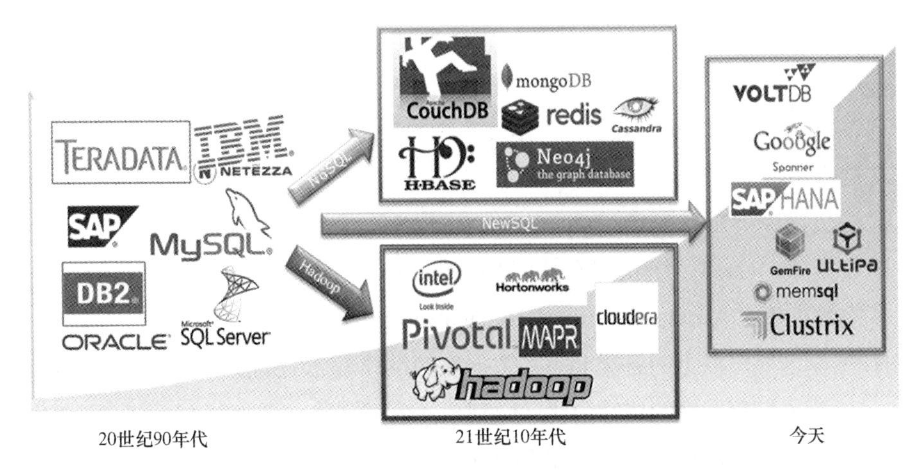

图 2-12　大数据技术 NoSQL、Hadoop、NewSQL 的 3 个发展阶段

（1）关系数据库时代

我们在前文中提到过关系数据库自 20 世纪 70 年代诞生后便飞快地一统江湖，到了 21 世纪的第一个 10 年已经发展为一个庞大的生态系统。商业关系数据库的前 3 名为 Oracle、DB2、SQL Server，这三者的市场份额之和已经超过 85%。这印证了在科技行业，不能进入前 3 名意味着无足轻重的江湖地位。相对于商业版本而言的开源关系数据库的前 3 名是 MySQL（含 MariaDB）、PostgreSQL 与 SQLite。

随着互联网企业的兴起，以关系数据库为代表的这些传统的数据存储、处理、分析与管理的架构遇到的挑战越来越大，它们普遍在数据处理类型、超大数据集的处理能力上进入了瓶颈期，因此业界在 2004—2010 年迅速推出了一些解决方案，比较典型的有 Hadoop 与 NoSQL 两大系列。

（2）Hadoop 与 NoSQL 时代

最早由雅虎公司开源的 Hadoop 项目，是受到了谷歌公司分别于 2003 年和 2004 年公布的 GFS 与 MapReduce 计算架构的启发（很多人把 Hadoop 看作开源的 GFS+MapReduce）。Hadoop 对应着谷歌技术的两大组件 HDFS 与 MapReduce，这两个组件中一个负责海量数据存储（可扩展性、容错性），另一个负责对海量数据进行分布式处理（新的编程范式）。Hadoop 出现之后迅速得到了业界的强烈支持，一批围绕 Hadoop 软件架构的商业公司也随之出现，其中较为知名的当属 Cloudera 和 Hortonworks。Hadoop 项目在 Apache 软件基金会的管理下，也很快形成了一套颇为完整的可匹敌商业解决方案的软件框架（我们在后面的与大数据管理相关的内容中会展开论述）。

除了 Hadoop，还有一个大数据解决方案：NoSQL。NoSQL 具有如下两大特点。

① 大多支持类 SQL 的查询方式。

② 绝大多数系统在一定程度上牺牲了数据的一致性，以实现可用性与扩展性。

在与大数据管理相关内容中，我们会具体讨论其一致性（Consistency）、可用性

（Availability）、分区容忍性（Partition Tolerance），这 3 个特性被称为 CAP。

NoSQL 阵营的成员如此之多，按照数据库引擎的种类，可以被分为以下五大类。

① 列、宽列数据库：Cassandra、HBase、HyperTable 等。

② 文档数据库：MongoDB、CouchDB 等。

③ 键值数据库：CouchDB、Dynamo、Redis 等。

④ 图数据库：Neo4j、JanusGraph、Tigergraph、Ultipa Graph 等。

⑤ 多模数据库：Arrange、OrientDB、MarkLogic 等。

除图数据库之外，以上的各类非关系数据库的设计理念与侧重点不尽相同，但它们都可以被看作对传统关系数据库的逻辑简化（做减法）或增强化（做加法）。有的 NoSQL 数据库为了追求高性能选择在内存中运行，如 Gemfire、SAP HANA 都被部署在内存中，形成了基于内存的数据处理网格。2020—2021 年，备受开发者社区和风投领域追捧的 PingCAP 是一款跨界、多模的数据库，它的开发者宣称其效仿了 Google Spanner。尽管在本质上它是一个典型的三合一复合型数据库：关系数据库+Hadoop+键值数据库，确切地说是 MySQL+Spark+Redis。开发者对这 3 种数据库都做了不同程度的加速。但是如果宣称其为 Spanner 类数据库，那么二者之间可能还存在较大差异，诸如 Spanner 的特点是采用了全球原子钟进行时钟同步，并通过复杂的分布式共识算法（类 Paxos）实现了大规模数据库集群实例的状态强一致性，这与 PingCAP 在同一集群内兼顾联机事务处理（Online Transaction Processing，OLTP）与联机分析处理（Online Analytical Processing，OLAP）场景的混合事务分析处理（Hybrid Transaction Analytical Processing，HTAP）架构的侧重点并不类似。

为了便于理解，我们仍旧把图数据库归类于 NoSQL 之中，但是真正的图数据库并非沿用了传统的关系数据库的实体-关系数据建模、二维表与 SQL（结构化）查询模式。图数据库采用的是元数据（点、边及其属性）高维建模与图论化查询模式。如果说 NoSQL 解决了大数据与快数据的问题，图数据库则解决了更深层次的挑战——深数据（图数据）的挑战，即通过更灵活高效的数据建模来更直观地表达数据间的关联关系，并通过高效的下钻、穿透、聚合来完成 SQL 或 NoSQL 数据库所不能完成的任务。在后面的内容中我们会展开对图数据库的剖析。

在上一小节中，我们提到大数据的发展方向是从大数据到快数据，再到深数据。所谓深数据在本质上是对数据间的深度关联关系的挖掘。而当这种网络化、社交化、实体链接化等关联关系的挖掘需求被实时化的时候，这个挑战就是典型的图数据库或高性能图计算技术所应对的。有研究表明未来 10 年内，图数据库的发展速度会是关系数据库发展速度的 4 倍，而采用图数据库技术的企业规模及业务场景规模会呈指数级增长，并有越来越多的 SQL 负载被迁移到图数据库上来处理。著名咨询公司 Gartner 在其 2022 年的报告《图数据库管理系统市场指南》中预测：到 2025 年，80%的商业智能创新都需要图计算与分析来实现。DB-Engines 追踪了 2013—2022 年全部类型的数据库的发展变化趋势，如图 2-13

所示。可以看出，图数据库的增长曲线最为陡峭，图数据库的流行指数呈现出逐年上升趋势，且远超其他类数据库。

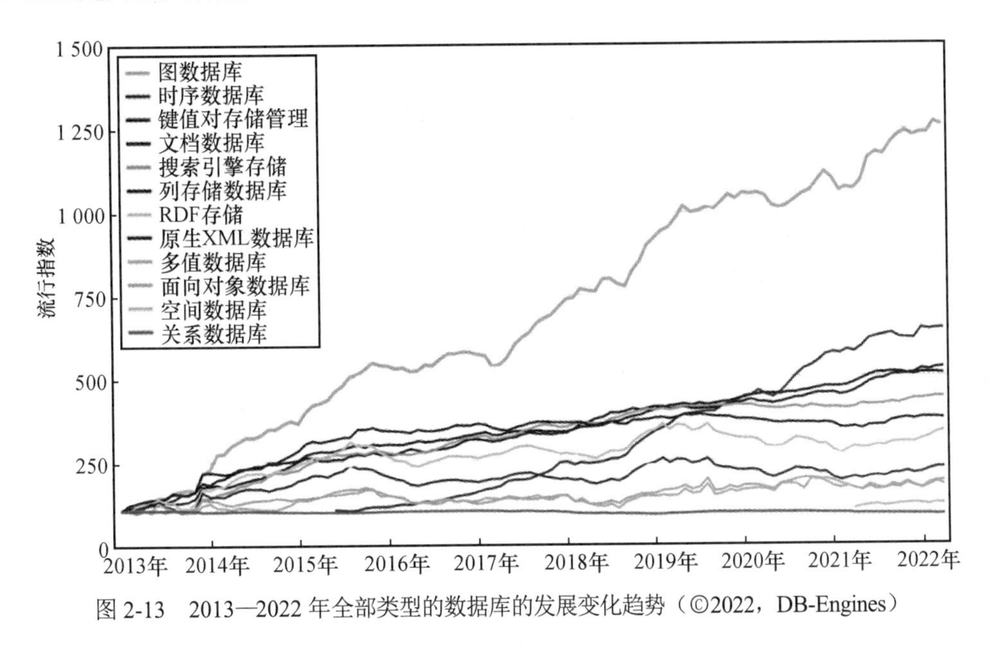

图 2-13 2013—2022 年全部类型的数据库的发展变化趋势（©2022，DB-Engines）

（3）NewSQL 时代

在 Hadoop 与 NoSQL 阵营之外，几年前又涌现了一批着重于实现数据一致性且同时兼顾数据可用性与扩展性的系统，从最早学院派的 H-Store（由布朗大学、麻省理工学院和耶鲁大学联合开发，为在线事务处理应用而设计的数据库管理系统），到 Spanner（由谷歌公司研发的可扩展的全球分布式数据库），再到后来的 SAP HANA（由 SAP 公司研发的一款支持企业预置型部署和云部署模式的内存计算平台）等，它们通常可以同时具有 OLAP 与 OLTP 系统的功能，前者在 Hadoop 与 NoSQL 阵营中都能找到对应的解决方案，但是后者涉及大规模分布式（如跨数据中心，甚至是跨洋的分布式系统）条件下交易处理的实时性与一致性，因此实现的难度更大。

2016—2019 年，兼具 OLAP + OLTP 能力的数据库不再局限于 NewSQL，甚至业界并没有很多人会把 NewSQL 单独提出来，而是有一些 NoSQL 类的数据库宣称可以同时支持 OLAP 与 OLTP。值得一提的是，尽管 OLAP 意思是联机分析处理，但是在 NewSQL 的概念出现前，绝大多数的 OLAP 系统等同于批处理、线下处理系统，这听起来有些名不符实，但现实情况就是如此。随着架构（算力）、数据结构、算法等的不断提升，那些之前无法得到在线、实时处理的海量数据可以被新型的 NoSQL 类数据库实时处理时，这些 NoSQL 在本质上已经与 NewSQL 没有区别了。业界近两年来出现的 Tigergraph、PingCAP、Ultipa Graph 等属于融合了 OLAP 与 OLTP 的实时 NoSQL 数据库，我们或可称之为 NewSQL。

需要指出的是：关系数据库、Hadoop 与 NoSQL 并非非此即彼的关系。在实践中，它们经常会一起出现，构成一个混搭的系统，并发挥着各自的优势。

2.2 大数据的五大问题

当传统的方法已无法应对大数据的规模、分布性、多样性以及时效性所带来的挑战时，我们需要新的技术体系架构及分析方法来从大数据中获得新的价值。麦肯锡全球研究院曾在一份报告中认为大数据会在以下几个方面创造出巨大的经济价值。

（1）通过让信息更透明及更频繁地被使用来解锁大数据的价值。

（2）通过交易信息的数字化存储来采集更多、更准确、更详细的数据，以用于决策支撑。

（3）通过大数据来细分用户群体，实现精细化产品、服务定位。

（4）通过深度的、复杂的数据分析及预测来提升决策准确率。

（5）通过大数据（反馈机制）改善下一代产品、服务的开发。

规划大数据战略、构建大数据的解决方案与体系架构、解决大数据问题及大数据发展历程中通常会依次涉及大数据存储、大数据管理、大数据分析、数据科学、大数据应用这五大问题，如图 2-14 所示。我们在下面的几小节中会对这五大问题展开讨论，其中鉴于大数据管理与大数据分析的紧密关系，我们把两者合并于一个小节进行讨论。

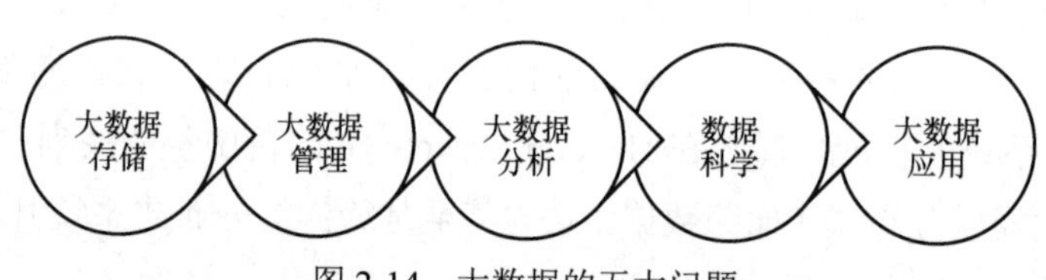

图 2-14　大数据的五大问题

2.2.1 大数据存储

从 19 世纪到今天，按时间顺序，数据存储介质至少经历了 5 个阶段，其发展历程如图 2-15 所示，并且这些技术直到今天依然存在于我们的生活中。

（1）穿孔卡

穿孔卡设备（又称打孔机）早在 18 世纪上半叶就被纺织行业用于控制织布机，不过最早把打孔机用于信息存储与搜索是在一个世纪之后，俄国人 Semen Korsakov 发明了一系列用于对穿孔卡中存储的信息进行搜索与比较的设备（Homeoscope、Ideoscope 及

Comparator），并且拒绝申请专利，无偿地开放给公众使用。今天依然有很多设备在使用与穿孔卡同样原理的技术，如投票机、公园检票机等。

（2）磁带

最早的磁带可以追溯到 20 世纪初，但在数据呈现爆发式发展的今天，磁带作为一种成本低且可用作长期存储的介质，依然具有一定优势。2014 年，索尼公司与 IBM 公司宣布它们制造了一款容量高达 185 TB 的磁带，这款磁带的存储密度惊人，平均每平方英寸（$1\ \text{in}^2=6.4516\ \text{cm}^2$）的存储量达到了 18 GB。

（3）磁盘

磁盘有两种形式——硬盘驱动器（Hard Disk Drive，HDD）与软盘驱动器（Floppy Disk Drive，FDD）。两者都是最早由 IBM 公司推出的（1956 年的 IBM 350 RAMAC HDD、1971 年的 IBM 23 FD）。硬盘经几十年的发展，在容量、速度、信息存储密度上均得到了很大提升，目前 HDD 的吞吐量可以达到 300 MB/s，而容量已经跨入 8 TB 门槛。

（4）光盘

光盘作为一种晚于硬盘出现的存储形式，因为其轻便、易于携带而成为音响制品的主要介质。另外，它也可以作为长期（永久）数据存储的媒介。现在光盘产品主要有 3 代：第 1 代的激光视盘（LD）与小型光盘（Compact Disc，CD）、第 2 代的数字通用光盘（Digital Versatile Disc，DVD）、第 3 代的蓝光光盘、HD DVD 等。光盘的存储能力在过去 40 年中并没有像硬盘那样快速增长，只是从早期 CD 的 700 MB 增长到 BD 的 100 GB，只有不到 150 倍的增长量。比起硬盘与下面要介绍的固态盘（Solid State Disc，SSD）类存储，数据读取速率是光盘的短板，第 3 代的蓝光光盘也只有 63 MB/s 的读取速率，大约是普通 SATA（Serial Advanced Technology Attachment）类硬盘读取速率的 1/3。

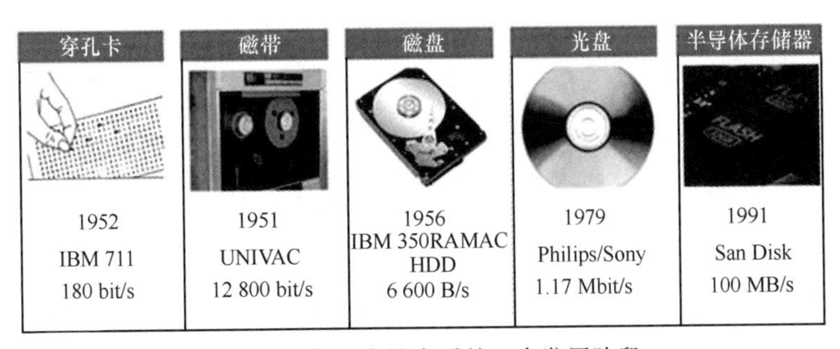

图 2-15　数据存储介质的 5 个发展阶段

（5）半导体存储器

半导体存储器包含易失性与非易失性两大类存储器。易失性的随机存储器（Random Access Memory，RAM）有我们熟知的动态随机存储器（Dynamic Random Access Memory，DRAM，常用于计算机内存）与静态随机存储器（Static Randon Access Memory，SRAM，常用于 CPU 缓存）；非易失性的只读存储器（Read-Only Memory，ROM）是只读内存，主要用于存储计算设备初始启动的引导系统，而非易失性随机访问存储器（Non-Volatile Random Access Memory，NVRAM）则是我们今天俗称的闪存。闪存是由电擦除可编程只读存储器演化而来的，早期主要是NOR闪存，如可拔插存储Compact Flash，后来逐渐被性价比更高的NAND闪存替代。不过值得一提的是，NAND闪存牺牲了NOR闪存的随机访问与页内代码执行等优点，以换取高容量、高密度与低成本优势。大多数SSD是采用NAND架构设计的，SSD的数据读取速率可以小到消费者级的600 MB/s，大到普通企业级的几吉字节每秒（DRAM中DDR4内存的读取速率为10～20 GB/s）。

传统意义上，按照冯·诺依曼体系结构的分类方式，我们通常把CPU可以直接访问的RAM类的半导体存储器称为主存储（Primary Storage）器或一级存储器；把HDD、NVRAM称为辅助存储器或二级存储器。而三级存储器则通常由磁带与低性能、低成本HDD构成。还有一种存储器被称为线下存储器，有光盘、硬盘、磁带等方式。

前面我们以时间为顺序介绍了存储介质的发展历程，在业界我们通常还会按照数据存储的其他特性来对一种存储介质进行定性、定量分析，例如数据的易失性、可变性、性能、可访问性等（见图2-16）。

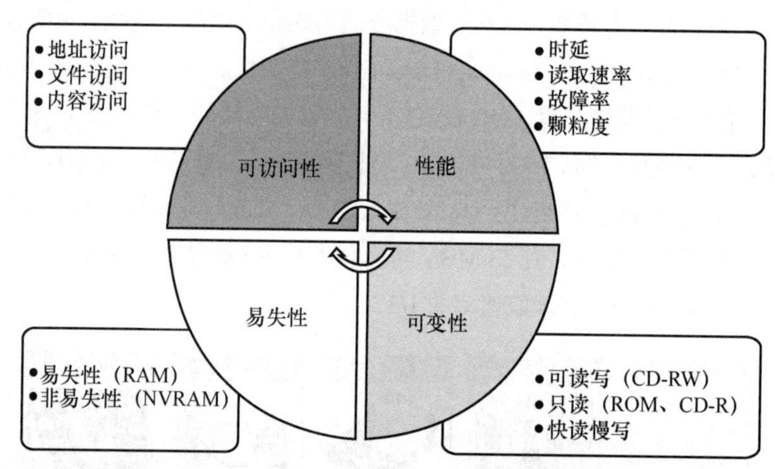

CD-RW：Compact Disc-Rewritable，可重写光盘。
CD-R：Compact Disc-Recordable，可录光盘。

图2-16　数据存储特性的4个维度

另外，存储形式逐渐由早期的单主机单硬盘存储形式发展为单主机多硬盘存储、多主机多硬盘存储、网络存储、分布式存储、云存储、多级缓存+存储、软件定义存储等形式。在存储的发展过程中，有大量为了提高数据可访问性、可靠性、读写速率，以及节省存储空间或成本的技术涌现，比如独立磁盘冗余阵列（Redundant Arrays of Independent Disks，RAID）技术，网络附接存储（Network Attached Storage，NAS）技术，存储区域网（Storage Area Network，SAN）技术，去重、压缩、备份、镜像、快照等技术，软件定义存储技术。

1. RAID 技术

RAID，顾名思义，是用多块硬盘组建成存储阵列来实现高性能/高可靠性。从这一点来看，早在 1987 年由加利福尼亚大学伯克利分校的大卫·帕特森（David Patterson）[1]教授和他的同事们率先实现的 RAID 架构与十几年后的互联网公司推动的使用基于 X86 的商用硬件来颠覆以 IBM 公司为首的大/小型主机体系架构是如出一辙的——单块硬盘性能与稳定性虽然可能不够好，但是形成一个横向扩展的分布式架构后，可以做到线性提高系统综合性能。

RAID 标准一共有 7 种，分别是 RAID0、RAID1、RAID2、RAID3、RAID4、RAID5 和 RAID6，常见的是 RAID0、RAID1、RAID5 和 RAID6。RAID0 采用的是分条方式，它的原理是把连续的数据分散到多块磁盘上存储，以线性提高读写性能。RAID1 采用镜像方式来实现数据的冗余备份，同时通过并发读取提高读的性能（这对写的性能则无任何帮助）。在实践中几乎不会见到 RAID2 和 RAID3，一方面是因为 RAID2 与 RAID3 的低并发访问能力与实现复杂（RAID2 和 RAID3 分别采用了比特级与字节级的分条存储方式，而 RAID0、RAID4～RAID6 都是块级，显然后者的效率会相对更高）；另一方面是因为它们存在的价值大抵只是为了保证 RAID 体系架构的学术完整性。RAID4 则几乎被 RAID5 取代，因为后者均衡的随机读写性能弥补了前者的弱随机写性能的缺陷。在企业环境中，通常采用 RAID5 或 RAID6 实现数据读取性能的均衡提升，唯一的区别是 RAID5 采用分布式的奇偶校验位，RAID6 则多用一块硬盘来存储第二份奇偶校验位，例如，RAID5 最少需要 3 块硬盘，RAID6 则最少需要 4 块硬盘。

还有其他类型的非标准化 RAID 方案，如 RAID1+0（常被简称为 RAID1/0 或 RAID10，后者容易引起混淆，我们很难想象 RAID 是何等复杂）、RAID0+1、RAID7 等。RAID0+1 采用分条+镜像的硬盘组合方式，而 RAID1+0 采用镜像+分条的方式，后者在出现磁盘故障后重构的效率高于前者，因此更为常见。RAID1+0 适用于需要频繁、随机、小数据量写操作的场景，因此 OLTP、数据库、大规模信息传递等具有高输入/输出（Input/Output，I/O）需求的业务常使用 RAID1+0 存储方案。闪存也被应用得越来越广泛（NAND 闪存逐步取代 HDD）。基于 NAND 闪存构建的 RAID 存储架构被称作独立 NAND 冗余阵列（Redundant Array of Independent NAND，RAIN），有趣的是这里的“I”是 Independent 而非 Inexpensive，大抵是因为 NAND 的造价高于 HDD 硬盘数倍……

在高阶 RAID（如 RAID1/0、RAID0/1）中，奇偶校验功能被广泛使用，它的主要目的是在硬盘故障或掉线后以低于镜像成本的方式保护分条数据。在一个通过 RAID 技术构成的硬盘组中，硬盘越多，则通过奇偶校验功能节省的空间越多。例如，5 块硬盘为一组的 RAID 中有 4 块硬盘被用来存储数据，1 块硬盘用于存储奇偶校验位数据，其开销为 25%。如果把 RAID 扩容到 10 块硬盘，此时依然可以使用 1 块硬盘来存储奇偶校验位数据，但

1 大卫·帕特森教授也是精简指令集计算机（Reduced Instruction Set Computer，RISC）概念的提出者之一。

开销降低到 10%，而用类似 RAID1 镜像的方法时，开销为 100%。

奇偶校验位的计算使用的是布尔型异或（XOR）逻辑运算，如下所示。如果硬盘 A 或硬盘B因故下线，则剩下的硬盘B或硬盘A中的数据与奇偶校验位的数据做简单的XOR逻辑运算，就可以恢复硬盘 A 或硬盘 B 中的数据。示例如下。

硬盘 A：　01011010

XOR 硬盘 B：　01110101

奇偶校验：　00101111

在云存储中通过对海量的非常用数据、备份数据使用奇偶校验功能可以大幅度地节省存储成本，近些年越来越常见的编码存储技术擦除码的核心算法正是 XOR 逻辑运算。以 Hadoop 的 HDFS 大数据存储平台为例，它默认对数据保存 3 份副本，这意味着 200%的额外存储开销用来保证数据可靠性，通过擦除码可以让额外存储开销降低到 50%（如 Windows Azure Storage），甚至降低到 30%（如 EMC Isilon OneFS），从而大幅度提升存储空间利用率。随着数据的保障性要求的增长，越来越多的技术型公司，特别是那些需要对数据保存多份副本的公司开始关注并采用擦除码技术，例如谷歌公司、淘宝网的某些数据需要多达 6 份副本。由此可见，擦除码类技术的经济价值不言而喻。

2. NAS 与 SAN

网络存储技术 NAS 和 SAN 是相对于非网络存储技术而言的。在 NAS、SAN 出现之后，我们把先前的那种直接连接到主机的存储方式称为 DAS。值得一提的是，NAS 与 SAN 都是由 Sun Microsystems 公司推出的商业产品，它们改变了之前那种以服务器为中心的存储体系结构（例如各种 RAID，尽管 RAID 系统采用的也是块存储），形成了以信息为中心的分布式网络存储架构。图 2-17 展示了本地存储到网络存储的发展。

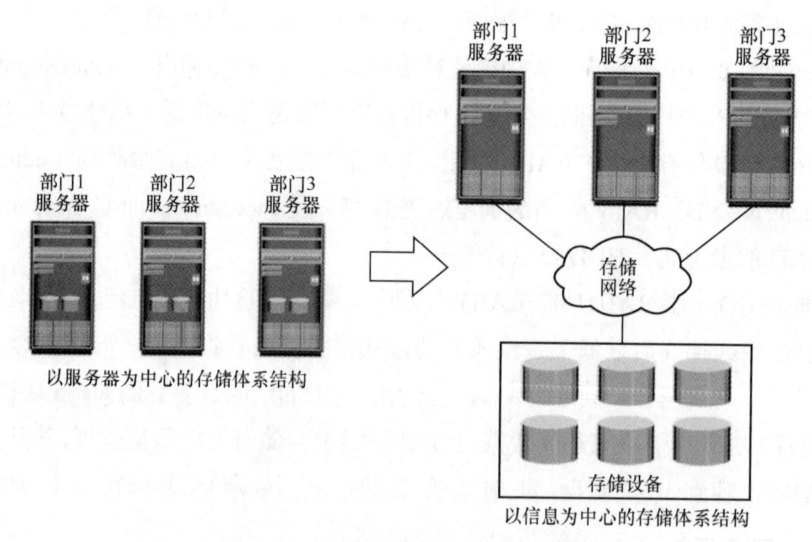

图 2-17　本地存储到网络存储的发展

NAS 与 SAN 的主要区别如下。

（1）NAS 提供了存储与文件系统。

（2）SAN 提供了底层的块存储（其上可以叠加文件系统）。

（3）NAS 的通信协议主要有 NFS[1]协议/CIFS[2]协议/SMB[3]协议/AFP[4]/NCP[5]，它们主要是在 NAS 发展过程中由不同厂家开发的协议：Sun Microsystems 公司开发并开源的 NFS 协议，微软公司开发的 CIFS/SMB 协议，苹果公司开发的 AFP，以及 Novell 公司开发的 NCP。

（4）SAN 在服务器与存储硬件间的通信协议主要是 SCSI[6] 协议，在网络层面主要使用光纤通道、以太网或无限宽带协议栈来实现通信。

SAN 的优势如下。

（1）网络易部署。服务器只需要配备一块适配卡——光纤通道主机总线适配器（Fibre Channel Host Bus Adapter，FCHBA），就可以通过光纤通道交换机接入网络，经过简单的配置即可使用存储。

（2）高速存储服务。SAN 采用了光纤通道技术，因而具有更高的存储带宽，对存储性能的提升效果更加明显。SAN 的光纤通道使用全双工传输方式来传输数据，传输速率为 8～16 Gbit/s。

（3）良好的扩展能力。由于 SAN 采用了网络结构，因此它的扩展能力更强。

NAS 的优点如下。

（1）真正的即插即用。NAS 是独立的存储节点，并存在于网络之中，与用户的操作系统无关。

（2）存储的部署简单。NAS 不依赖通用的操作系统，而是采用一个面向用户设计的、专门用于数据存储的简化操作系统，内置了与网络连接所需要的协议，因此使整个系统的管理和设置较为简单。

（3）共享的存储访问。NAS 允许多台服务器以共享的方式访问同一存储单元。

（4）管理容易且成本低（相对于 SAN 而言）。

3．对象存储

分布式存储架构中除了 NAS 与 SAN 两大类外，还有一类叫作基于对象的存储（简称对象存储）。对象存储比 SAN 大概晚了 10 年“出道”。与基于文件的 NAS 和基于块的 SAN 不同，对象存储的基本要素是对存储数据进行了抽象化分隔，将存储数据分为源数据与元数据。应用程序通过对象存储提供的 API 访问存储数据实际上可被看作对源数据与元数

1 NFS：Network File System，网络文件系统。
2 CIFS：Common Internet File System，通用网络文件系统。
3 SMB：Server Message Block，服务器信息块。
4 AFP：Apple Filing Protocol，苹果归档协议。
5 NCP：Network Control Protocol，网络控制协议。
6 SCSI，Small Computer System Interface，小型计算机系统接口。

据的访问。一种流行的观点是对象存储集合了 NAS 与 SAN 的优点，不过对象存储具有 NAS 和 SAN 所不具有的 3 个优势，具体如下。

（1）应用可对接口直接编程。

（2）命名空间（寻址空间）可跨多硬件实体，每个对象具有唯一编号。

（3）数据管理颗粒细度为对象。

对象存储在高性能计算特别是超级计算机领域的应用极为广泛，全球排名前 100 的超级计算机系统中有超过 70%的系统使用了开源的 Lustre（Linux + Cluster）对象存储文件系统，其中包括中国天河 2 号与 Titan 超级计算机。在商业领域，对象存储用于归档及云存储，如早在 2002 年推出的 EMC Centera 及 HDS 的 HCP。云存储领域的知名产品有亚马逊公司于 2006 年推出的 AWS S3（AWS S3 已经成为云存储的事实标准，有大量开源解决方案甚至是竞争对手提供的存储服务都兼容 AWS S3 API，如 Rackspace 的 Cloud Files、Cloudstack、OpenStack Swift、Eucalyptus 等），以及微软公司的 Windows Azure Storage 与谷歌公司的 Google Cloud Storage，还有如 Facebook 公司为存储数以 10 亿计的海量照片等非结构化数据而定制开发的对象存储系统 Haystack。

AWS S3 的架构设计及所提供的 API 超级简洁，可以存储小于 5 TB 的对象文件，每个文件对应 2 KB 的元文件，多个对象文件可以被组织到一个桶（Bucket）之中，每个对象在桶中被赋予唯一的 Key，可以通过 REST 风格的 HTTP 或 SOAP 接口来访问桶及其中的对象，对象可以直接通过 HTTP 中的 Get 方法或比特流（BitTorrent）协议进行下载。关于对象访问的详细资料，读者可直接参考亚马逊官方网站。

云计算、大数据与软件定义数据中心的出现对存储管理有了更高的要求，传统存储也面临着诸多的挑战。

对于服务器内置存储来说，单一磁盘或磁盘阵列的容量与性能都是有限的，不仅很难进行扩展，还缺乏各种数据服务，例如数据保护、高可用性、数据去重等。最大的麻烦在于这样的存储使用方式导致了一个个信息孤岛，这对于数据中心的统一管理来说无疑是一个噩梦。

对于 SAN 和 NAS 来说，目前的解决方案存在一个供应商绑定的问题。与服务器的商业化趋势不同，存储产品的操作系统（或管理系统）仍然是封闭的。不用说不同的提供商之间的系统互不兼容，就是一家提供商不同的产品系列之间也不具有互操作性。供应商绑定的问题导致了技术壁垒和价格高企的现状。此外，管理孤岛的问题依旧存在，相对于 DAS 来说，只是“岛”大一点、数量少一点。用户在管理存储产品时仍然需要一个个地单独登录到管理系统中进行配置。总之，SAN 与 NAS 的扩展性仍然是个问题。

不仅如此，一些其他需求也开始出现，例如，对多租户模式的支持、云规模的服务支持、动态定制的数据服务，以及直接服务虚拟网络的应用。这些需求并不是通过对现有存储架构进行简单的修修补补就可以满足的。

4．软件定义存储技术

在这样的背景下，一种新的存储管理模式开始出现，那就是软件定义存储。软件定义存储不同于存储虚拟化，软件定义存储的设计理念与软件定义网络（Software Defined Network，SDN）有着诸多相似之处。软件定义存储旨在开辟一个如下的新世界。

（1）把数据中心中所有物理的存储设备转化为一个统一的、虚拟的、共享的存储资源池，其中存储设备包括专业的 SAN/NAS 存储产品，也包括内置存储设备和 DAS。这些存储设备可以是同构的，也可以是异构的，还可以是来自不同厂商的。

（2）把存储设备的控制与管理从物理设备中抽象与分离出来，并将它们纳入统一的集中化管理之中。换言之，就是将控制平面和数据平面解耦合。

（3）基于共享的存储资源池，提供一个统一的管理与服务/编程访问接口，使得软件定义存储与软件定义数据中心或者云计算平台下其他的服务之间具有良好的互操作性。

（4）把数据服务从存储设备中独立出来，使得跨存储设备的数据服务成为可能。专业的数据服务甚至可以运行在复杂的、来自不同提供商的存储环境中。

（5）让存储成为一种动态的可编程资源，就像我们在服务器（或者说计算平台）上看到的一样，即基于服务器虚拟化的软件定义计算。

（6）让未来的存储设备采购与选择变得像现在服务器的购买一样简单直接。

（7）存储的提供商必须要适应并精通于为不同的存储设备提供关键的功能与服务，即使他们并不真正拥有底层的硬件。

时至今日，服务器虚拟化、计算虚拟化、软件定义计算已经彻底改变了我们对计算能力的理解。现在存储领域也在经历着从存储虚拟化到软件定义存储的变革。前面我们提到过对象存储中出现的源数据与元数据的分离——数据平面与控制平面，这实际上已经是一种存储虚拟化（抽象化）的概念。另外，存储资源池化（形成虚拟资源池）也是软件定义存储的重要概念。

软件定义存储的解决方案有很多种，有针对 NAS/SAN 网络存储设备的，有针对服务器内置磁盘与 DAS 的，有通用的，还有专为虚拟化平台优化而生的。这些不同的解决方案之间虽然存在诸多的差异，但我们大致上仍然可以把软件定义存储的技术栈自下而上分为 3 层：数据保持层、数据服务层与数据消费层，如图 2-18 所示。

数据保持层位于最底层，这是存储数据最终被保存的地方。这一层负责的工作是将数据保存到存储媒介中，并保证之后读取的完整性。保持数据的方式有很多种，具体的选择取决于其成本、效率、性能、冗余率、可扩展性等需求，也取决于 SATA 磁盘、SCSI 磁盘、固态盘等不同的因素。此外，由于这部分功能经过了虚拟化的抽象，我们可以根据需要选择不同的方案，且不会影响到上层数据服务和数据消费的选择与实现。常见的数据保存方法包括前面提到的 RAID（磁盘阵列），以及 NAND 闪存阵列、简单副本、擦除码等。

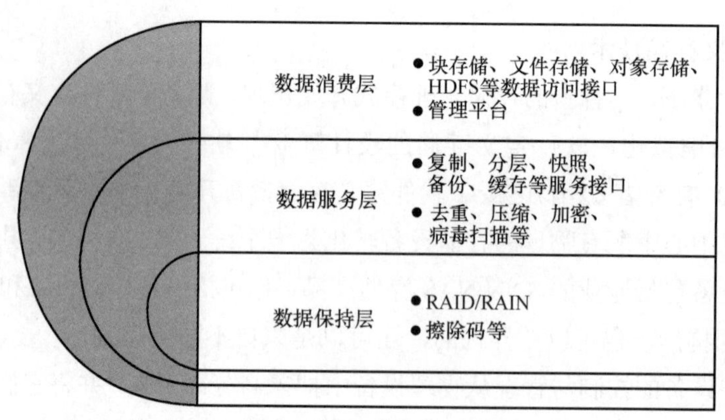

图 2-18　软件定义存储的技术栈

数据服务层位于中间层。这一层组件主要的职责就是负责数据的移动并向上层提供服务接口：复制、分层、快照、备份、缓存。其他的职责还包括去重、压缩、加密、病毒扫描等。一些新兴的存储类型也被归入数据服务层，如对象存储和HDFS。这里需要指出复制与数据保持层的副本功能的差异：副本只是最简单的一种数据冗余机制，防止硬件问题所引起的数据丢失，对用户来说是完全透明的；而复制作为一种附加的数据保护服务，多用于高可用性、远程数据恢复等场景，其中一个非常有特色的产品就是 Dell-EMC 的 RecoverPoint。有兴趣的读者可以去详细了解一下，我们在此就不展开介绍了。

在理想的情况下，数据服务是独立于其下的数据保持层与其上的数据消费层的，各层具体技术的实现并不存在强依赖关系。同样，由于经过了虚拟化和抽象，数据服务得以从存储硬件设备中分离出来，可以按需进行动态创建，从而具有很大的灵活性。创建出来的数据服务可以根据软件定义存储控制器的统一调度运行在任何一个合适的服务器或者存储设备上。

数据消费层位于最顶层，是最贴近用户的一层。这里首先展现给用户的是一系列数据访问接口，包括块存储、文件存储、对象存储、HDFS，以及其他随着云计算与大数据的发展而出现的新型访问接口。数据消费层的另一个重要的组成部分是展现给租户的门户，也就是每个用户的管理平台（GUI[1]/CLI[2]），每个租户可以进行相关操作，如部署、监控、事件及警报管理、资源的使用、报表生成、流程管理、定制服务等。灵活的编程接口也是这一层的核心组件，用于更好地支持存储与用户应用的整合。与普通的编程接口相比，软件定义存储的接口有着更高的标准和更多的功能。

软件定义存储作为软件定义数据中心的一个核心组成部分，与系统中的其他组件（如软件定义计算、软件定义网络）存在大量的交互，因此对互操作性有着很高的要求。关于组件之间的互操作与协同工作，详细内容可参见后续章节。从数据消费层的视角来看，其

1 GUI：Graphical User Interface，图形用户界面。
2 CLI：Command Line Interface，命令行界面。

下的数据服务层与数据保持层提供的是一个统一的虚拟化资源池，它基于该虚拟资源池根据用户需求进行分配、创建与管理。

综上所述，海量数据的存储发展历程如图 2-19 所示，从本地存储到网络存储（尤其是以 NAS 和 SAN 为代表的分布式存储），再到以对象存储为实施标准的云存储阶段，未来的发展方向是软件定义存储，通过软件定义存储实现低成本、高效率、高灵活性及高可扩展性。

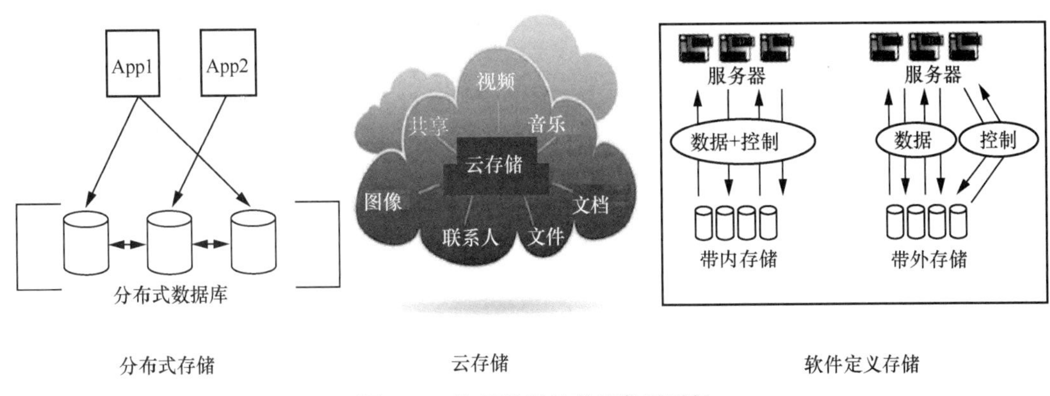

图 2-19 海量数据的存储发展历程

2.2.2 大数据管理与大数据分析

构建面向海量信息的大数据管理平台，其本质上是要实现一个可软件定义的数据中心来对下层的基础架构进行有效的管理（存储、网络、计算及相关资源的调度、分配、虚拟化、容器化等），以满足上层的业务与应用需求，并通过软件的灵活性与敏捷性实现高的总投资收益率（Return on Investment，ROI）。在第 1 章中，我们提到过大数据与云计算之间相辅相成的关系，这一点也充分体现在它们两者技术栈的对应关系上（见图 2-20）。大数据存储对应于云计算架构中的存储方式+存储媒介，大数据管理对应于基础设施、计算、云拓扑结构、IaaS 及 PaaS 层，大数据分析对应于云平台中的应用服务，大数据应用则是云应用程序中的一大类（如传统企业级应用、Web/HTML5 类越来越多的面向移动设备的应用、大数据应用等）。

云计算背景下的大数据应用可以划分为构建于公有云之上和企业混合云（兼有私有云和公有云的特征）之上两大类。从垂直技术栈的角度看，两者都自下而上分为网络层、存储层、服务器层、操作系统层、大数据处理引擎层、大数据中间件及服务层、大数据应用层（如可视化、操控中心）等。它们提供的服务与应用无外乎有如下几类：传统数据类服务的延展，如数据仓库、商业智能；新型服务，如大数据存储、大数据分析、流数据分析、无主机计算、机器学习、云间数据迁移等。大数据技术栈与应用如图 2-21 所示。

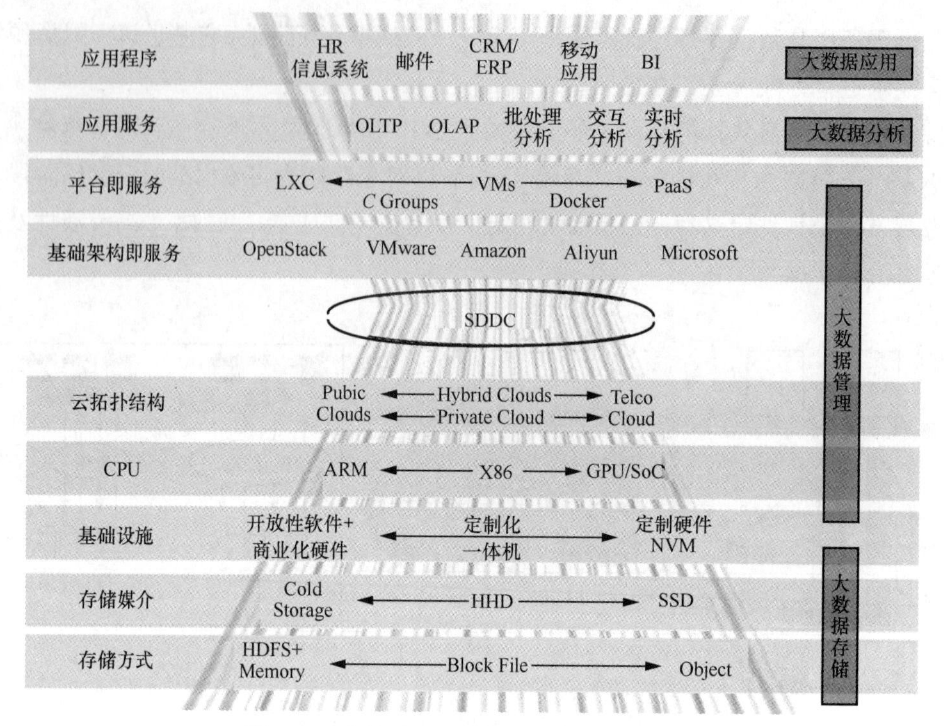

图 2-20　大数据与云计算技术栈的对应关系

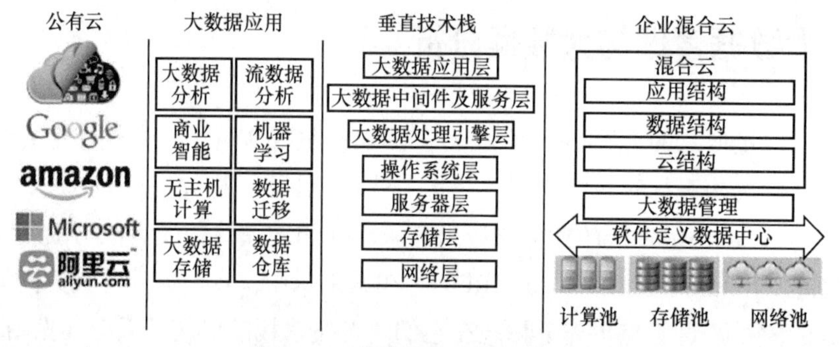

图 2-21　大数据技术栈与应用

在上面提到的大数据服务与应用中，值得一提的是无主机计算。无主机计算是一种新型的公有云（或混合云）服务，最为知名的是亚马逊公司的 AWS Lambda，其核心颠覆了 DevOps，用 NoOps 取而代之。我们知道 DevOps 颠覆了传统的开发、测试、运维模式没有多久，现在它又要被别人颠覆了，这的确是个“颠覆”的时代！

NoOps 顾名思义就是不需要担心运维的事情，从而使程序员得到极大程度的解放，同时企业也不需要负担任何基础架构的运维成本。AWS Lambda 的特点就是让使用者不再需要事先部署服务器，而是只需要把要执行的代码提交给 Lambda，然后以 AWS 庞大的基础架构做后台支撑，并采取了一种新颖的计费方式，让用户只为所需内容付费，并且仅在需要时付费即可。在本质上，无主机计算摒弃了传统的以设备（服务器、网络、存储）为中心的计算模式，让用户应用聚焦于业务逻辑本身，在实现上采用容器化封装、面向服务的架构、事件驱动的应用程序接口等技术。这些技术最终带来的是更低成本的计算资源与更强大的能力，特别是大数据处理，通常需要更多的基础架构及资源。随着无主机计算的发展，我们有理由相信更多的大数据应用会与之结合。

在大数据（即分布式系统）的管理、分析、处理中，有一些基础的理论模型需要被读者了解，主要有：BASE 最终一致性模型、ACID 强一致性模型。

BASE 指的是 Basically Available（基本可用）、Soft-State（柔性状态）、Eventual Consistency（最终一致性）这 3 个特性，它是相对于传统的（单机）关系数据库时代的 ACID 而言的。ACID 指的是 Atomicity（原子性）、Consistency（一致性）、Isolation（隔离性）、Durability（持久性）这 4 个特性。以数据库交易为例，要实现 ACID，最关键的部分是数据的一致性，通常的做法是通过加锁的方式，在一个读写方对某数据进行读写的时候，让其他读写方只能等待。两段锁是一种常见的加锁实现方法，这种方法的效率对于高频交易系统而言显然不太适宜，于是就有了多版本并发控制策略，它通过为每个读写方提供数据库当前状态的快照来提供操作隔离及数据一致性。在分布式交易系统中，如后面要提到的 NewSQL 数据库，ACID 的实现变得更加困难。有一种实现方式是两阶段提交，这种方式可以保证分布式交易（事务）操作的原子性及一致性。有趣的是在英文中 BASE 还有碱的意思，而 ACID 有酸的意思，看来前辈们在研究理论基础时也没少在起名字上下功夫。

关于分布式系统，还有一个 CAP（Consistency-Availability-Partition Tolerance，一致性–可用性–分区容忍性）理论需要读者关注。CAP 理论是大数据领域的一个著名理论，确切地说是分布式计算网络领域的一种假说，最早由加利福尼亚大学伯克利分校的计算机科学家、同时也是后来在 2002 年被雅虎公司收购的著名搜索公司 Inktomi 的联合创始人兼首席科学家埃里克 • 布鲁尔（Eric Brewer）提出。2002 年，麻省理工学院的两位学者对其论证并随后使其成为理论，所以这个理论又称为 Brewer's Theorem。这个理论是非常有哲学高度的，不过两位麻省理工学院的学者据说是从比较“狭隘”的视角来论证的，所以该理论受到了学术界与业界的连番挑战，最知名的当属 2012 年谷歌公司推出的 Spanner 系统，该系统在全球范围内的跨数据中心间同时满足了 CAP 理论的 3 个特性。前文中提到过 Spanner 通过全球原子钟实现了极高精度的时钟同步，进而实现了数据强一致性，后来我们也称类似的系统为 NewSQL 系统或新型分布式系统。应该指出的是，大部分分布式系统的部署规模远没有 Spanner 庞大，毕竟 Spanner 面向的是谷歌公司内部庞大的网络服务器集群及天文数字级的海量数据。在大多数商业环境的业务场景中，复杂的无线接入点类场景远远多过单纯的 OLTP 类场景，而是否满足 CAP 的 3 个特性并不是最主要的挑战。在后文中我们会对此类系统展开论述。

CAP 理论认为，一个分布式系统不可能同时保证一致性、可用性和分区容忍性（又称可扩展性）这 3 个要素。换言之，对于一个大型的分布式计算网络存储系统而言，可用性与可扩展性是需要首要保证的，那么唯一可以牺牲的是一致性。对于绝大多数场景而言，只要达到最终一致性（非强一致性）即可。

可以从下面对强一致性的举例分析来理解所谓的最终一致性。强一致性在早期的金融网络中要求当你付款给对方，并在对方收到钱后，你的账户要相应地同步扣款，否则就会出现不可预知的结果——比如对方收到钱，你的账户却没有扣款（赚到了的感觉）；或者对方没收到，而你的钱被扣掉了（被坑了的感觉）。这些都属于系统不能做到实时一致性的体现。今天，绝大多数金融系统是规模庞大的分布式系统，要求强一致性只可能会造成系统进入瓶颈（比如由一个数据库来保证交易的实时一致性，但是这样整个分布式系统的效率会变得低下），因此弱一致性系统应运而生，这也是为什么你在进行转账、股票交易等操作时通常会有一些滞后（几秒或者几分钟或者几天）的交易确认。而对于金融系统来说，对账是最重要的，它就是对规定时间内的所有交易进行确认，以保证每一笔交易的双方的进出是均衡的。

CAP 理论还有很多容易被人误解的地方，比如一个分布式系统到底应该拥有哪一个或哪两个属性。抛开理论层面的争执，我们看到今天大规模分布式系统的设计各有千秋。比如谷歌公司的 GFS 就是满足了一致性与可用性，相对牺牲了可扩展性。

2.2.3 数据科学

数据科学作为一门学科最早是由丹麦科学家彼得•诺尔（Peter Naur）在 1974 年发表的一篇关于数据处理方法的调研文章中提出的。彼得•诺尔最出名的成果是创造了巴克斯–诺尔范式（Backus-Naur Form，BNF）。

时间推进到 1997 年，美国著名华人统计学家吴建福（C.F. Jeff Wu）[1]直接提出了统计学=数据科学的概念，他准确地定义了统计（即数据科学）工作的“三部曲”，即数据收集、数据建模与分析、决策制订。

2008 年，当时还在领英（LinkedIn）公司的 DJ Patil（后来成为美国第一任首席数据科学家）和 Facebook 公司的 Jeff Hammerbacher（后来成为大数据公司 Cloudera 的联合创始人）率先把他们的工作职能定义为数据科学家。互联网公司是如此长于公共关系宣传，以至于大家提到数据科学与数据科学家的时候都说这两位是开山鼻祖。殊不知，先贤们早已低调地走过命名、定义与本质剖析这段路了。

我们在本小节将分别介绍数据科学这门随着云计算与大数据的蓬勃发展而日新月异的学科，以及在数据科学中扮演执剑人角色的数据科学家。

1 吴建福成名于 1983 年，他对最大预期算法中的收敛性进行了分析和修正。最大预期算法被广泛应用在机器学习的数据分类、计算机视觉、自然语言处理、医疗图像重建等领域中。

（1）数据科学

提及数据科学或统计学、大数据分析，人们难免会联想到商业智能或数据仓库，因此我们有必要对它们之间的异同做简明扼要的分析。商业智能使用统一的衡量标准来评估企业的过往绩效指标，并用于帮助制订后续的业务规划。商业智能的组件及功能如下。

① 建立关键绩效指标（Key Performance Index，KPI）。

② 多维数据的汇聚、去正则化、标记、标准化等。

③ 实时汇报、报警等。

④ 以处理结构化、简单数据集为主。

⑤ 统计学分析与概率模型模拟。

商业智能通常会在底层依赖某种数据处理（如ETL）架构，例如数据仓库……随着大数据技术的发展，商业智能系统正在越来越多地拥抱诸如内存计算[如基于内存的数据网格（in Memory Data Grid，IMDG）数据库技术、Spark]、实时计算、面向服务的基础架构（SOA、微服务架构），乃至开源商业智能解决方案等新事务。

数据科学可以理解为预测分析+数据挖掘。它们结合了统计分析、模式识别、机器学习、深度学习等技术，获取数据中的信息，形成推断及洞察力，所采用的相关方法包括回归分析、关联规则（如购物篮分析）、优化技术和仿真（如用于构建场景结果的蒙特卡洛仿真）。在现有商业智能系统基础之上，数据科学又为其增添了如下组件与功能。

① 优化模型、预测模型、预报、统计分析模型等。

② 结构化/非结构化数据、多种类型数据源、超大数据集。

图2-22描述了数据科学的典型流程，涉及原始数据的采集、清洗、基于规则或模型的数据处理与分析、建模+算法、汇总+可视化、决策、大数据产品（可选）等多个环节。需要指出的是，该流程亦可根据业务需要增加从决策到建模+算法到数据处理的反馈通道。

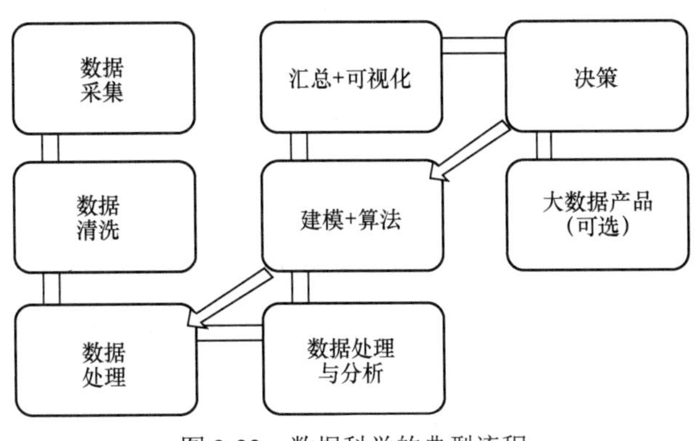

图2-22　数据科学的典型流程

数据科学的发展从分析复杂度与分析价值两个维度来看，可分为5个阶段（见图2-23）、3种境界。这3种境界分别是：

① 后知后觉——典型的如传统的商业智能、滞后时延分析；

② 因地制宜——典型的如实时分析；

③ 未卜先知——典型的如预测分析。

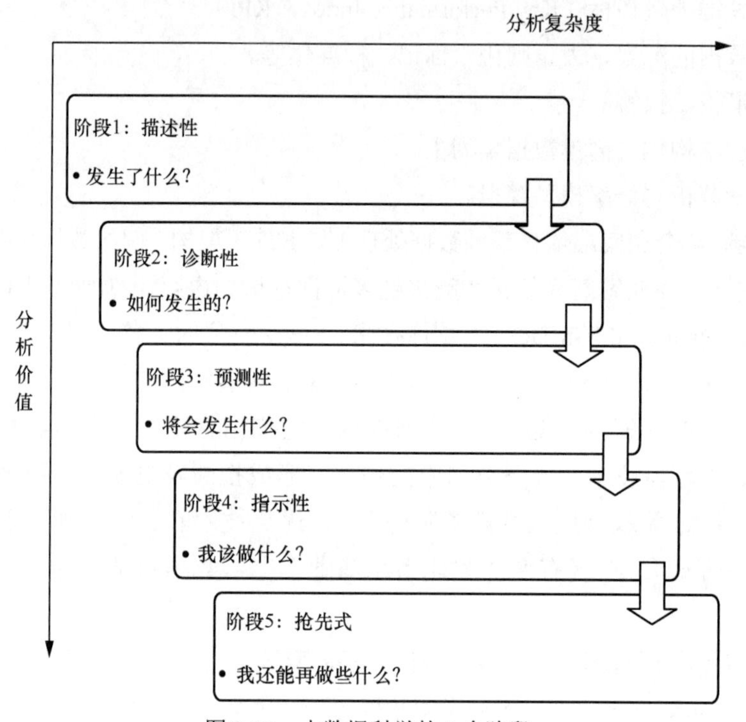

图2-23　大数据科学的5个阶段

图2-23所示的5个阶段与3种境界匹配关系如下。

- 后知后觉——描述性+诊断性。
- 因地制宜——描述性+诊断性+（部分）预测性+指示性。
- 未卜先知——预测性+指示性+抢先式（基于预测的行动指南）。

这5个阶段自上而下实现起来的复杂度越来越高，但是所带来的价值越来越大，这也是为什么越来越多的企业、政府机构要把数据科学驱动的大数据分析引入并应用到商业智能、智慧城市等领域中。

（2）数据科学家

数据科学家是在大数据生态体系建立的过程中催生出来的复合型人才。大数据处理与分析项目中通常需要如行业专家、数据分析专家、建模工程师、大数据系统专家等多种角色。我们可以把数据科学家应具备的常用知识与技能总结为图2-24所示的图形。

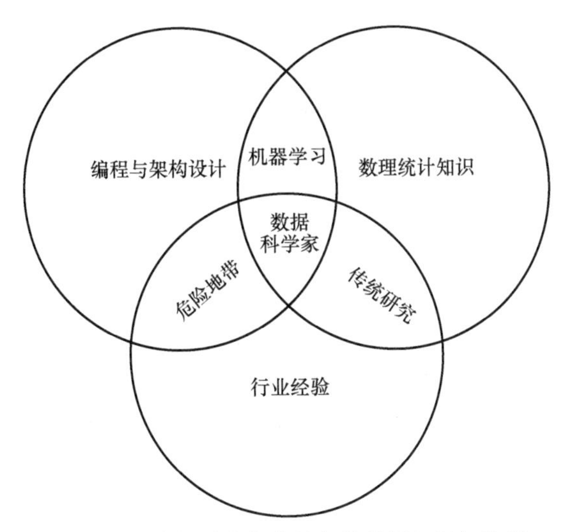

图 2-24　数据科学家应具备的常用知识与技能

数据科学家结合了多种之前被分离的知识与技能于一身。

① 数理统计知识：能够以数学、统计学模型、算法（如机器学习、深度学习等领域的算法）等来抽象业务需求与挑战。

② 编程与架构设计的能力：能够将数学模型转换为可运行在大数据处理平台上的代码，还能设计、实现和部署统计模型和数据挖掘方法。

③ 行业经验：只有对垂直领域有了深刻理解，才能保证大数据应用沿着正确的方向发展。

数据科学家正是位于图2-24中的三圆交汇之处，集以上知识与技能于一身的复合型人才。

数据科学是一个热门的领域，而数据科学家是拥有特殊技能的专业人才，负责为复杂的业务建模，从海量数据中洞察先知并找到新的商业机遇。对于这种能够从海量数据中提取出有用信息，再从有用信息中提炼出具有高度概括性与指导意义的知识、智慧甚至转变为可以自动化智能（如人工智能）的人才，市场会在相当长的一段时间内对其备加青睐——如果非要为这段时间加个期限，也许是整个 21 世纪。

2.2.4　大数据应用

大数据所面临的五大问题中最后一个是大数据应用，这也是大数据问题的具象（最终展现形式）。如果高度概括大数据的生命周期，那么可以归纳为：大数据来源+大数据技术+大数据应用，如图 2-25 所示。三者缺一不可、彼此相承。

1. 大数据应用特点

大数据应用通常被划分为第三平台应用，以此区别于第二平台的应用（主要指传统的独占式的企业级应用）。大数据应用有以下 4 个特点。

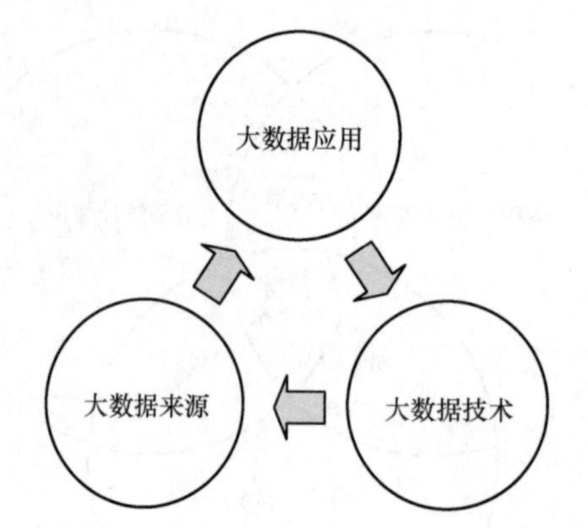

图 2-25 大数据来源+大数据技术+大数据应用

（1）应用弹性

大数据应用的弹性与第三平台其他应用的弹性一样，从云基础架构（IaaS）的角度来解读，就是基础架构级资源可以随着业务和应用需求的变化而具有水平或垂直伸缩能力（横向扩展或纵向扩展）；从 PaaS 的角度来看，是指服务于应用的各类数据服务、编程接口、消息队列等平台级资源的按需可调节性。IaaS 与 PaaS 结合起来保证了顶层应用的弹性。

（2）应用敏捷性

大数据应用的敏捷性有两层含义，一层是应用的开发与交付采用敏捷模式（如 Scrum/Waterscrumfall 这类敏捷开发模式、DevOps、持续集成等）；另一层是应用生命周期内通常以事件或时间为驱动，当监测到符合某种特征的事件（如寻找热点时间、舆情监控）发生或在某时间范围内（如春节联欢晚会）需要对海量数据进行高时效（如实时）处理时，大数据应用能及时根据数据做出统计、分析、预测，以及调整商务策略。

（3）数据中心化

数据中心化指的是随着大数据处理技术的发展，大数据应用需要处理的数据集越来越丰富。有调研结果表明企业收集并存储的信息中通常只有 1/3 是文本与静态图片信息，而剩下的 2/3 是视频与音频信息。也就是说，大数据应用在这些更为动态的数据集中可以获取更多的有价值的信息。绝大多数人相信我们身处一个越来越依赖数据、依赖海量数据做出有根据的决策的时代。

（4）应用服务化

应用服务化对于大数据应用而言就是大数据即服务，特别是在云计算时代，越来越多的大数据分析与管理服务可以在各种形态的云架构上获得，它们与之前的 XaaS 类服务一样，按需分配资源，按使用量计费，支持多租户场景（从供给方角度就是通过资源共享的方式，盘活了低端资源的利用率，并以高服务模式实现营收）。

2．大数据应用优势

大数据应用能为企业带来哪些价值呢？答案如图 2-26 所示。

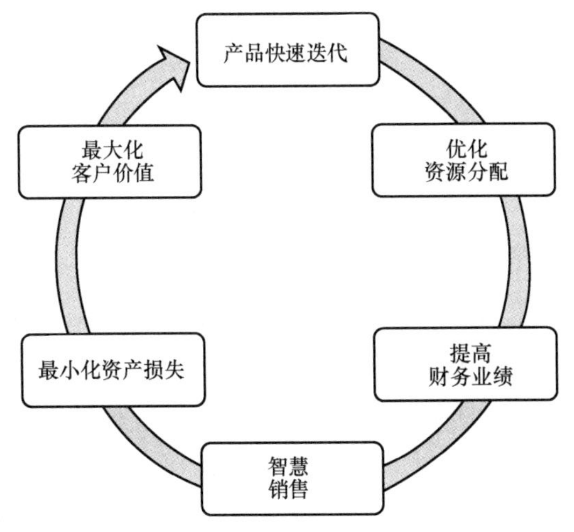

图 2-26 大数据应用为企业带来的价值

（1）产品快速迭代

产品部门通过大数据应用可以缩小产品推向市场、更新换代（迭代）的时间。以制药企业为例，一款新药的研发和临床实验耗时长且费用极高，使用大数据分析与建模可以在研发的早期阶段就模拟出中后期场景，从而大幅缩短制药周期（早期预测失败能够避免全面失败）。

（2）优化资源分配

优化企业资源分配是大数据的一类典型应用。以人力资源部门为例，通过对在职/离职员工的反馈、KPI、评价等数据的分析，他们可以对新员工入职给出指导意见，并使新员工顺利融入团队，从而提高 ROI。

（3）提高财务业绩

提高财务业绩是大数据的另一类典型应用。有了大数据预测的帮助，财务团队的工作从原有的定期做报表模式演进到可以识别高风险客户、监控供应商、打击诈骗，以及帮助业务部门制订更高效的业务模式。

（4）智慧销售

智慧销售、智慧市场推广是大数据应用的重要领域。基于大数据、精准数据分析，电子商务公司可以根据每一个用户以往的购物清单来定制化发送市场推广邮件，从而实现更高的用户回流率。以大型连锁零售商克罗格公司（Kroger）为例，通过电子邮件发送大数据驱动的定制化优惠券，它的客户回流率高达 70%，而市场平均的回流率仅有 3.7%，前者几乎是后者的 20 倍。这大概也解释了为什么 Kroger 可以连续 45 个季度实现盈利正增长。

（5）最小化资产损失

最小化资产损失对于维修、采购、工程、IT 等部门而言意义重大。以美国的通用公司为例，每天有上万架飞机使用通用公司生产的发动机。一台发动机上成千上万的传感器每经过5 h的飞行会产生1～2 TB的数据，这些发动机平均一天产生10～20 PB的数据，一年就产生3.65～7.3 EB的数据。对这些监控数据进行分析可以实现主动维修，甚至预测故障发生而提早预备配件，实现资源分配优化，从而降低维修成本。

（6）最大化客户价值

最大化客户价值对于企业而言意味着贴近客户，实现高客户满意度，进而收获一位忠实客户。以国内某大型保险公司为例，该公司采用了某科技公司的基于大数据模型的个性化健康评估和健康管理服务，为其客户提供增值服务。对于用户而言，他们获得了专业的健康服务，提高了生活品质。而对于保险公司而言，这意味着它可以为客户提供定制化保险服务以及围绕健康医疗衍生的多重增值服务，何乐而不为？

在本小节结束之前，有必要说明一下很多企业还停留在大数据应用的“原始阶段”，即只关注数据能否存储得下，而不关心：是否有必要存储，是否能赋能业务（是否算得动），如何赋能业务（最大化客户价值）。这些或许都是Hadoop（以之为例）后遗症——数据存储得下，但是得到的计算效率很低。大数据应用的建设是一个综合均衡的游戏，很多时候从业务需求反推反而能匹配到更优的技术解决方案。绝不要为了大数据而大数据，大数据绝非万金油！

2.3 大数据四大阵营

依据不同的实现理念、方式、应对不同的业务及应用场景，大数据解决方案可以被划分为以下四大类。

（1）OLTP：RDBMS、NoSQL、NewSQL。

（2）OLAP：MapReduce、Hadoop、Spark、图计算等。

（3）MPP（Massively Parallel Processing，大规模并行处理）：Greenplum、TeradataAster。

（4）流数据处理：CEP[1]/Esper、Storm、Spark Stream、Flume等。

2.3.1 OLTP阵营

OLTP阵营可以分为传统的关系数据库、NoSQL数据库与NewSQL数据库这3类解决方案。在本小节我们主要针对NoSQL数据库与NewSQL数据库进行讨论。

1 CEP：Complex Event Processing，复杂事件处理。

1. NoSQL 数据库

NoSQL 数据库普遍存在以下共同特征。

（1）不需要预定义数据模式或表结构：数据中的不同记录可能有不同的属性和格式。当插入数据时，并不需要预先定义它们的模式（如 MongoDB，后文中将会介绍）。NoSQL 和传统的关系数据库的对比如图 2-27 所示。可以看出，NoSQL 数据库无数据清洗，无数据转换，无数据加载，并且在数据存储处进行分析。

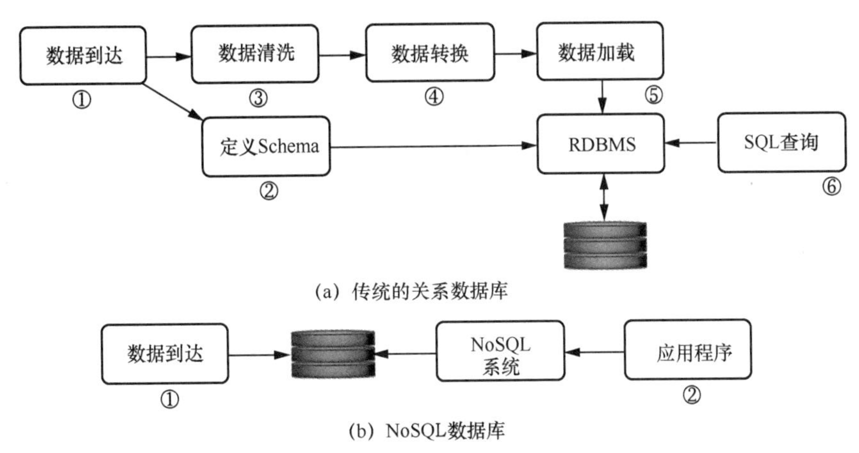

图 2-27　NoSQL 数据库和传统的关系数据库的对比

（2）无共享架构：NoSQL 数据库通常把数据划分后存储在各个本地服务器上，这是因为从本地磁盘读取数据的性能往往好于通过网络传输（如 NAS/SAN）读取数据的性能，从而使系统的性能得到提高。

（3）分区：NoSQL 数据库需要对数据集进行分区，将记录分散在多个节点上，并在分区的同时进行复制。这样既提高了并行性能，又能保证没有单点失效的问题。

（4）弹性可扩展：可以在系统运行的时候，动态添加或者删除节点。不需要停机维护，数据便可以自动迁移。

（5）异步复制：和 RAID 存储系统不同的是，NoSQL 数据库中的复制往往是基于日志的异步复制。这样，数据就可以尽快地写入一个节点，不会因网络传输而引起时延。缺点是并不总能保证一致性，这样的方式在出现故障的时候，可能会丢失少量的数据。

（6）符合 BASE 模型：BASE 提供的是最终一致性和柔性事务（相对于保证事务一致性的 ACID 模型，后文中的 NewSQL 数据库在 NoSQL 数据库基础上实现了对 ACID 模型的支持）。

在前文中，我们已经对 NoSQL 数据库做了初始的分类介绍，这里对颇具代表性的 MongoDB（文档数据库）、Cassandra（宽表数据库）、Redis（键值数据库）和两款图数据库（Neo4j 与 Ultipa Graph）解决方案进行介绍。

（1）MongoDB

作为文档数据库的代表，MongoDB 采用了一种与 RDBMS 截然相反的设计理念，不需要预先定义数据结构，使用了与 JSON（JavaScript Object Notation，JS 对象标记）兼容的 BSON（Binary JSON）轻量级数据传输与存储结构，相对于笨重、复杂的 XML 而言（XML 一直以其解析复杂而被广大 Web 开发人员所诟病），不需要对存储的数据结构进行正则化处理（其目的是减少重复数据）。例如构建一个数字图书馆，如果用传统的 RDBMS，则至少需要对书名、作者等相关信息使用多个正则化的表结构进行存储，在进行数据检索与分析时则需要频繁且昂贵的表 join 操作。而 MongoDB 中只需要通过对 JSON（MongoDB 中称其为 BSON）描述的文档型数据结构进行一次读操作即可完成。对于提高性能以及在商用硬件上的扩展而言，MongoDB 的优势不言而喻，同时 MongoDB 也兼顾了关系数据库操作习惯，例如它保留了 left-outer join 操作。

MongoDB 架构如图 2-28 所示。在体系架构设计上，MongoDB 支持 WiredTiger（默认引擎）、MMAPv1（内存–硬盘映射引擎）、in-Memory（内存引擎）、Encrypted（加密存储引擎）以及第三方引擎，并在其上提供了基于 BSON 的文档型数据结构模型及检索模型。

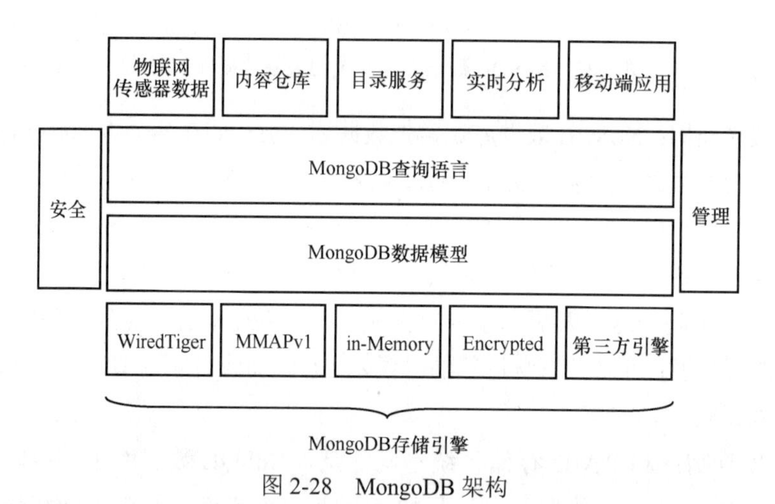

图 2-28　MongoDB 架构

（2）Cassandra

Cassandra 是目前最流行的宽表数据库，最早由 Facebook 公司开发并开源。Cassandra 是 Facebook 公司受到谷歌公司的高性能存储系统 BigTable（基于 GFS 等技术，服务于 MapReduce 等任务）的启发而来的。它的特点是：①无特殊节点（如主、备服务器），因此无单点故障；②服务器集群可跨多个物理数据中心，不需要主服务器的异步同步功能支持。Cassandra 集群读写同步如图 2-29 所示。

Cassandra 系统中有几个关键概念。

① 数据分区与一致性哈希运算：鉴于 Cassandra 的核心设计理念是一个逻辑数据库

中的数据由所有集群中的节点分散保存，也就是所谓的分区。数据的分布式保存会带来两个潜在问题：一个是如何判断指定的数据被存储在哪个节点之上；另一个是在增加或删除节点时如何尽量减少数据的跨节点移动。这两个问题的解决方案就是通过持续的一致性哈希运算（即实现对 Cassandra 分区的索引）。

② 数据复制：无共享架构、避免单点故障都是通过对数据进行多份复制（类似于拷贝）来实现的。

③ 一致性级别：在 Cassandra 系统中可以定制一致性级别，也就是说需要多少个节点返回读写操作的确认。在图 2-29 中，如果一致性级别为 3，那么节点 1～节点 3 全部回复确认后，节点 4（协调程序）才会回复 Cassandra 客户端。

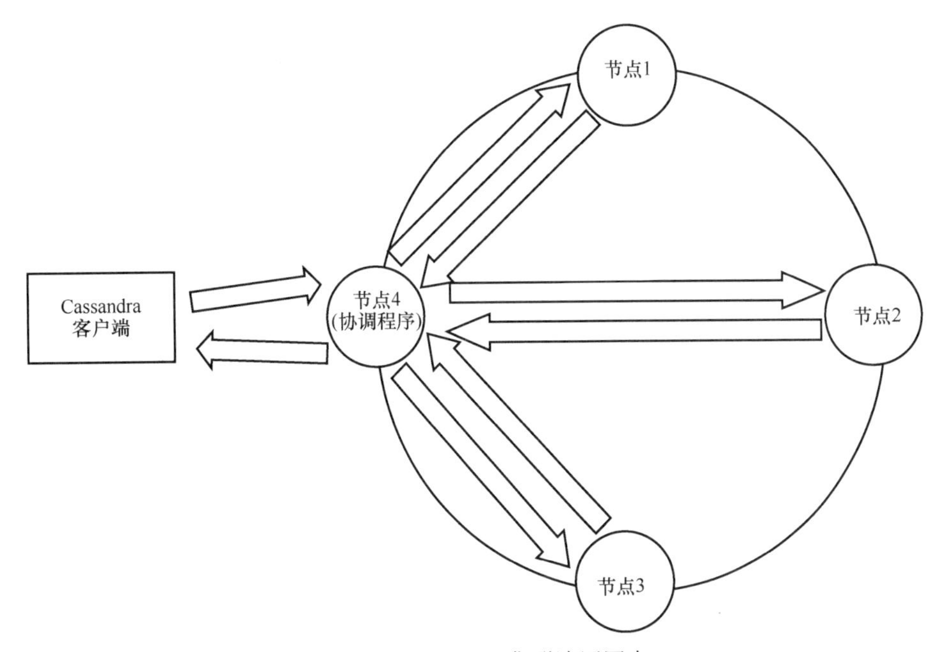

图 2-29　Cassandra 集群读写同步

业界对于 Cassandra 的使用相当广泛，大部分用它提供数据分析服务，甚至进行实时数据分析及流数据处理。还有些公司（例如推特公司）试图用 Cassandra 全面取代 MySQL，不过这一尝试并未获得成功。而 Facebook 公司本来最早用 Cassandra 来做邮箱搜索，后来因为最终一致性的问题换成了 HBase，不过这丝毫不影响业界对 Cassandra 趋之若鹜。Cassandra 一直宣称是 NoSQL 数据库中线性可扩展功能做得最好的，目前已知全球最大的部署商用 Cassandra 的公司是苹果公司，有超过 10 万个节点和 10 PB 量级的数据对其地图、iTunes、iCloud+服务进行管理与分析。

（3）Redis

Redis 是由早期的键值数据库发展而来的，因此即使目前它已经支持更为丰富的数据结构类型（如列表、集合、哈希表、比特数组、字符串等），也依然被大家看作一种基于内存（高速）的键值数据库。Redis 区别于 RDBMS 的关键在于不需要数据库索引，而是通过主键检索实现数据结构与算法，因此 Redis 适用于快速查询、检索类操作（特别是以读操作为主的应用）。和其他 NoSQL 数据库一样，Redis 也具有横向扩展性。图 2-30 展示了 Redis 跨数据中心架构，每个数据中心可以就近满足客户应用的 SLA 访问时间需求（如响应时间小于或等于 200 ms），这样的设计特别适合于以读操作为主的应用。

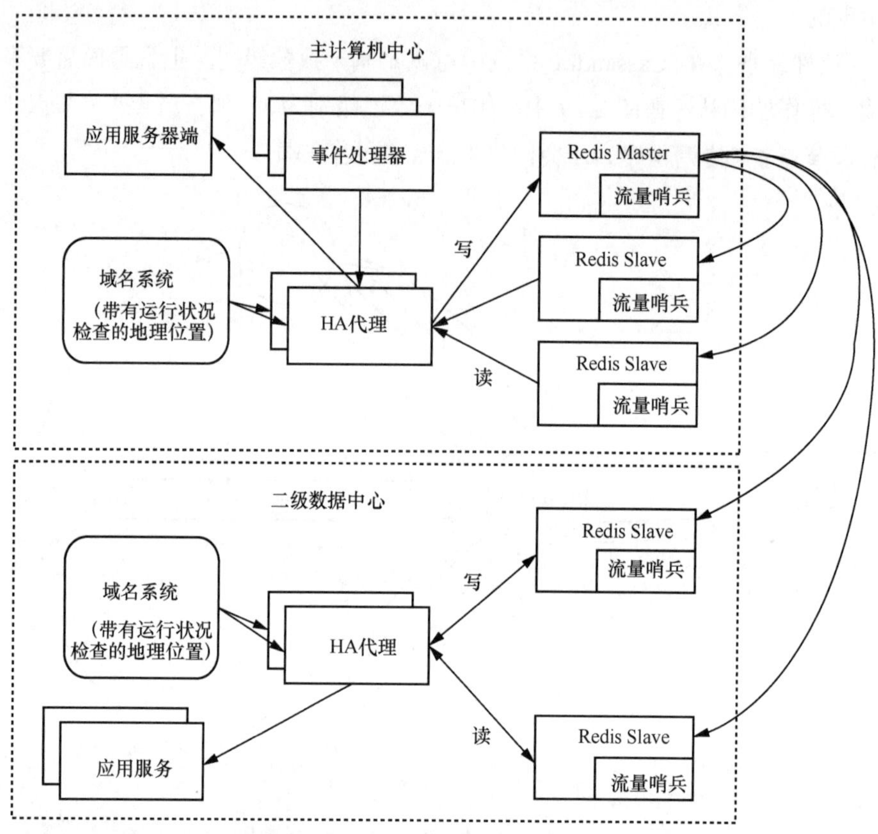

图 2-30　Redis 跨数据中心架构示意

以车票与机票查询为例，通过地点、时间这些键值可以快速查询到车次、航班以及它们的剩余座位，键值数据库可以实现比 RDBMS 高出数倍甚至上千倍的检索效率。以中国铁路 12306 网站为例，它们用一款叫作 Gemfire XD 的商用键值数据库取代了之前的 IBM DB2 关系数据库，在 PC 服务器集群上实现了高出小型主机查询效率数百倍的提升。

Redis 的应用场景主要有 3 类。

① 缓存：由于 Redis 支持过期数据，可以让过期数据被新数据替换。对于不需要永久在内存保存数据的应用来说，这样可以节省大量的内存空间。Redis 的性能好，可以和 Memcached 结合用作缓存。

② 简单消息队列：Redis 支持简单的 Pub/Sub 模型，以及基于列表的队列模型，所以

可以用于构建轻量级的消息队列。

③ 高性能数据访问：通常一个 Redis 实体可以满足每秒 50 万次的访问需求。由于 Redis 是单线程实现，因此一台主机上可以启动多个 Redis 实体，以增加高性能并发访问的服务能力。

（4）Neo4j 和 Ultipa Graph

图数据库这一概念对于行外人士而言具有比较大的误导性，很多人乍听之下以为是图像处理数据库，甚至有一些垂直媒体在做数据库划分时会写成“图形数据库”。我们以为有必要在这里做一个明确的说明。图（Graph）一词源自图论（Graph Theory），而图形来自 Graphics，两者虽然词根相同，但涵义不同——Graph 指的是事物的集合及其拓扑结构与关联关系，而 Graphics 是平面设计或可视化图像，因此，“图形数据库”这种叫法并不准确，这也是一种典型的 Lost-in-Translation（翻译缺失）。也许当时命名这一类的数据库时用 Topo Graph（可翻译为拓扑数据库）会更准确一些。

图数据库的出现在 NoSQL 阵营中是较晚的。20 世纪 90 年代初，互联网之父蒂姆 • B. 李（Tim B. Lee）在提出语义化网络的时候，对整个互联网数据层面的规划就是一张大的节点间相互关联的图。而之后的万维网（World Wide Web，W3C）联盟推出的资源描述框架（Resource Description Framework，RDF）标准是对万维网数据资源间关系的一种描述，但是图数据库真正开始在工业界被应用是 2011 年后 Neo4j 的推出，它是一种标签属性图（Labeled Property Graph，LPG）数据库，而 RDF 标准的数据库因更多被学术界采纳而侧重于解决学术界的问题（例如本体论、知识图谱等问题）。

Neo4j 可以算作第一个商用化图数据库，尽管今天我们评价它的时候会批评其架构老化、性能不佳、缺少海量数据或深度下钻的分析能力，但是它提出的不少理念，诸如无索引邻接、图查询语言等，以及这些理念的产品化实现是非常有价值的。无索引邻接，顾名思义是指图数据库中的数据可以使用近邻存储以及无索引访问方式，这对于传统的关系数据库而言，是完全的颠覆！也就是说，如果数据库可以做到无索引邻接，那么它的数据存储和查询效率至少在部分场景中实现了远低于 $O(N)$或 $O(\lg N)$，甚至达到了 $O(1)$的时间复杂度，因此在图中的搜索、查询、计算的效率可以做到很高，下钻的深度也可以变得更深。

Cypher 是 Neo4j 提出的一种为图数据查询与分析而设计的查询语言。图数据库中的查询与传统 SQL 类数据库有极大的不同，例如查找图中一个顶点（节点）的朋友的朋友的朋友，这个对于关系数据库而言意味着多次的表连接，这个操作因笛卡儿积的问题而导致 SQL 查询运行得非常缓慢（如果数据集恰好也较大）且成本很高，但是在图数据库中这个操作用 Cypher 表达比 SQL 要直观，而且搜索运算的效率也要远高于关系数据库（注：这类操作在关系数据库的效率比在图数据库的效率普遍慢，后者是前者的 1 000 倍甚至更多倍）。

例如，Cypher 语句“('*NodeA*') - [:*FRIEND*]-> ()-[:*FRIEND*]->() -[:*FRIEND*]->()”表达的是一条以点 Node A 为起点的 3 步好友路径。

Cypher 并不是图数据库领域唯一的查询语言，还有 SPARQL、Gremini、GSQL、UQL 等。Gremini 受到了 Apache Tinkerpop3 阵营的拥护，SPARQL 顾名思义是从 Spark 阵营中演变而来的，Cypher 因 Neo4j 的推广被 Apache 软件基金会接纳演变为 OpenCypher。事实上，这些图数据库查询语言都可以被看作图查询语言（Graph Query Language，GQL）的“方言”。GQL 的第一版国际标准预计在 2023 年底面市，这也是全球数据库领域在 SQL 标准之外唯一的一种语言标准，由此可见图数据库被寄予了很大的期望。但是，如果 SQL 标准的发布与迭代的过程能为我们带来一些借鉴意义（统一标准要花 10 年以上的时间），也许未来相当长一段时间内，多个 GQL“方言”会共存，毕竟图数据库的市场还远未饱和，不同的解决方案也会适应不同的业务场景需求。

前文我们介绍了 Neo4j 的特点和出现背景，下面再看一下其工程实现的效果。Neo4j 的核心引擎是用 Java 实现的，也就是说在运行时它是跑在 Java 虚拟机（Java Virtual Machine，JVM）之上的，整个内存、堆的管理等一系列效率问题由此而生。我们无意挑起关于 Java 性能的论战，但是有很多业界的场景值得探讨。

① 高性能：在大图中如何做到实时计算或查询。一个基于批处理理念而生的系统如何能提供高性能（实时）的服务呢？Neo4j 虽然宣称无索引邻接，但是依然在很多地方需要通过构建索引来实现加速，这些都是架构层面存在性能瓶颈的表现。

② 深度查询：在关联度较高的图当中如何实现实时的深度查询（大于或等于 5 级的查询）。所谓关联度较高，指的是顶点的平均度数值较高，有超级顶点（热点）存在。而热点穿透或遍历会使 Neo4j 或任何 Java 类系统的效率大幅降低、运行时耗升高。

③ 高并发与并行化执行：高并发在图数据库领域中是一个很特别的挑战，这是因为图数据库支持高维查询计算与分析，每个查询的计算复杂度非常高。高并发也包括如何对单一查询通过并行化执行来实现加速，而 Neo4j 的并行化程度是较低的。大多数查询与计算是通过单线程串行的方式执行，最大并发规模只能做到 4 线程并行。事实上，在商业化环境部署中，Neo4j 系统经常出现上千个查询排队等待处理的问题，这个问题与系统整体性能和架构设计及代码实现的并发规模不够直接相关。

④ 系统稳定性：当在高负载、高复杂度查询、较高并发条件下，系统保持稳定运行的能力。

⑤ 系统资源消耗或性价比问题：JVM 垃圾集等问题导致系统对内存的需求非常大，回收不及时，并且难以控制。此外，系统在运算每一个查询时所需的时间、空间复杂度的问题也是存在的，因为图查询经常是高维的、递归的、单一的复杂查询请求（例如查询某个顶点的全部多步邻居集合，或两个顶点间的全部最短路径数量），如果每一步的复杂度都较高，那么整体的查询复杂度就会呈指数级升高，直至系统失控（内存溢出、死机或无

法返回)。

Neo4j 在解决以上几个问题时遇到了很大挑战。当然，一部分原因是因为它有社区版本（注意并不是开源版本，Neo4j 的底层代码从来没有开源过，其社区版中只是服务层的代码可以被访问。拿社区版进行商业化使用的行为实际上是一种侵权行为）和企业级版本之分，而前者毫无疑问并没有（或者是有意而为）去解决以上问题。这也是开源社区都要面对和思考的，一款优异的产品特别是新产品，如果有明确的商业化道路可以遵循，那么还有什么理由去打造一个开源的版本，使其性能、功能与商业版本没有差异呢？开源版本的稳定性不仅滞后于商业版本，而且需要持续的时间不断迭代才可能获得。MySQL 在今天能如此之稳定，是因为其走过了 20 年的发展历程。反观后起之秀 MongoDB，虽然它的用户数量在过去几年间快速增长，用户群体亦相当庞大，但它依然存在很多“陷阱”。尤其对于很多在成长中与其绑定的开发团队而言，他们面临着极大的挑战。这个时候反而是商业化的版本更能应对团队当下甚至未来相当长一段时间内的挑战。

当越来越多的企业与开发者在使用 Neo4j 类的基于批处理理念而构建的图数据库在遇到问题的时候，他们就会转而寻找性能更优异的实时图数据库产品或解决方案，Ultipa Graph 即在这样的背景下应运而生。

Ultipa Graph 是图数据领域较新的产品，也是目前业界唯一的第 4 代图数据库厂家（前 3 代图数据库厂家分别为 Janusgraph、Neo4j 与 Tigergraph）。Ultipa Graph 是一种实时图数据库，其特性如图 2-31 所示，具体如下。

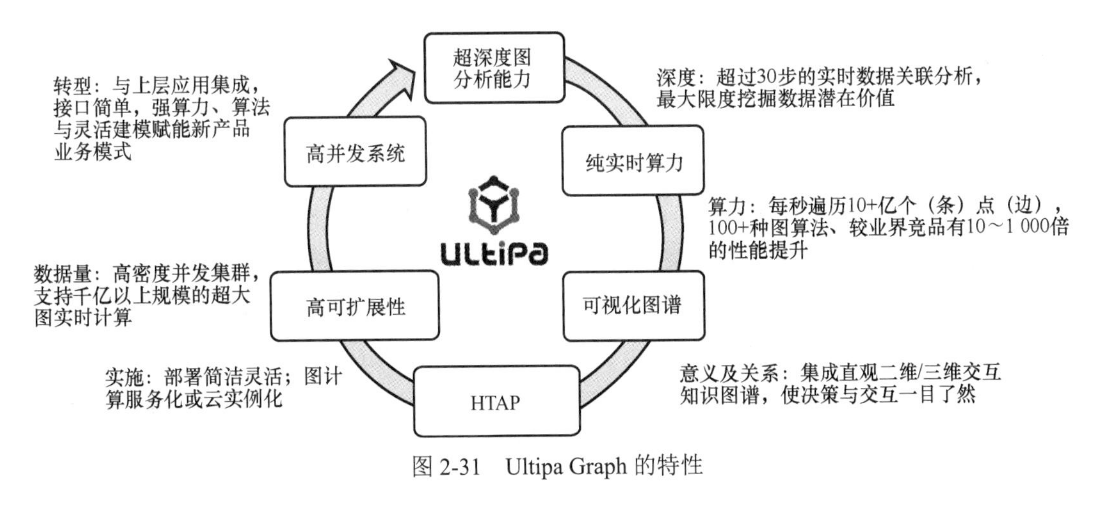

图 2-31 Ultipa Graph 的特性

① 纯实时算力：在大图当中依然可以做到微秒级的纯实时计算。

② 超深度图分析能力：在复杂的大图当中支持超过 30 步的深度搜索、查询与计算，以及对超级节点的实时穿透能力。

③ 高并发系统：支持高密度并发计算，能满足互联网级产品支持海量并发用户请求的需求。换句话说，就是能把很多之前的复杂或批处理类型的请求转换为高并发请求以实

时或近实时（秒级以内）完成。

④ 高可扩展性：采用线性可扩展的体系架构。它有两个维度，一个是数据存储量的线性扩展，另一个是随着硬件资源的叠加而迸发出来的并发处理效率的线性增加（处理时间线性缩减）。此外，Ultipa Graph 内置图计算、图存储、图查询语言、全文搜索及索引等引擎，避免了庞大的大数据、数据仓库/数据湖集群动辄几十台甚至上百台机器的部署规模，完全避免了效率低下、运维复杂的尴尬境地。

⑤ HTAP：在同一个部署集群内融合了 OLTP+OLAP 场景。简单而言，在一个集群内即能够处理纯实时的 OLTP 类型的面向元数据的增删改查操作，也通过分布式共识算法实现了集群内的数据一致性，进而让部分集群实例可以同时处理更为复杂的 OLAP 类请求（并可以把大量 OLAP 类请求优化加速为实时或近实时处理）。

⑥ 可视化图谱：集成二维/三维交互图谱，通过低代码、表单化，以所见即所得的方式实现上层业务到底层技术的全贯通。同时，原生高性能图数据库对建设知识图谱的意义在于它颠覆了传统基于 SQL 或 NoSQL（例如文档数据库）构建图谱时的低算力、低时效性等缺陷，具备计算高效实时、数据建模灵活、查询（计算）过程、结果可解释性（白盒化）等优势。

在 NoSQL 数据库的阵营中，图数据库解决的最重要的问题是深度数据间关联性挖掘，例如以下这些行业场景。

① 风控：发现欺诈团体间的关联关系（环或链路），发现已知黑户与新户间的潜在关联。

② 反洗钱：发现多个账户间的（深度）关联关系、资金流的流向等。

③ 扫黑除恶和刑事侦查：发现社区、多个（海量）账户间的潜在网络关系。

④ 知识图谱：发现图谱中节点变动的影响范围，或定量查询任意节点间的关联。

⑤ 智能化网络管理：发现任何节点故障的网络化影响，智能定位故障节点。

⑥ 供应链管理与分析：发现任意故障、时延对网络的整体影响或定向、定量影响。

⑦ 智慧经营：预算、定价、考核、流动性分析、资产负债管理、司库管理。

前 3 个场景的一个共同特点是利用图数据库发现长链路或环，英文中其表述为 Crime Ring（犯罪环路或犯罪链条，可译为欺诈链条，在银行业务中常演变为像担保链、担保环的场景）。这在风控的领域中是普遍的诉求，而用传统的关系数据库或其他类型的 NoSQL 数据库或基于机器学习、深度学习或 Spark 类的大数据架构并不能有效解决这些问题，而图数据库几乎就是为此而生的。

后面 4 个场景的共同特点是通过对大量的数据、风险因子、维度进行聚合、关联、穿透计算，发现蝴蝶效应、涟漪效应，在网络中计算任意节点间的关联关系或者是某个节点或多个节点的影响力范畴、波及范围，这在风险管理、审计、风控、经营、资产负债管理等多个领域中是颇为常见的，但关系数据库、数据仓库、数据湖却无法满足此类业务诉求。

图 2-32 中的 5 层反欺诈模型是著名咨询公司 Gartner 在 2017 年提出的，它同样适用于所有的数据分析、商业智能等依托大数据分析的场景。目前，数据分析（及商业智能）在业界经历了 5 个层次的发展。

① 端点中心式：最初的数据分析是以端点为中心的。例如，仅关注当前用户的一次的用户行为分析，它并不关注前后行为的关联。

② 导航中心式：也称会话分析模式，把一次用户会话的行为整合分析。

③ 渠道中心式：更全面的分析，例如一个信用卡（渠道）用户长期在渠道内的行为分析。这个是目前业界的“最佳”实践所处的位置。

④ 跨渠道中心式：这是业界的“金标准”。例如分析一家银行的用户的跨渠道行为，从信用卡到借记卡到外汇业务、贷款业务等综合型多渠道数据的整合分析。

⑤ 网络连接分析：网络化分析也称作社交网络化分析，它在跨渠道的基础上关注用户的社交行为数据的关联分析，例如电话、短信、社交网络数据等综合数据。

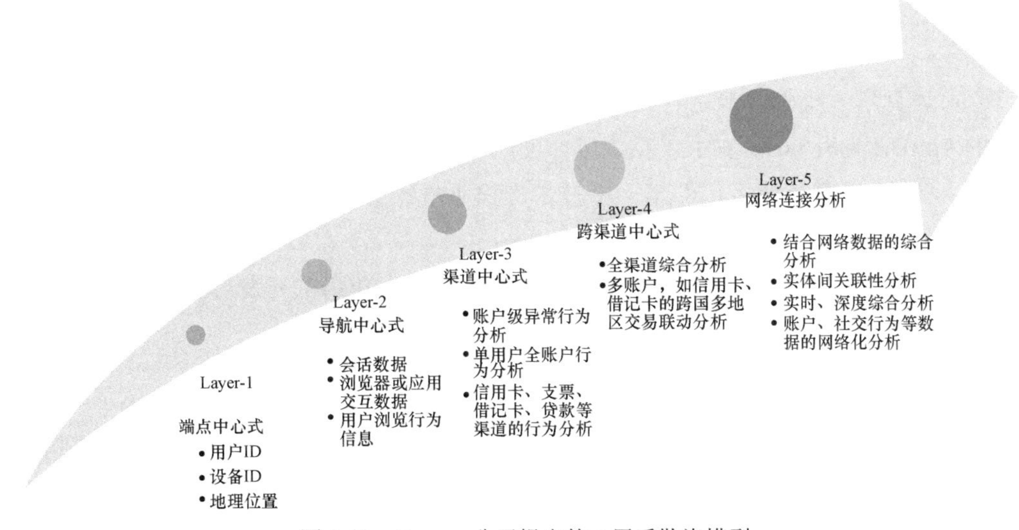

图 2-32　Gartner 公司提出的 5 层反欺诈模型

以个人或企业小微贷款中的征信过程为例，网络化分析是最有可能帮助贷款机构实现精准的客户判断、控制信用风险和进行信用管理的方案，而大多数的所谓大数据、数据仓库、数据湖解决方案有着架构复杂、数据流转步骤多、处理时延大的缺点。这个时候，实时图计算显然是一种降本增效的赋能工具，它就是天然地为网络关联计算而生，同时可以通过更精简的架构实现低成本运维。

在第 5 章中，我们会用一节的篇幅来介绍实时图计算赋能的一些独具特色的行业案例，以供读者参考。

2. NewSQL 数据库

下面聊一聊颠覆了 CAP 理论的 NewSQL 数据库（兼具可扩展性、数据可用性与一致性）。确切地说 NewSQL 数据库可以兼顾 OLTP 和 OLAP，但在一般分类上，我们还是主要突出它在交易、事务处理方面对 ACID 的支持，因此将其归到 OLTP 阵营。

最早的 NewSQL 数据库管理系统是 H-Store，由美国东海岸的 4 所大学（布朗大学、卡内基梅隆大学、麻省理工学院和耶鲁大学）在美国国家科学基金会、加拿大自然科学与工程研究委员会及英特尔大数据科技中心的资助下联合开发，于 2007 年面世。H-Store 的开发够早，要知道 NewSQL 这个词汇是 2011 年才出现的（451group 分析师 Matthew Aslett 于 2011 年在一篇文章中首次提及）。

H-Store 显然是一个学院派的 NewSQL 数据库管理系统，离商用还有相当长的距离，于是基于 H-Store 的商业版 NewSQL 数据库——VoltDB 应运而生。VoltDB 的开发者都是业界赫赫有名的大家，比如迈克尔·斯通布雷克（Michael Stonebreaker），他在加利福尼亚大学伯克利分校任教期间开发了 Ingres、Postgres 等关系数据库系统；后来到麻省理工学院任教，又开发了 C-Store、H-Store 等系统。他的学生也多是赫赫有名之辈，比如 VMware 公司前人力资源专家戴安娜·格林（Diane Greene）、Cloudera 的创始人迈克·奥尔森（Mike Olson）、Sybase 的创始人罗伯·爱博斯坦（Robert Epstein）等。要提一点，迈克尔·斯通布雷克老先生现在已到耄耋之年了（1943 年生人），想来老先生开发的 VoltDB 也有 60 多岁了。反观国内的研发人员不到 30 岁就纷纷转型做经理，实在是令人唏嘘。没有持续多年的第一手技术累积所搭建出来的系统是很难经得起时间的检验的，我们写下这段文字，与读者共勉！

业界最早的商用 NewSQL 数据库是谷歌公司经过 5 年内部开发后于 2012 年面世的 Spanner，它具有以下 4 个特性。

① 具有 ACID 强一致性（用于交易处理）。

② 支持 SQL 语言（向后兼容）。

③ 支持模式化表。

④ 半关系数据模型（意味着支持数据多样性）。

Spanner 是第一个在全球范围内可以做到交易一致性的半关系数据库，也就是说在各个大洲数据中心之间的数据可以通过 Spanner 实现读写同步。Spanner 主要用于服务谷歌公司最赚钱的广告系统，而之前该系统是构建在一套相当复杂的分片化 MySQL 集群之上的。谷歌公司的 Spanner 显然是在 NoSQL 数据库——BigTable 之上的一次飞跃。

Spanner 立足于高抽象层次，使用 Paxos 协议横跨多个数据集，把数据分散到世界上不同数据中心的状态机中。当出现故障时，它能够在全球范围内响应客户副本之间的自动切换。当数据总量或服务器的数量发生改变时，为了平衡负载和处理故障，Spanner 会自动完成数据的重切片和跨机器甚至跨数据中心的数据迁移。

区别于以往的已知 NoSQL 数据库或分布式数据库，Spanner 在技术架构上具备如下特点。

① 应用可以细粒度地进行动态控制数据的副本配置。应用可以详细规定：哪个数据中心包含哪些数据，数据距离用户有多远（控制用户读取数据的时延），不同数据副本之间距离有多远（控制写操作的时延），以及需要维护多少个副本（控制可用性和读操作性能）。数据可以动态、透明地在数据中心之间移动，从而平衡不同数据中心内资源的使用。

② 读写操作的外部一致性，时间戳控制下的、跨越数据库的、全球一致性的读操作。

Spanner 这两个重要的特性使得 Spanner 可以支持一致性的备份、一致性的 MapReduce 执行和原子性的模式更新，所有这些都是在全球范围内实现的，即使存在正在处理中的事务。

Spanner 的全球时间同步机制是由一个具有全球定位系统（Global Positioning System，GPS）和原子钟的 TrueTime API 提供的。TrueTime API 能够将不同数据中心的时间偏差控制在 10 ms 内，可以提供一个精确的时间，同时给出误差范围。TrueTime API 直观地揭示了非全球原子时钟的不可靠性，它运行/提供的边界更决定了时间标记。如果不确定性很大，Spanner 会降低速度来等待不确定因素的消失。

TrueTime 技术被认为是 Spanner 可以实现跨大洋数据中心的交易强一致性的使能技术，通过它可以实现无锁编程的只读交易、两阶段锁定写交易。图 2-33 展示的是分别位于美国、巴西与俄罗斯的 3 个数据中心间实现并发读写交易一致性的时序图。

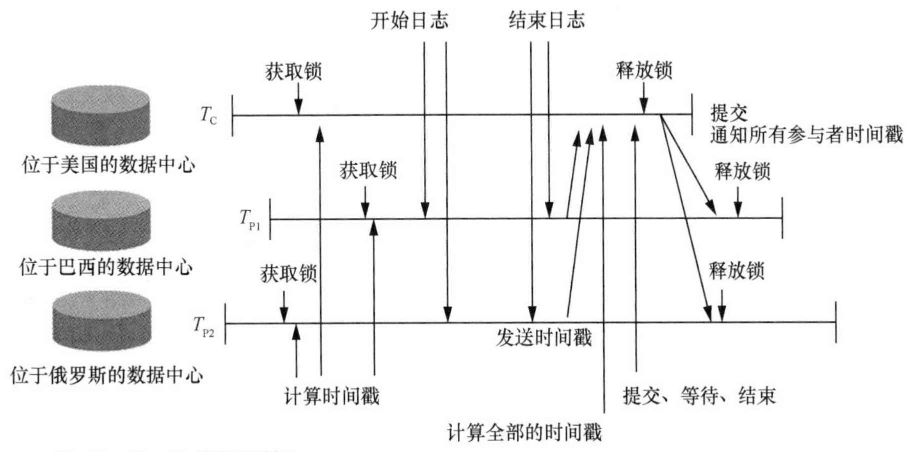

图 2-33　时序图

Spanner 中还有一些引领业界潮流的架构设计，具体如下。

① 一个 Spanner 部署实例称为一个 Universe。而谷歌公司在全球范围内只用了 3 个实例：一个开发实例、一个测试实例、一个线上实例。因为一个 Universe 就能覆盖全球，所以谷歌公司认为他们不需要更多实例了。

② 每个 Zone 相当于一个数据中心，一个数据中心可能有多个 Zone，而一个 Zone 在

物理上必须在一起。Zone 可以在运行时被添加或移除。一个 Zone 可以理解为一个 BigTable 部署实例。

其他业界知名的 NewSQL 数据库还有如下几个。

① Clustrix Sierra：一家旧金山的创业公司的产品。Percona 团队曾对其做过测试，发现其一个拥有 3 个节点的集群比一个同等处理能力的单节点 MySQL 服务器的性能高 73%，并且 Clustrix Sierra 的性能随节点数的增加呈线性增长。

② Gemfire XD：是一款 Pivotal 公司基于内存的 IMDG 产品，和基于内存的数据库的主要区别是其强大的可扩展性（通常可以扩展到几千个节点），尽管它也能提供部分 SQL 访问接口，但更多的是为了实现高性能计算和实时交易处理。经典应用场景如中国铁路 12306 网站车票预订系统的后台就是由 10 对（20 台）X86 服务器搭建而成的 Gemfire XD IMDG——每天 14 亿次页面浏览量，每秒超过 4 万次访问量，服务超过 5 700 个火车站。

③ SAP HANA：恐怕是业界最为知名的商用 NewSQL 数据库了。这是一款完全基于内存的关系列数据库，支持实时的 OLAP 与 OLTP。SAP 公司为了推出 HANA，前后购买了多家公司的核心技术，其中至少有 3 个技术值得一提：基于内存 TREX 列搜索引擎、基于内存的 P*Time OLTP 数据库，以及基于内存的 liveCache 引擎。SAP HANA 的战略重要性如此之高，SAP 公司似乎把全部“赌注”压在其上了。整个业界对实时性、低时延越来越高的期待似乎与 SAP 公司的“赌注”颇为吻合。目前，SAP HANA 的客户量每年以翻倍的速度增长，而整个 SAP 公司的云计算+大数据分析战略似乎都围绕着 SAP HANA 在构建。

像这样的 NewSQL 数据库还有很多，我们在此不再赘述，有兴趣深究的读者可以自行展开研究。

2.3.2 OLAP 阵营

OLAP 阵营主要有两大主流，一大主流是基于 MapReduce 而构建的 Hadoop 生态圈，另一大主流是 MPP 数据库阵营。不过 MPP 数据库通常兼具 OLAP 与 OLTP 的功能，我们把 MPP 数据库与 OLAP 类型大数据并列。

Hadoop 的整体架构其实非常简单，可用计算式表达为：

$$\text{Hadoop} = \text{HDFS} + \text{MapReduce}$$

其中，HDFS 负责存储，MapReduce 负责计算。HDFS 的设计核心理念（设计目标）有以下 3 个。

（1）可以扩展到数以千计的节点。

（2）假设硬件/软件的故障/失败十分普遍。

（3）一次写入，多次读写（在 HDFS 中，写特指文件添加操作）。

前两个比较容易理解，绝大多数的新型分布式系统都秉持类似的设计理念，特别适合于用商用硬件构建高度可扩展的高性能系统，如实现随节点数增加的线性或近线性系统性能提升。

第 3 个指的是 Hadoop 的 HDFS 适用于增加–读取–追加–处理（Create-Read-Append-Process，CRAP）类型数据集操作，相对于 RDBMS 时代的增加–读取–更新–删除（Create-Read-Update-Delete，CRUD）类型数据集操作而言，CRAP 对已建立的数据集主要为读操作，以及在尾部的添加操作，而不是更新与删除操作，其主要原因是更新与删除操作在分布式系统中通常代价比较高。以 HDFS 为例，对文件的更新或删除意味着多个块（Block）可能需要被更新及跨主机、机架同步。随着存储系统的价格越来越便宜，在 HDFS 上的数据基本上不用专门去删除。

HDFS 中的文件由一组块（Block）组成，每个块（Block）被单独存储在本地磁盘上。块的放置策略是 Hadoop 的一大特点，如图 2-34 所示。

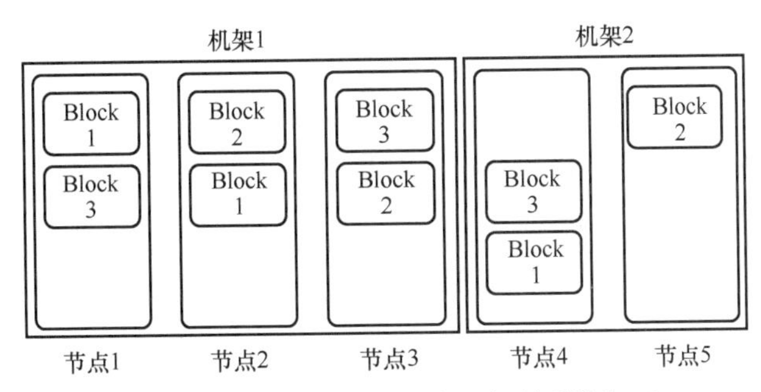

图 2-34 Hadoop 块放置策略（复制系数为 3）

HDFS 的默认块放置（3 份副本）策略如下。

① 接近写入源：放置第一份副本于创建文件节点（以保证数据获取速度）。

②最小跨机架开销：第二份副本写在与第一份同机架上的另一个 HDFS 节点上。

③可容忍网络交换机故障：第三份副本写在与第一和第二份副本不同的机架上（以确保单一机架故障不会导致系统整体下线）。

HDFS 的数据存储冗余设计充分考虑了数据访问速度（可用性）与安全性（灾备），在后来的分布式处理架构中被广泛地借鉴和采用。

HDFS 采用 C/S 架构，如图 2-35 所示，其逻辑非常简洁：由 NameNode 与 DataNode 两类节点组成，NameNode 扮演服务器角色，DataNode 集群扮演客户端角色。

NameNode 主要负责 HDFS 中文件与目录的相关属性信息（访问权限、创建与修改时间等），以及维护命名空间中的文件与 DataNode 上的映射关系（如文件块在 HDFS 集群中的分布信息）。为了避免单点故障，NameNode 可以设有 BackupNode 或 CheckPointer 节点，以保证高可用性。同时，用户数据不会流经 NameNode，而通过 DataNode 与客户端直接交互。在写操作中，NameNode 会根据复制系数告诉客户端直接把块文件传送给指定的 DataNode 上；而在读取操作中，NameNode 会把块文件的位置信息返回给客户端，然后客户端直接从多个 DataNode 中读取。

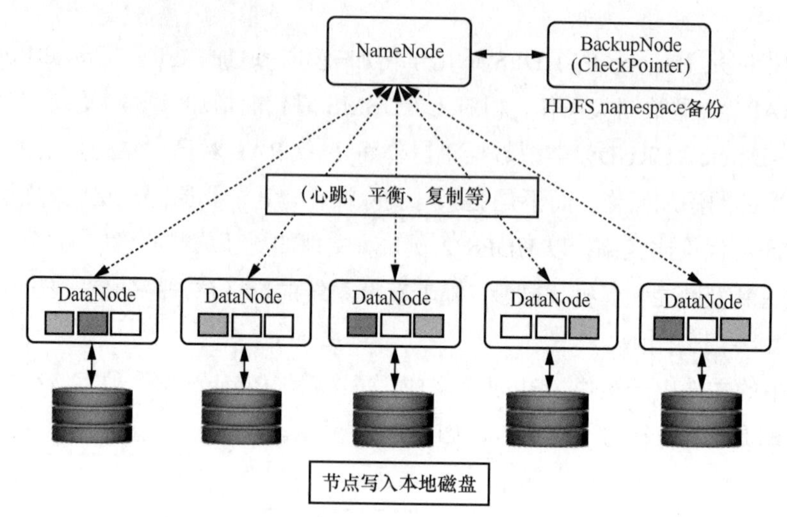

图 2-35　HDFS 的 C/S 架构

HDFS 支持动态的 DataNode 横向扩展与再平衡，当 NameNode 检测到新的 DataNode 加入集群后，文件块会根据现有策略自动被复制到新节点，以实现负载的均衡分布。

Hadoop MapReduce 是用于分析存储在 HDFS 之上的大数据的编程框架，它包括库与运行时。MapReduce 的工作也由两部分组成，用计算式表达为：

MapReduce=Map() + Reduce()

其中，Map()负责分而治之，Reduce()负责合并及减少基数。调用者只需要实现 Map()与 Reduce()的接口。

MapReduce 的设计理念在大数据管理与分析中非常具有代表性，我们可以称之为大数据的分而治之法则。简言之就是把一个大的问题（或数据集）切分为多个小的子问题，在所有子问题上进行同样的操作，然后把操作结果合并生成总的结果。

关于 Hadoop，我们再了解一下其生态系统（见图 2-36）。除了 HDFS 与 MapReduce，Hadoop 的核心架构还有 YARN[1]等，YARN 是一种集群资源管理器。

Hadoop 在版本 v2 中对版本 v1 的体系架构进行了大刀阔斧的革新，除了增加了对文件写的支持，还包括把 MRv1（MapReduce v1）中原有的 JobTracker 与 TaskTracker 功能（分别对应 HDFS 中的 NameNode 和 DataNode）改变为 YARN 的 Resource Manager/Application Master 与 Node Manager。在容错性方面，YARN 与 HDFS 一样被设计成支持高容错性。

1 YARN：Yet Another Resource Negotiator，另一种资源协调者。

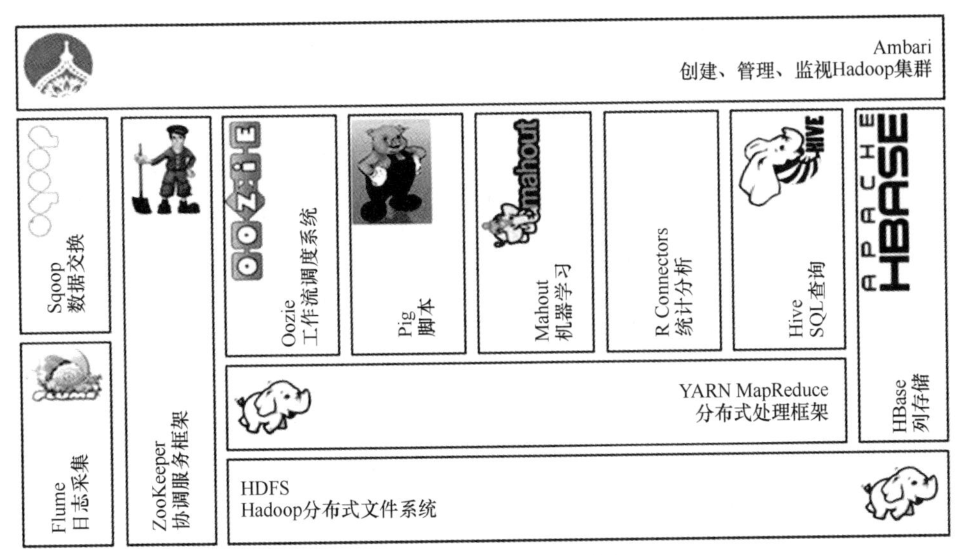

图 2-36　Hadoop 生态系统

Hadoop 生态系统基本上是围绕这些核心组件衍生出来的，如 Hive 与 Pig 可以让程序员仍旧使用他们熟悉的 SQL 编程方式来完成 MapReduce 编程，类似的还有 Impala、HAWQ 等。HBase 是基于 HDFS 的宽表数据库。Spark 则是基于内存的集群计算架构，它被很多人理解为是 Hadoop 移入内存的解决方案，这是不准确的，应该说 Spark 在集群管理与分布式存储系统方面提供了与 Hadoop 兼容的选项（如 YARN 与 HDFS），但是其架构设计本身已经完全摆脱 Hadoop 的束缚（后文中我们会对此展开论述）。

Hadoop 与 NoSQL 在业务场景、架构特性等方面的异同可以用一张图直观说明，如图 2-37 所示。Hadoop 与 NoSQL 的侧重点各有不同，一般而言，NoSQL 侧重于交互性与低时延（非严格意义上的实时）数据分析，而 Hadoop 侧重于海量数据的批处理分析。它们两者都对原有关系数据库的限制有了突破，但是对于强一致性交易处理，两者都很难做到。随着技术与业务需求的发展，特别是对 OLTP 的 ACID 需求的与日俱增，学术界与工业界都开始关注如何实现 NewSQL 数据库。由此可见，Hadoop、NoSQL、流数据处理与 NewSQL 未来会在功能上出现不少融合，正所谓天下大事分久必合。

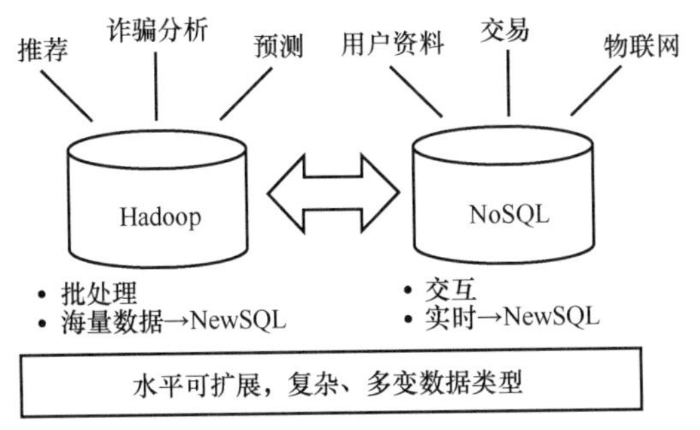

图 2-37　Hadoop 与 NoSQL 在业务场景、架构特性等方面的异同

表 2-1 展示了 Hadoop、NoSQL、RDBMS、NewSQL 四大类数据处理平台 4 个维度（数据处理量、数据多样性、数据处理速度、ACID 支持）的比较矩阵。

表 2-1 数据处理平台 4 个维度的比较矩阵

数据处理平台	数据处理量	数据多样性	数据处理速度	ACID 支持
Hadoop	大	多	慢	不（Trafodion*）
NoSQL	大	一般不	快	一般不
RDBMS	一般不	一般不	快	是
NewSQL	大	一般不	快	是

注：*Trafodion 是一个基于 Hadoop 的分布式数据库管理系统，这里表示使用该系统时不能保证强一致性。

2.3.3 MPP 阵营

接下来我们讲述 MPP 类数据库。和 MapReduce 类似，两者都采用大规模并行处理架构对海量数据进行以大数据分析为主的工作，不同之处在于 MPP 通常原生支持并行的关系型查询与应用（不过这一点，Hadoop 阵营也在逐渐通过在 HDFS 之上提供 SQL 查询接口来支持查询，甚至包括关系型查询）。MPP 数据库通常具有如下特点。

（1）无共享架构：每台服务器有独立的存储、内存及 CPU，可以动态增删节点。

（2）分区：数据分区可以跨多个节点，通过分布式查询优化提高系统吞吐量。

（3）在 OLAP 基础上通常支持 OLTP 类应用。

MPP 阵营的产品不少，例如 Amazon Redshift、Pivotal 公司的 Greenplum、Teradata 的 Aster 和 IBM 公司的 Netezza。不过除了 Greenplum，其他产品全是闭源商业产品。我们以 Greenplum 为例，介绍 MPP 数据库的架构设计。Greenplum 数据库源自 PostgreSQL 数据库，由主实例与多个区段实例联网构成，每个实例可以看作一套独立的 PostgreSQL DBMS。Greenplum 是业界第一个开源的 MPP 数据库，对想要实现 OLTP 和 OLAP 一体化大数据分析与管理系统的人来说，这是个天大的好消息。

Greenplum 数据库是业界较早推出高性能并行查询优化器的 MPP 数据库，其架构如图 2-38 所示。进行数据处理时，客户端通过 SQL 语句向主节点发送请求，主节点 SQL 查询解析器与优化器会自动制订最高效的查询执行计划，查询计划包括 Scans、Joins、Sorts、Aggregations 等多个切片，切片在各个 Segment 节点上并发执行，Segment 间通信由 Motion 操作来完成。Greenplum 主、区段实例功能栈如图 2-39 所示。区别于传统的关系数据库，Motion 操作支持高度并发，被用来查询执行过程中数据在何时、以何种方式在不同节点间传输（保证代价最低，如数据传输量最少、节点带宽最高等）。Motion 支持 3 类操作：广播、重分布以及收集。

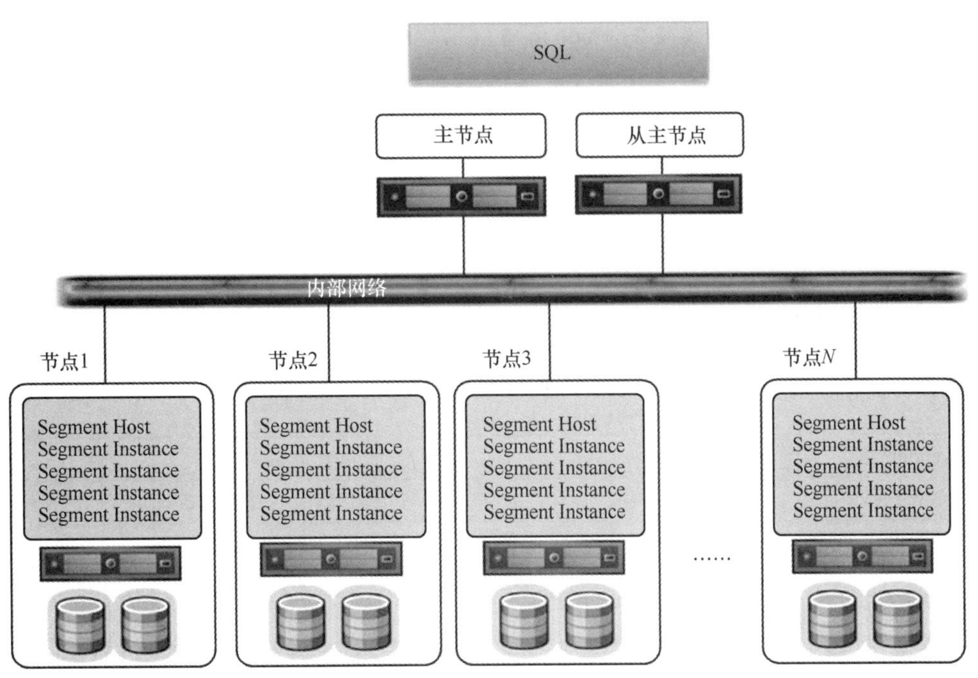

图 2-38　Greenplum/GPDB MPP 架构

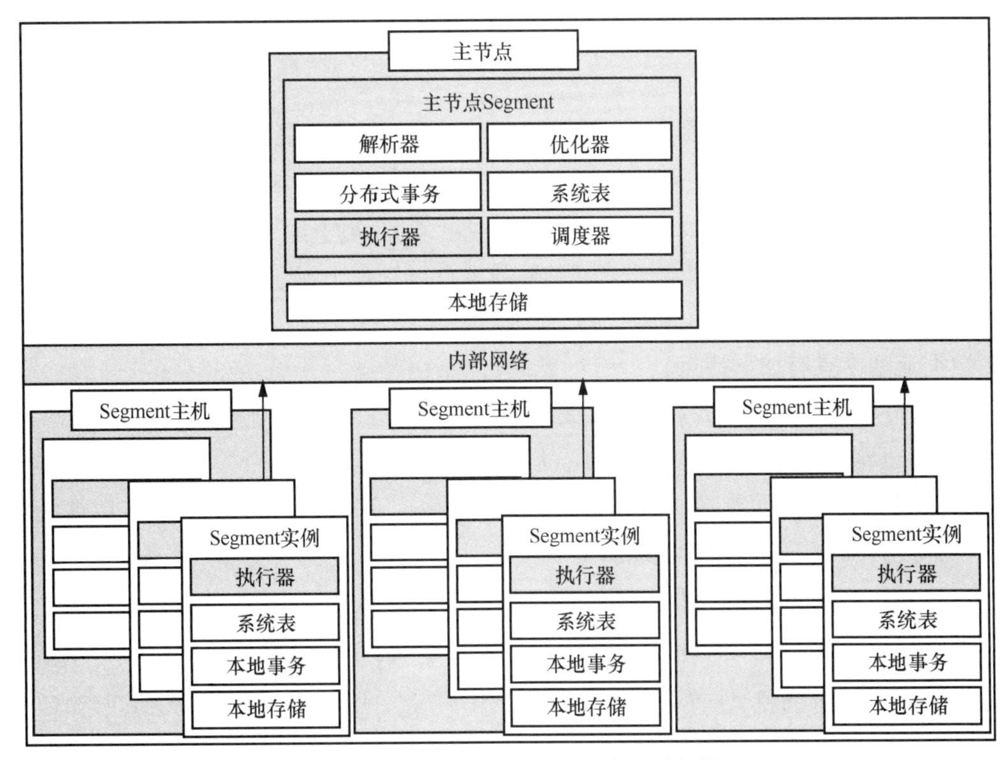

图 2-39　Greenplum 主、区段实例功能栈

Hadoop 与 MPP 阵营存在很多异同，表 2-2 列出了它们之间的特征比较。

表 2-2　Hadoop 与 MPP 之间的特征比较

特征	Hadoop	MPP
可扩展性	可以达到数千个节点	通常不超过 1 000 个节点
查询时延	0～20 s	不超过 100 ms
平均查询时长	数十分钟	数秒
最大查询时长	<2 周	<2 h
查询优化	未优化，通常不基于成本	基于成本的，高度优化
最大并发查询数/条	10～20	几十～几百
最终用户访问	用户负责执行逻辑，SQL 通常不完全兼容 ANSI SQL	简单 SQL 接口及数据库功能
Vendor*锁定	通常不	一般而言是的
系统成本	每节点最多需要几千美元	每节点需要上万美元
平台开放性	几乎开源的生态系统	绝大多数闭源、商业版本
硬件选择	通用硬件、DAS 存储	通常为一体机方式，高性能网络、存储、定制化服务器

注：*Vendor 的英文全称为 Vendor Lock-in（供应商绑定），描述的是“因为更换供应商会导致高成本，所以客户只能选择原来的供应商”这种尴尬的局面。

2.3.4　流数据处理阵营

数据流管理来自这样一个概念：数据的价值随着时间的流逝而降低，所以在事件发生后需要尽快对其进行处理，最好是在事件发生时就进行处理（即实时处理），对事件进行一个接一个的处理，而不是缓存起来进行批处理（如 Hadoop）。在数据流管理中，需要处理的输入数据并不被存储在可随机访问的磁盘或逻辑缓存中，它们以数据流的方式源源不断地到达。

数据流通常具有如下特点。

① 实时性：数据流中的数据实时到达，需要实时处理。

② 无边界：数据流是源源不断的，大小不定。

③ 复杂性：系统无法控制将要处理的新到达数据元素的顺序，无论这些数据元素是在同一个数据流中还是跨多个数据流。

流数据处理阵营有两类解决方案。

① 流数据处理：Spark Streaming、Storm、Apache Flume、Flink 等。

② 复杂事件处理与事件流处理：Esper、SAP ESP、微软公司的 StreamInsight 等。

在介绍这两类解决方案前，我们先温习一下大数据处理的两种通用方法：MPP 与 MapReduce。这两种方法的共同点就是采用分而治之的思想，把具体计算迁移到各个子节点，主节点只承担任务协调、资源管理、通信管理等工作。通过这种方式，集群的处理能力往往和节点数量线性相关，面对海量数据，自然也游刃有余。针对海量数据，这两种方式都强调计算要发生在本地，也就是说，在分配任务的时候，尽可能让任务从本地磁盘读取输入。不过，在流处理的应用场景下，这两种处理方式都遇到了不可克服的困难。一方面，当数据源源不断地流入系统时，不同时间段数据产生的频率和分布都有可能发生很大的变化，但是系统对数据的这种变化的理解有限，很难有效地进行预测，难以发展出有效的分治算法。其次，常用的方式是批处理，也就是说，系统创建特定任务来处理给定的数据，处理完毕以后，任务就结束了。用这种批处理的方式来处理流数据，显然不合适。另一方面，流处理系统的适用场景往往对系统反应时间有苛刻的要求，比如，高频交易系统需要在极短的时间内完成计算并做出正确的决定，MPP 与 MapReduce 面对这个挑战都难以胜任。

人们也试图在这两种方式的基础上开发出适合流数据的系统。比如 Facebook 在开发 Puma 的时候，一个没有被最终采用的设计方案就是把源源不断产生的数据都保存到 HDFS 中去，然后每隔特定的时间（比如 1 min）创建一个新的 MapReduce 任务来处理新的数据，从而得到结果。种种权衡之后，这个方案没有被采用，一个可能的原因是这个方案还是不能保证系统的低时延（不能在指定时间内返回相应的结果）。为此，工业界开发了不少分布式流计算平台，在 2011—2012 年期间影响力比较大的有推特公司的 Storm、EsperTech 公司的 Esper 以及雅虎公司的 S4。不过后来随着 Apache Spark 的崛起，一批新的流数据处理架构涌现出来了，如 Spark Streaming、Apache Flume、Apache Flink 等。

值得一提的是，CEP 类型的方案大多为商业解决方案（Esper 提供开源版本，不过 EsperTech 公司的主要是商业版 Esper Enterprise），而基于流数据处理架构的解决方案以开源为主。下面我们分别介绍 Storm 和 Esper。

（1）Storm

关注大数据的人对 Storm 应该不会陌生，Storm 由一家叫 BackType 的公司的创始人南森 • 马茨（Nathan Marz）开发，后来 BackType 被推特公司收购。Storm 于 2011 年 9 月 17 日被开源，并于 2013 年 9 月进入 Apache 软件基金会孵化，2014 年 9 月 17 日正式成为基金会一级项目。Storm 核心代码是由 Clojure 这种极具潜力的函数式编程语言开发的（Clojure 可以被看作 Lisp 语言的变种，支持 JVM/CLR[1]/JavaScript 三大引擎，由于它无缝连接了 Lisp 与 Java，业界认为 Clojure 兼具美学和实用特性，从而一经面世便流行开来），这也使得 Storm 格外引人注目。

Storm 体系架构中主要有两个抽象化概念，需要读者先行了解。

① 拓扑：可以比作 Hadoop 上的 MapReduce jobs，主要区别在于 MapReduce jobs 早晚会结束，而拓扑永无休止（流数据的无边界特征），每个拓扑由一系列的 Spout（数据源）和 Bolt（数据流处理组件）构成 [见图 2-40（a）]。

1 CLR：Common Language Runtime，公共语言运行环境。

② 数据流：数据流由连续的元组构成；在构成拓扑的 Spout 与 Bolt 之间流动。Spout 负责产生数据（如事件）；Bolt 可以级联，负责处理接收到的数据 [见图 2-40（b）]。

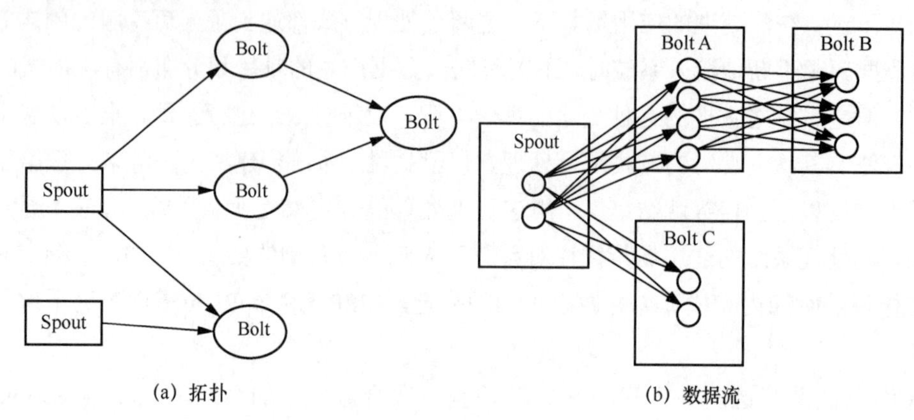

图 2-40　拓扑和数据流

在定义一个 Storm 拓扑过程中，需要给 Bolt 指定接收哪些数据流的数据。一个数据流分组定义了如何在 Bolt 的任务中对数据流进行分区。Storm 提供了 8 种原生的数据流分组：Shuffles、Fields、Partial Keys、Global、None、Direct、Local 以及 All grouping，其中 Shuffles 保证事件在 Bolt 实例间随机分布，每个实例收到相同数量的事件。

Storm 集群与 Hadoop 颇为类似（想必是受到了 Hadoop 的启发，毕竟大规模分布式大数据处理系统开源之鼻祖是 Hadoop，而且它的 HDFS 与 MapReduce 的设计相当值得借鉴），由 Master 节点与 Worker 节点构成，Master 上运行着 Nimbus 守护进程，类似于 Hadoop 的 JobTracker，负责在集群中分发代码、分配任务、监控集群等。Storm 集群组件如图 2-41 所示。

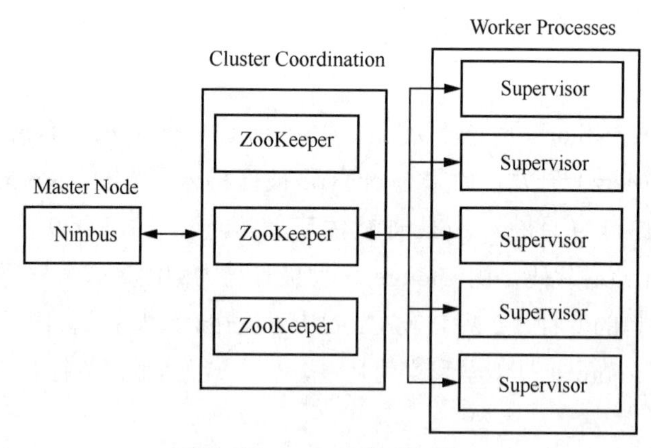

图 2-41　Storm 集群组件

Worker 节点上运行的守护进程叫 Supervisor，负责接收被分配的任务，启动或停止 Worker 进程等。每个 Worker 进程处理一个拓扑的子集，一个拓扑可以包含可能跨多台机器的多个 Worker 进程。

Nimbus 与 Supervisor 之间的协作通过 ZooKeeper（Apache ZooKeeper 是一套分布式的

应用协调服务，提供包括配置、维护、域名、同步、分组等服务）集群来实现。Nimbus 与 Supervisor 守护进程都是无状态且故障自保险的，它们的状态都保持在 ZooKeeper 或本地磁盘上，就算是终止了 Nimbus 或 Supervisor 进程，重启后还会继续正常工作。这样的设计保证了 Storm 集群的高度稳定性。

（2）Esper

让我们先来看一下 CEP 方案的设计理念。绝大多数 CEP 方案可以分为两类。

① 面向汇聚的 CEP 方案：主要对流经的事务数据执行在线算法，例如对数据流进行均值、中间值等计算。

② 面向监测的 CEP 方案：主要对数据流中的数据是否会形成某种趋势或模式进行探测。

而我们要关注的 Esper 则对以上两种方案兼而有之，它是 EsperTech 公司的 CEP 产品，其整体架构有三大组件，如图 2-42 所示。

① Esper 引擎：有 Java 和.Net（C#）两个版本，.Net 版本前面有个 N，叫作 NEsper。这两种引擎都是开源的。

② Esper 核心容器：熟悉 Java 的读者一眼就可以看出，这是闭源企业版。

③ EsperHA：提供高度可用性，也意味着快速故障或死机恢复。EsperHA 还支持高性能的写操作。

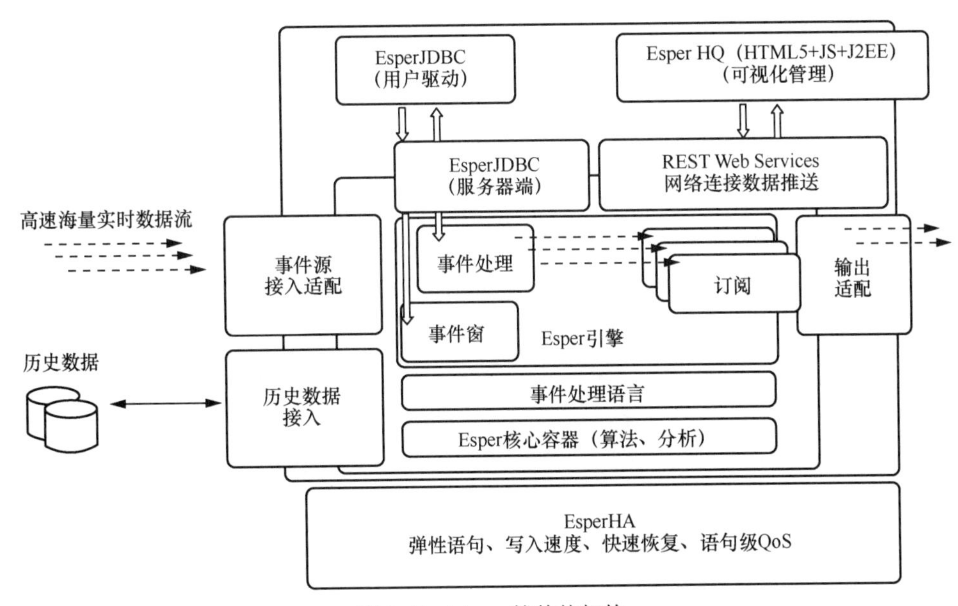

图 2-42　Esper 的整体架构

Esper 扩展了 SQL-92 标准，开发了一种私有化语言——事件处理语言（Event Processing Language，EPL），非常适合对时间序列数据进行分析、处理以及监测事件发生，提供聚集、模式匹配、事件窗口、联表等功能。对于熟悉 SQL 语言的人而言，EPL 非常容易上手，例如在 Esper 中当发现 3 min 内有超过（含）5 个事件发生的条件得到满足时要立刻报告，只需要如下简单的操作：

select count (*) from OrderEvent.win：time (3 min) having count (*) >= 5

接下来，我们从数据分析的可靠性、运维、成本、实时性、数据规模等维度对 NoSQL、Hadoop、RDBMS 与流数据处理架构进行比较，如图 2-43 所示。

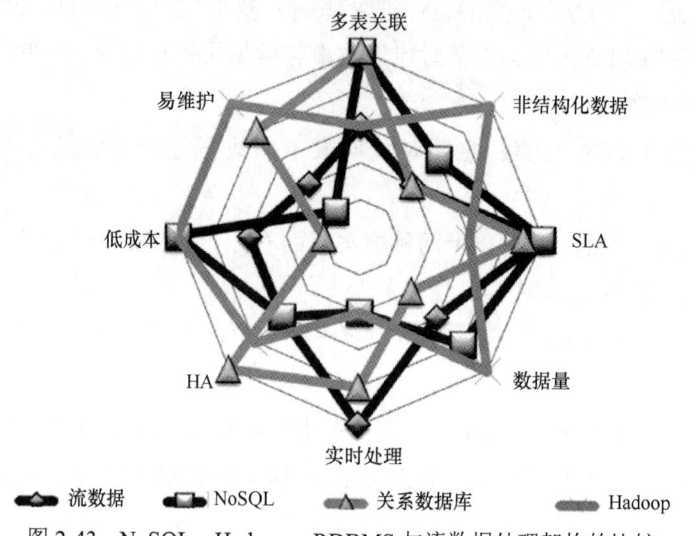

图 2-43　NoSQL、Hadoop、RDBMS 与流数据处理架构的比较

很显然，没有任何一款单一的大数据架构是完美的。数据规模大的架构很难保证系统响应实时性；可以实现复杂的强一致性的系统，其成本必然不会很低，运维起来恐怕也十分复杂。在实践中我们通常会根据业务具体需求与预期，把两种或多种大数据解决方案组合在一起，例如 Hadoop 的 HDFS 可以被解耦出来作为一个通用的数据存储层，NoSQL 用来提供可交互查询后台，关系数据库依然可以被用来做关系型数据的实时查询……图 2-44 展示了一种多方案融合而成的大数据平台架构方案。

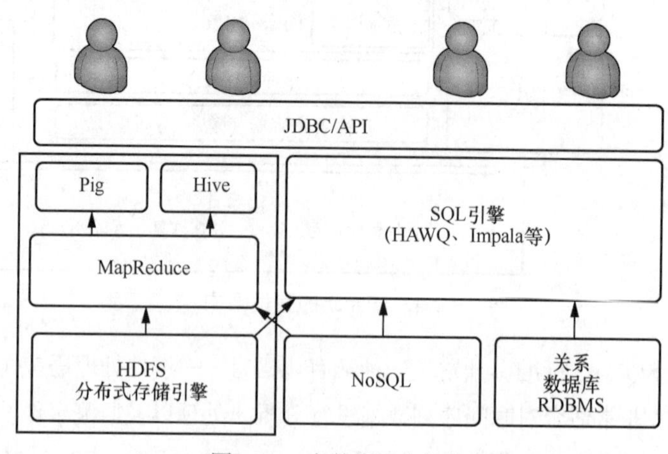

图 2-44　大数据平台架构方案

第3章 云计算与大数据体系架构剖析

云计算与大数据虽然是一前一后到来的，但两者之间又是相辅相成的关系。云计算改变了 IT，大数据改变了业务。云计算作为基础架构与平台化运维的使能者，为大数据系统的实现提供了弹性、敏捷性与稳健性；大数据作为一种主要的应用类型，也持续地推动了底层云基础架构向高效性、实时性、基于 API 的互联互通方向发展。本章我们就开源、闭源、软件定义、一切皆服务等行业趋势展开论述。

3.1 关于开源与闭源的探讨

3.1.1 软件在“吃所有人的午餐”

无论媒介的形式是软件还是硬件，开源与闭源指的都是信息（特别是科技信息）被共享的方式。开源通常被无差别地等同于免费（尽管不准确，但是大体上不是错的），而闭源则通常以携带版权的方式呈现，需要付费购买。

以史为鉴，我们把开源的发展史划分为 7 个阶段，如图 3-1 所示。最早的开源可追溯到互联网出现之前的汽车工业时代。1911 年，福特汽车之父亨利·福特（Henry Ford）打赢了一场美国司法史上著名的历时 8 年的专利官司，导致从 1895 年开始就垄断了汽车发动机两冲程引擎专利技术的律师乔治·B.塞尔登（George B. Seldon）再也无法以独享（闭源）专利的方式从数千家美国汽车企业那里征收专利费用了。随之形成的机动车厂商联盟在其后的数 10 年间免费（开源）共享了数以百计的专利技术。

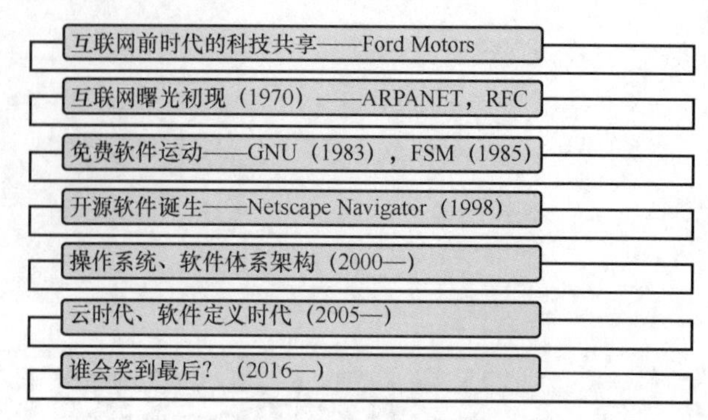

图 3-1　开源的发展史

时间推进到 20 世纪 70 年代，阿帕网等机构在美国政府的推动下，联合企业与高校催生了互联网的核心网络技术栈，如 TCP/IP 技术。而阿帕网成员间制定和分享技术标准的媒介为 RFC（Request for Comments），即互联网工程任务组（Internet Engineering Task Force，IETF）组织发布的 RFC 文档，从 1969 年到今天，已有超过 7 000 个 RFC 文档，其中著名的有 RFC 791（IP）、RFC 793（TCP）、RFC 768（UDP）等。

20 世纪 80 年代自由软件运动（Free Software Movement，FSM）诞生，开路先锋非当时尚在麻省理工学院的理查德·斯托尔曼（Richard Stallman）莫属。他最早于 1983 年宣布开始编写一款完全免费的操作系统 GNU（当时流行的操作系统 UNIX 全部被商业企业闭源控制）。为了确保 GNU 项目代码保持免费并可被公众获取，理查德·斯托尔曼还编写了 GNU 通用公共许可证（General Public License，GPL）。GNU 的创立为 Linux 的诞生（1991 年 Linus Torvalds 编写的 Linux 内核问世，采用的是 GPL v2）铺平了道路，而 GPL 逐渐成为开源最主要的版权许可方式。

理查德·斯托尔曼的另一大贡献是以组织/机构的方式系统化地推动自由软件深入人心。他于 1985 年成立了自由软件基金会（Free Software Foundation，FSF），业界为此有了个充满政治含义的名词——自由软件运动。从最早的 GNU 项目到后来的 LAMP，再到近年来互联网公司大肆鼓吹的共享经济形态，究其根本是，如果有免费的“午餐”（替代需付费的产品或服务方式），那么绝大多数人会趋之若鹜。免费理念与实践之集大成者非理查德·斯托尔曼莫属。

真正的开源软件要到 1998 年 1 月才出现。美国计算机服务公司网景（Netscape）宣布把 Navigator 浏览器（1994 年问世的第一款互联网浏览器，Mozilla Firefox 的前身）的代码开源。理查德·斯托尔曼在第一时间意识到开源的潜在价值，并于同年 2 月成立了开放源代码促进会（Open Source Initiative，OSI）。如果说前面的自由软件运动为颠覆 20 世纪 60—70 年代 UNIX 的商业垄断而生，那么开放源代码促进会则是预见性地用开源去引领互联网时代的科技进步，开创了一条与“商业+闭源”不同的道路。另外，开源还要归功于黑客文化——理查德·斯托尔曼、Linus Torvalds 这些人都是不折不扣的黑客出身。黑客是一个在英文语境中趋于中性甚至偏褒义、在中文语境中略偏贬义的词汇，不过在云与大数据的时代，随着越来越多的国内青年接触和融入更多的开源项目与社区，国内的"黑客"必将绽放异彩。

GNU 项目出现时的目标是构建一个完整的、可以取代 UNIX 的集编程、编译、调试、集成与运行环境于一体的生态系统。显然这个宏大的目标在 1983—1993 年并没有实现，而 LAMP 开源技术栈（见图 3-2）完整地实现了这个目标。广义的 LAMP 可延展至包含一切接入互联网的软件、固件、硬件，乃至内容与服务的使能型开源科技。LAMP 的出现极大地推动了局域网向互联网跨越的进程，继而奠定了云计算与大数据的技术基础，并一路攻城略地，成为主流技术。LAMP 所代表的四大典型开源技术——Linux、Apache、MySQL、Perl/PHP/Python 在服务器操作系统、万维网服务器、数据库及编程语言市场的占有率分别接近或超过 50%，并有继续上升的趋势。广义的 LAMP 非常宽泛，在操作系统层面可包含 BSD[1] 等（如雅虎公司偏好的 FreeBSD、万维网服务器包含的 Nginx 等）；在数据库层面还包含 PostgreSQL 等；在编程语言层面则可以泛指新兴的开源语言（如 Ruby/RoR）。

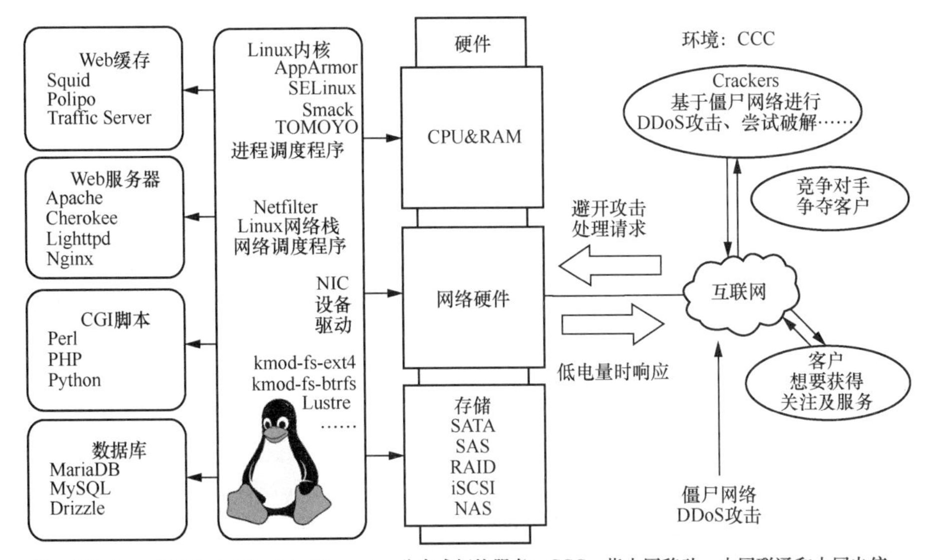

注：DDoS——Distributed Denial of Service，分布式拒绝服务；CCC，指中国移动、中国联通和中国电信。

图 3-2　LAMP 开源栈与系统环境

开源技术在早期并非纯粹以商业目的为驱动，确切地说是一种黑客文化，以理查德·斯托尔曼为首的开源推动者们认为"开源+共享+众筹"是更高层次的精神享受（成就感），继而能带来更高的劳动生产率（效率）——这一点和当下的互联网思维如出一辙。不过商业界不会错过任何提高 ROI 的机遇，IBM、惠普、华为、Oracle 以及其他公司，它们无一不是或转型来积极拥抱开源，或从创建第一天即是开源驱动，即便是以偏执于闭源科技而著称的微软公司，也不得不在近些年开始拥抱开源软件技术（如

1　BSD：Berkeley Software Distribution，伯克利软件套装，是 UNIX 的衍生系统，由加利福尼亚大学伯克利分校开发和发布。

容器计算兼容 Docker），以获得更广泛的市场认知度。开源如此强势，恐怕是很多人始料不及的。

毋庸置疑，开源对传统的商业模式是一种颠覆，它以一种免费且开放的姿态赢得了黑客群体的心，鼓动了一批又一批的程序员投身开源社区，孜孜不倦地为开源项目贡献代码、编写文档、四处宣讲。对于长期以来只有“商业+闭源”一条独木桥可走的需求侧企业与机构而言，开源显然提供了另一条路，不过这条路可能是康庄大道也可能是荆棘小路。简单来说，开源看起来很美，要用好却很难，基于开源构建的产品与解决方案对于系统设计、开发、维护、升级、定制等一系列的需求而言通常远超想象。对于供给侧而言，拥抱开源则是冰火两重天，一方面是积极拥抱开源可能会创造新的业务模式与现金流，另一方面是老的业务模式一定会面临缩减、枯萎（这种现象我们称之为业务间的“自相残杀”）。一个现实的问题是，对于工程师，特别是软件工程师而言，开源提供了新的就业机会，不过，这同时也意味着那些曾经在微软、Oracle 这些主流商业、闭源体系架构上求生的成千上万个工程师会失去工作——颠覆，永远都是相当残酷的！

业界的另一个大趋势是随着底层硬件的同构化（通用化、商品化），系统主要的差异性通过软件来体现（如虚拟化，容器化，软件定义计算、网络、存储等）。软件，无论开源与否，以其远超硬件的灵活性（可定制性、可编程性、可二次开发性）顺应并引领了信息时代需求多变的特点而受到越来越多的青睐，其结果是硬件研发厂商绝大多数在赔钱赚吆喝，而软件开发商在金字塔的顶端拿走了整个产业链利润的大头儿。以手机行业为例，那些手机代工厂组装生产一部手机的获利不超过 4 美元，而苹果公司通过控制手机操作系统及其上的应用商店，使每部手机的利润超过 200 美元。另外，整个智能手机产业利润的大部分属于苹果公司——软件的力量让人惊诧。软件是否在“吃”我们所有人的“午餐”？也许，我们要用更长的时间来回答这个问题。

接下来让我们聚焦大数据与云计算体系架构，无论是 Hadoop、NoSQL 还是 NewSQL，也无论是 IaaS、PaaS 还是 SDX（软件定义一切），它们都具有一个共性——分布式处理系统架构，而大多数的分布式系统采用商品化硬件平台作为底层支撑架构。我们知道相对于定制化的硬件，通用的商品化硬件因为其销量巨大，让成本可以被大幅降低，但是这并不意味着通用硬件在性能上会有大幅突破。事实上，过去近 10 年间，不断地有专家提出摩尔定律已经失效，即每 18 个月单位面积芯片的性能（算力）增加一倍已经无法实现。而上面提到的所有分布式系统似乎都在宣称它们具有无限可扩展的算力——这其中有几点需要澄清。

① 任何软件的最大算力源于底层硬件的支撑，任何宣称无限算力的软件系统都是骗局。

② 分布式系统的效率提升仅适合相对简单的场景，例如，对元数据进行访问的场景——秒杀类场景。

③ 在复杂业务场景、复杂查询中，水平分布式系统的效率大幅低于集中式系统，其中最主要的原因是复杂查询中通常伴随着复杂的、大量的网络通信，进而造成系统的多个实例间的同步时耗大幅增长（相对于高并发的集中式系统而言）。在 2015 年的一篇题为《可扩展性！但代价是什么？》（“Scalability! But at what COST”）的论文中，3 位作者对各类分布式大数据系统进行了测试，发现很多系统的性能甚至无法超越单线程系统。换言之，很多所谓的多机分布式系统完成同样的数据处理任务所需要的时间比单机或单线程所需要的时间低很多。图 3-3 中展示了一个没有经过并行化优化的系统 A，它表面上可以获得更好的可扩展性，但是，这只是因为它根本没有对底层的硬件的并行性进行充分利用——这颇具讽刺意味，不是吗？

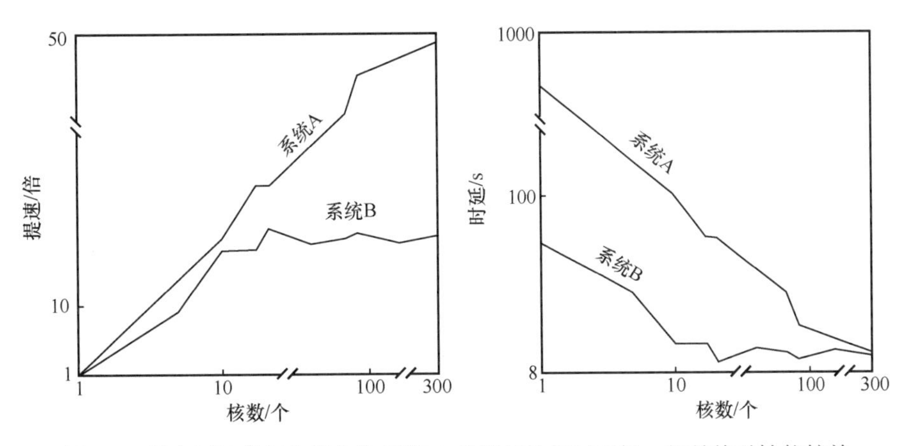

图 3-3　没有经过并行化优化的系统 A 的扩展性相对更好，但是绝对性能较差

我们在本章后续部分中将分别阐述图 3-4 所示的商品化硬件趋势、软件定义一切、硬件何时回归这 3 个前后关联的议题。

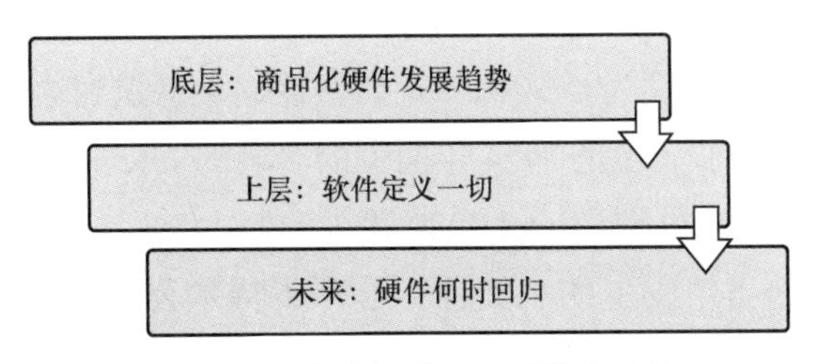

图 3-4　软件在统治世界，硬件在哪里？

3.1.2　商品化硬件趋势分析

我们将商品化硬件的发展历程分为 6 个阶段，如图 3-5 所示。我们在此逐一梳理。

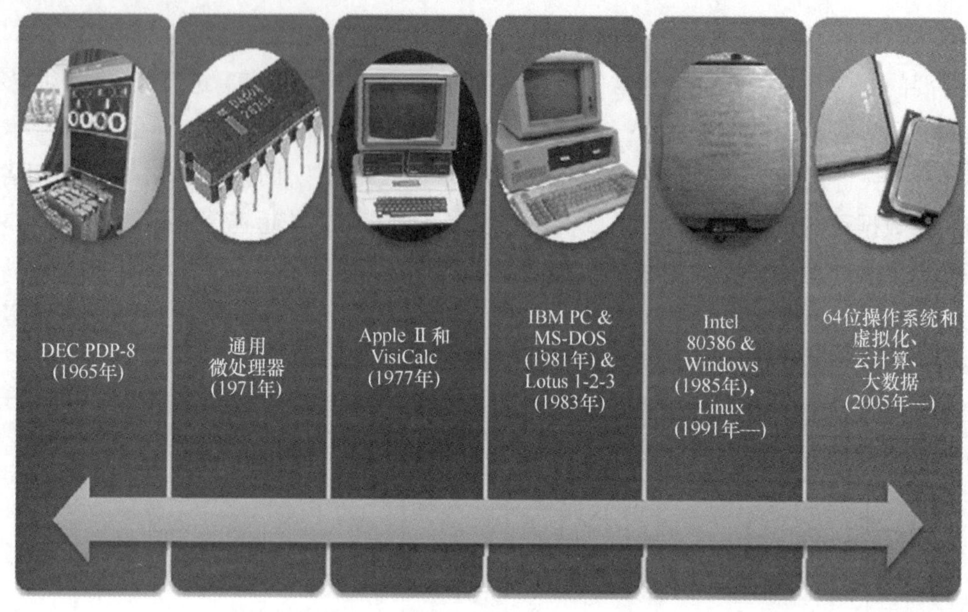

图 3-5　商用化硬件的发展历程

时光倒推 50 多年，1965 年美国数字设备公司（DEC）推出了一款叫 PDP-8 的计算机，虽然它有冰箱那么大，但是在大型主机、小型主机称霸的年代，这是第一款小到每个房间都能放下、每个业务部门都可以拥有一台，而不需要大费周章到董事会集体决议才能采购的商品级计算机。不过，DEC 开创的这个市场，在相当长的时间内还没有软件（早期的 PDP-8 没有操作系统，完全通过二进制交互；中期版本出现了纸带机驱动的操作系统，直到 1971 年前后才出现现代意义上的原始操作系统 OS/8），不同厂家之间的硬件也没有兼容性可言。

第一款商品级通用微处理器于 1971 年面世，之所以被称为商品级，是因为它的售价只有 60 美元，远远低于同期的其他处理器。比起今天动辄 64 位的处理器，当年英特尔公司推出的 Intel 4004 微处理器仅为 4 位 CPU，显然他们也意识到这一点。不到一年之后，8 位微处理器 8008 就面世了（它是 1974 年面世的著名的 Intel 8080 微处理器的前身，随后的 16 位处理器 Intel 8086 是基于 Intel 8080 改进的）。

和大家分享一个这当中发生的小插曲：尽管英特尔公司一直宣称他们最早设计和生产了通用微处理器，不过德州仪器（TI）公司在 1971 年稍早的时候就已经成功研制了第一块单片机（也是 4 位），并于同年申请了专利。英特尔公司事实上分别在 1971 年和 1976 年与德州仪器公司签订了互用版权协议，也就是说英特尔公司每卖一块微处理器都要向德州仪器公司付版权税，而德州仪器公司的基于自家 4 位微处理器技术的 TMS 1000 芯片实现的功能是一个简单的计算。

第一台商品级微型计算机是苹果公司于 1977 年推出的 8 位家用计算机 Apple II，基于名不见经传的 MOS 科技公司的 8 位微处理器（MOS 科技公司的处理器比同期的英特尔公司或摩托罗拉公司的处理器要便宜至少 80%，这直接导致当时市场上的处理器全面降价，进而推动了 20 世纪 80 年代的个人计算机市场的发展）。Apple II 的出现带来的重要颠覆除了集成化的键盘与显示设备外，还有它后来于 1979 年内置了图表处理软件 VisiCalc——所谓的杀手级软件应用，第一次让微型计算机获得了较大的普及（美国人民大抵是算术普遍较差，于是计算器、图表计算之类的软硬件需求极大）。如果没有这种大众市场基础，想必也不会有苹果公司的第一次崛起。

不过苹果计算机创造的市场成功神话（营收每 4 个月翻倍）很快被 1981 年上市的 IBM 个人计算机打破了，这一次主角不再是升级换代的硬件（基于 Intel 8088 微处理器），而是操作系统（PC-DOS）与杀手级软件（Lotus 1-2-3）。PC-DOS 实际上是由 IBM 公司委托微软公司开发的 MS-DOS，IBM 公司也试图向消费者兜售功能更为强大但价格昂贵于 PC-DOS 数倍的其他操作系统（如 CP/M86 和 UCSD p-System），不过用户对价格异常敏感，超过 96%的用户选择使用 PC-DOS。Lotus 1-2-3 则大可看作 VisiCalc 的进阶版本，是一套完整的工具软件。有了这两样利器，IBM 个人计算机迅速取代了 Apple II，真正进入了千家万户，改变了人们工作、生活的方式。另外，尽管 IBM 公司从未正式承认过，但是 IBM 个人计算机的设计理念至少在早期阶段全面借鉴 Apple II，这种理念颇有些类似华为公司的跟随并超越策略。从这个角度看，商品级微型计算机并非颠覆式创新，而是渐进式创新。

随着 X86 架构、操作系统的快速发展，到了 1985 年，Intel 80386 与 Microsoft Windows 1.0 相继问世。商品化微处理器在摩尔定律预言下的处理能力逐年提升，价格逐步下降；操作系统从原有的纯文本界面的 MS-DOS 进入图文并茂的时代；在底层硬件的强力驱使下，软件的功能性、多样性、并发性呈现指数级增长。之后的十几年中，个人计算机生态圈迅速扩大，特别是 1994 年 Linux 的出现，让颠覆了 UNIX 的 Windows 颇感自己会被 Linux 颠覆（好在和多数开源项目一样，Linux 还是属于黑客群体追捧的对象，虽然在服务器端得到了如 IBM 公司等“大腕”的强力支持，但在注重用户体验的个人计算机端，Windows 占有 90%市场份额的垄断地位依旧无人可以撼动）。性价比高的基于 X86 架构的个人计算机携带着丰富的软件生态系统攻城略地，让大型主机、小型主机逐步退出历史舞台，我们称之为第二平台时代。这一时代前期（1985—1991 年）软件系统与应用几乎清一色为闭源+商业版本；此后的数年（1992 年至今）则见证了以 LAMP 为代表的“开源+免费”软件生态系统的风起云涌。领先操作系统市场份额 30 年的微软操作系统，也在 2014 年正式让位于 Android（基于 Linux 内核）——Android 的颠覆则完全是在移动终端设备上。新的硬件形态开创了全新的市场，同样的技术，如果在个人计算机上也许永远无法超越 Windows，但换个领域，（如微软公司）先前的积累优势反而成了行动缓慢的负担……

2005 年对于个人计算机市场而言是个分水岭，X86-64 位中央处理器的推出让基于个人计算机架构的服务器处理性能成倍提高，虚拟化技术让新的个人计算机具有像原来的大型主机一样有分时处理、服务多租户的能力，而其相对低廉的价格对于同时期其他解决方案（如 RISC 指令集）而言更是如同一剑封喉。即便是在不计成本追求性能的超算中心领域，基于 X86—64 位中央处理器的英特尔公司的产品业务自 2005 年开始连续 10 年高速增长（见图 3-6），这 10 年内其他竞争对手大部分经历了销售萎缩、资产减记，最终或委身于下家或破产，即便是如日中天的 IBM PowerPC、Sun Microsystems SPARC 也难逃一劫。

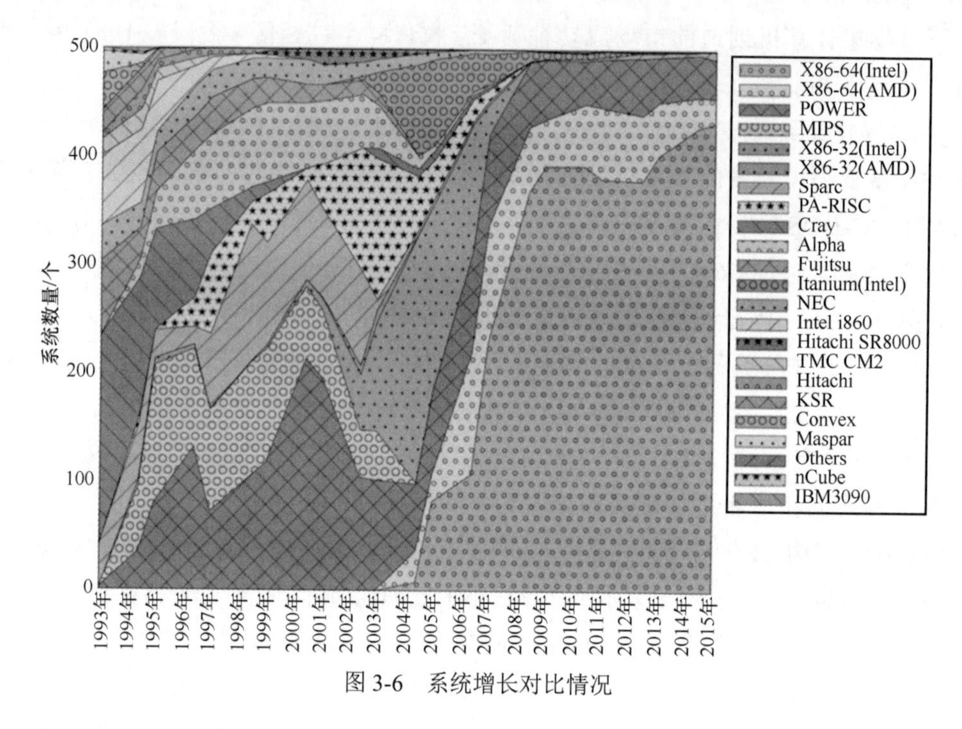

图 3-6　系统增长对比情况

硬件商品化与通用化趋势的形成推手主要有两个：一个是需求侧推动厂家之间形成通用标准，以此来避免单一厂家锁定；另一个是整个 IT 产业链只有形成行业标准，才能大幅降低设备设计、生产、集成与互联互通的费用。剩下的工作就只能物竞天择了，行业领先者形成规模经济后的必然结果是一家独大。

以 CPU 为例，英特尔公司在 16 位和 32 位处理器的优势在 X86-64 位处理器时代初期被 AMD 公司抢走，英特尔公司试图推出在指令集上与 AMD 64 非兼容的 Itantium（IA-64）标准，不过市场接受度可用惨淡来形容。除了惠普公司在其高端企业级服务器上采用了 Itantium 处理器（毕竟 Itantium 标准是惠普公司制定的，英特尔公司是后来参与者），其他厂家则是兴味索然。英特尔公司选择了“从善如流”——推出了兼容 AMD 64 的 Intel 64 位标准微处理器。后面的故事略显俗套，Intel 64 位标准微处理器在短短的几年（2003—2006 年）之内从追随者变为市场的领导者，到了 2013 年，AMD 公司几乎沦落到破产境地了。有一种说法是英特尔公司不会让 AMD 公司破产，因为如果没了这个小厂家，美国司法部会对英特尔公司展开行业垄断调查。此外，制定个人计算机标准的

IBM 公司与英特尔公司约定必须保证有第三方提供微处理器解决方案——于是在第 4 家（如 ARM）厂家出现之前，AMD 公司不会立刻消失。

商品化硬件在 IT 领域向商品现货的发展经历了以下几个阶段。

（1）服务器（计算）商品化

服务器商品化的标志是业界普遍采用低性能、低成本的设备来组建服务器集群，通过并行计算弥补单机运算能力的不足，从而取代那些高性能、高成本硬件。最典型的例子就是使用基于 X86 处理器体系架构的方案来取代 PowerPC 或 SPARC。在计算硬件商品化的过程中受到冲击最大的是 IBM 公司与 Sun Microsystems 公司，前者的 PowerPC 业务持续缩水，后者干脆委身于 Oracle 公司，而获利最大的当属英特尔公司。

当很多人为 Amazon AWS 和 Windows Azure 的成功而庆贺时，殊不知，这些大规模云数据中心服务提供商的最大开销是购买服务器，而服务器生产厂家在整个利益链条中算是最悲催的。据悉 Azure 在批量采购服务器时要求厂家的利润率不得高于 3%，以至于戴尔公司、惠普公司这些主流大厂根本无以为继，只有一些中国台湾地区的厂商为了走量还在与微软公司合作（这种做一单亏一单的商业逻辑着实令人费解，难道也是互联网思维使然？）。而服务器硬件成本中占最大份额的非英特尔 X86 处理器莫属，IBM 公司与那些 PC OEM 厂商们受到冲击，英特尔公司却是最大受益者。

（2）存储设备商品化

存储设备商品化是最近几年的事情，它主要受到了两件事情的冲击：一件是互联网公司与公有云服务厂家推崇的对象存储的出现在很大程度上让文件与块存储市场份额出现萎缩；另一件是随着软件定义存储的出现，不同厂家之间的设备及不同类型的存储被软件定义存储所形成的虚拟抽象层掩盖，于是底层硬件的特性（优势）在很大程度上被弱化，而具有通用性的商品化硬件在能满足主体用户群体需求的条件下，也通过集群化并发来实现高吞吐量——在存储领域我们采用的指标是 IOPS，一套定制的或商用现货高性能存储设备可以达到 10 万量级甚至百万量级的 IOPS，而一台普通的 HDD 商用现货服务器的 IOPS 不超过 1 000，即便是性能较高的 SSD/Flash 的 IOPS 也很难超过 10 000，因此，多数分布式系统（如 Hadoop/NoSQL/MPP）采用多节点并发方案来实现 IOPS 近乎线性的增长。

不过，存储硬件的商品化依然是件很困难的事情，特别是在对大数据、流数据处理实时性要求越来越普遍的时代背景下，如何提高存储系统的 IOPS 呢？以服务器为例，图 3-7 展示了服务器的性能与存储、时延与成本，其中速度最快的存储组件是 CPU 的 Registers，随后是 SRAM、主板上的 DRAM 与 Server Flash、直连的全闪存阵列 AFA Flash，最后是本地的硬盘驱动器与网络连接的存储系统。从左边的 CPU Registers 到右边的 AFA Flash，它们的时延相差甚大，成本则恰好相反。把所有需要处理的数据保留在内存 DRAM 中当然会让处理速度可以匹配 CPU，但是高昂的成本是无法让人接受的。

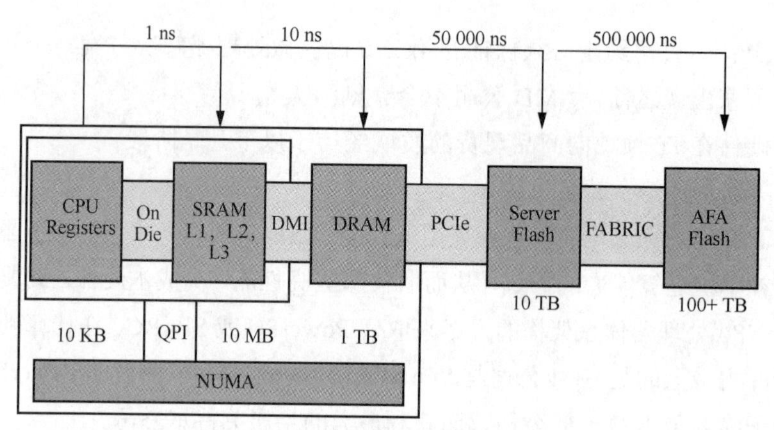

图 3-7　性能与存储、时延与成本

业界通常采用多级存储与缓存的策略来实现数据访问速度与系统造价间的平衡。不过基于商品现货搭建的系统在 IOPS 上仍旧无法与商用现货产品相比拟，后者在性能和性价比上全面碾压前者；即使单纯比较价格，后者也可能会占有优势。举一个简单的例子，基于商品现货服务器及硬盘搭建的 Hadoop 集群的存储成本通常高于基于 EMC Isilon 的解决方案，其中原因是 HDFS 的默认 3 份副本策略会推高存储成本（200%的额外存储开销），而 Isilon 通过对称文件系统 OneFS、擦除码等技术保证在实现同样数据可靠性的情况下只有 30%的额外存储开销。

（3）网络交换设备商品化

网络交换设备商品化的推手有两大阵营，一个是大型企业（特别是互联网公司），另一个是运营商。前一阵营在 2011 年形成了开放网络基金会（Open Networking Foundation，ONF）来推广软件定义网络；后一阵营在 2012 年成立了一个挂靠在欧洲电信标准组织（European Telecommunications Standards Institute，ETSI）之下、旨在推动网络功能虚拟化的委员会。两大阵营出发点不同，前者的目标是实现网络组件（交换机、路由器、防火墙等）功能的高度自动化，例如 VLAN、接口预部署等[软件定义网络通常与服务器的计算虚拟化（包括容器化）关联]；后者则更多地关注诸如如何把负载均衡、防火墙、入侵防御系统（Intrusion Prevention System，IPS）等服务从专有硬件平台上（如思科网络设备）迁移到虚拟化环境（由商品化硬件构成）中去。网络功能虚拟化通常作为更宽泛的应用与服务虚拟化的功能的一部分来实现，其发展愿景如图 3-8 所示。

很显然，软件定义网络与网络功能虚拟化在实践中通常会被同时应用，甚至被混为一谈而无伤大雅，究其原因是两者在功能覆盖上有很多重叠的区域。有一种观点认为网络功能虚拟化是软件定义网络在服务提供商（如电信运营商）领域的一种具体用例，但是在该领域中，网络功能虚拟化的很多概念可以泛化并应用于其他软件定义网络领域。软件定义网络与软件定义数据中心相似的地方是两者都采取了把相关组件抽象化并分离形成数据平面与控制面的实现方式，以提高软件系统效率。这并非 IT 行业首创，早在运营商独大的 20 世纪 90 时代，7 号信令系统（Signal System #7，SS#7）就典型地把语音（负载）链路与控制链路分离，继而利用控制链路有限的带宽发送短信息。经验告诉我们，在 IT 与通信技术（Communications Technology，CT）系统中，提高系统灵活性或效率的方式无外乎抽象化、虚拟化与分离化，它们都是通过提供可精细化管理的手段来提升系统综合性价比的。

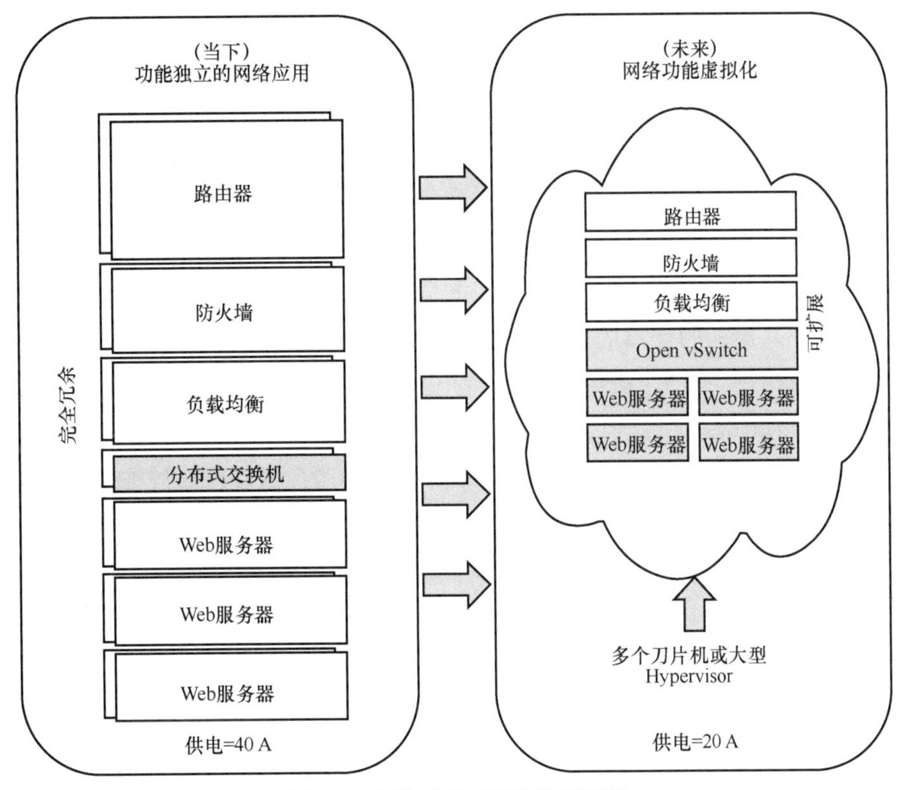

图 3-8　网络功能虚拟化发展愿景

如图 3-9 所示，IT/CT 系统的体系架构发展经历了从定制化硬件+软件+服务，到商用软硬件服务，再到商品化软硬件服务三大阶段。在整个过程中，越来越多的功能、服务通过软件来实现，这是厂家与消费者双方不断追求更高的利润率、新的业务增长点以及更高的性价比（高性能、低成本）、灵活性、敏捷性的必然结果。

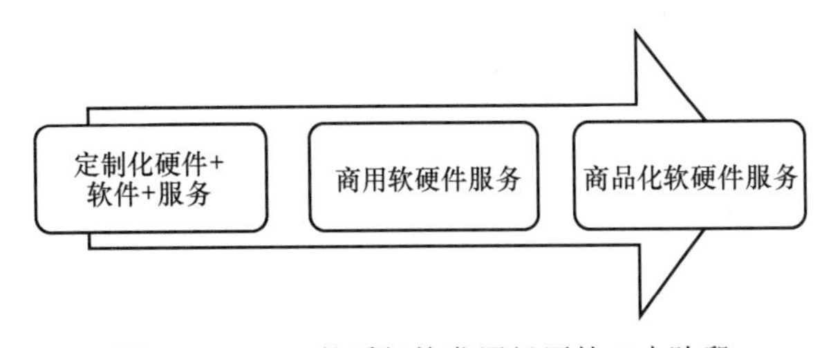

图 3-9　IT/CT 体系架构发展经历的三大阶段

3.1.3 硬件回归

软件的如日中天反映在资本市场上是近30年来涌现了市值屡创新高的软件巨头，从20世纪80年代初踩在巨人IBM公司肩膀上发家的微软公司，到20世纪90年代中后期因开创互联网门户时代而备受追捧的雅虎公司，再到21世纪之初以提供搜索引擎业务而独占鳌头的谷歌公司、百度公司，到近10年来因重新定义手机而打了漂亮翻身仗的苹果公司，还有以社交或电商业务聚集人气的 Facebook、亚马逊、腾讯、阿里巴巴、小米等公司，这个名单长到可以写一系列书来介绍互联网软件企业如何在颠覆这个世界。

软件给人们带来了无限遐想。基于商品现货平台构建的体系架构极大地降低了软件实现层面的门槛，除了微软公司，前面提到的其他所有软件巨头清一色全是LAMP工作室，使用开源Linux或BSD操作系统、开源Web服务器、开源数据库、开源编程语言。基于开源软件技术，从最初的计算的软件定义（虚拟化），逐步发展到存储的软件定义（对象存储—存储虚拟化—……），到网络的软件定义（软件定义网络、网络功能虚拟化），最终形成软件定义数据中心。

开源软件似乎无所不能。曾经是 Windows 天下的服务器操作系统市场被 Linux 分了一大杯羹；曾经是微软 IIS 天下的万维网服务器市场被 Apache 阵营全面占领，这两个典型案例至少说明了一件事：开源软件足可与商业软件相抗衡——无论是功能还是性能。至于性价比和ROI则是个相对复杂的问题——开源与闭源的方法截然不同。如果是成熟的企业，已经构建在闭源之上很久却非要转型开源，这无异于一次“大手术”，对于企业的工作方式和人员技能来说都是巨大的改变与挑战。

我们在近些年看到太多的企业急于从闭源商业软硬件向开源软件+商品现货硬件转型，它们中的多数因为管理层低估开源开发、协同的复杂性，人员配置失衡，或对自身业务发展估计不足而深陷开源止步不前，甚至需要全面推翻重新走闭源采购开发流程。这无异于重复建设，实为浪费。

还有一个需要明确的概念是：软件并非万能，它受制于底层的硬件能力。每一层虚拟化、每一次API调用都会降低硬件所提供的性能。特别是在云计算背景下，IT体系架构通常具有如下特点：底层的存储、网络系统与上层应用之间会有很多层——用户终端通过互联网服务提供商接入运营商网络，到达云服务提供商的前端互联网服务器（可能是 Nginx 一类的反向代理服务器或负载平衡服务器），再经过其内部网络到达应用服务器、底层操作系统、虚拟硬件、虚拟层、服务器硬件平台、数据存储路径管理、网络、存储磁盘阵列，整个过程从技术栈的角度来看有 10 层之多。我们把应用与存储、网络之间的渐行渐远称作应用远离。这种从第一平台到第三平台的应用远离存储与网络的趋势如图 3-10 所示。存储、网络与计算虚拟化、抽象化的高度发展导致出现了很多中间层来提高灵活性，但这在相当程度上牺牲了应用的执行效率。举一个具体的例子：英特尔的 CPU 在过去 40 年中按照摩尔定律的预测，处理速度越来越快，处理能力越来越强，但是随着操作系统和应用越来越庞大、笨重，用户并没有得到与 CPU 处理速度提升一致的体验。在图形化操作系统出现之前，MS-DOS 是最快的；出现之后，Windows XP 也许是相对快捷的一款操作系统，而之后的 Vista、Windows 7～Windows 10 的性能只能用凑合来形容，究其原因是软件的复杂化严重制约了硬件的能力。业界显然意识到了这个问题，于是提出了基于不同理念的解决方案，总结为两大类：

① 应用靠近；

② 硬件加速。

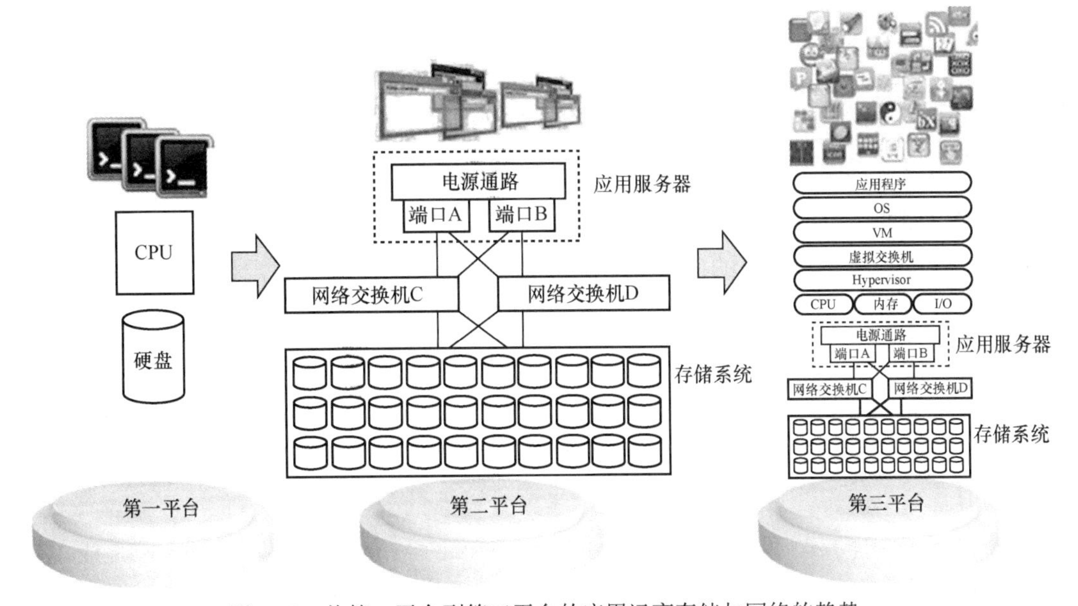

图 3-10　从第一平台到第三平台的应用远离存储与网络的趋势

在上述两大类解决方案中，第一类是尽可能让应用以最短的路径调用存储，或把最高速的存储设备（如内存）作为应用与数据的交互媒介，常见于高性能计算、基于内存的分析、流数据实时数据处理等要求高性能、低时延的应用场景。当然，综合考虑系统造价与性能，并非所有的计算都有着高实时性的要求，于是市场上出现了不同类型的按距离分类的计算与数据之间的关系。如图 3-11 所示，从左到右可以理解为存储（数据）与计算（应用）越来越近，系统处理速度、吞吐量越来越高，但系统的成本也线性增加。摩尔定律告诉我们的另一件事情就是：在一个技术周期之内，系统成本会逐年稳步降低（10%～20%），只有当一种新兴的颠覆性技术出现后，才会出现大规模降低（约 50%或更多），最后该技术完全被淘汰。

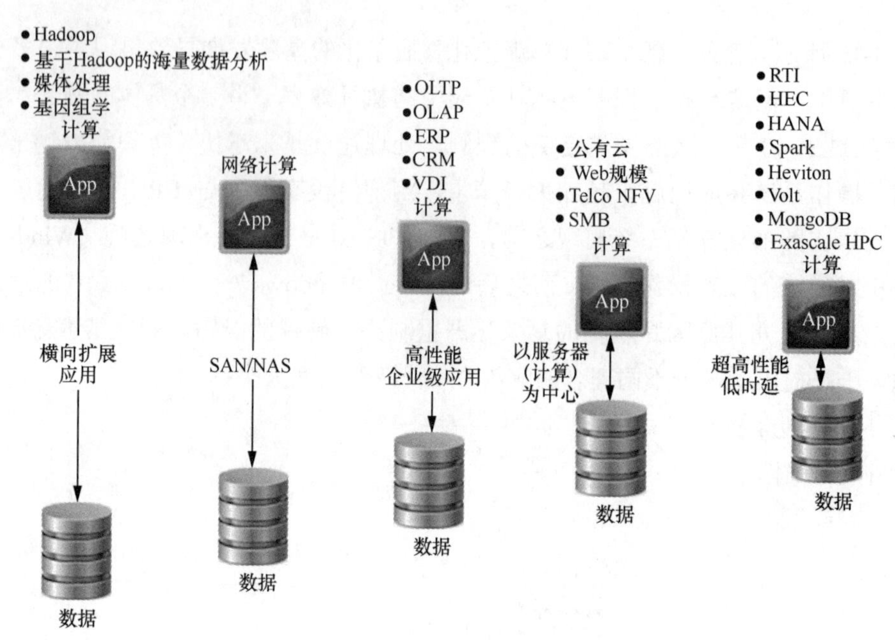

图 3-11　计算（服务器）与数据（存储）

让应用靠近存储类解决方案中通常还采用为软件瘦身的方法。我们在图 3-10 中可以看到因虚拟化的广泛应用而造成的操作系统的臃肿化，因此，完成具体应用功能的过程中也出现了高度精简并定制化的操作系统及趋于扁平的软件栈，例如容器化计算可以算作是为了提高软件效率、尽可能释放硬件效率而做出的典型努力。

下面我们主要介绍第二类解决方案——硬件加速。

硬件加速通常是相对于通用微处理器而言的。通用微处理器常用于通用计算（如各种数学运算、解方程、加解密、压缩与解压缩、多媒体文件处理等），它的灵活性无与伦比，但就效率而言，它并无太多优势。考察处理器的效率通常用效能来衡量，微处理器、现场可编程门阵列（Field Programmable Gate Array，FPGA）与专用集成电路（Application Specific Integrated Circuit，ASIC）之间的对比如图 3-12 所示。FPGA 每毫瓦的运算能力是 CPU 的 10 倍，而 ASIC 每毫瓦的运算能力则是 CPU 的 1 000 倍之多，也就是说对于某些专有计算需求，采用通用微处理器架构构建的系统的性价比可能要远低于 FPGA 或 ASIC 之类专用硬件解决方案的性价比。

硬件加速的例子在各行各业非常普遍，比如利用内置 GPU 对显卡的加速。GPU 早期更多地应用于高性能显卡。随着机器学习、深度学习的发展，GPU 适合用于解方程组的特性被越来越多地使用，于是诸如医学影像、监控视频的处理与分析也大量使用 GPU 来完成。再比如智能网卡通过 FPGA 或 ASIC 芯片组加速降低 GPU 压力、提高网络吞吐量也是常见的做法。

事实上，互联网、云计算、大数据的发展推动了网络流量的指数级增长，据思科公司发布的《思科云指数报告（2016—2021）》，2021 年全球流量年度总量达到 20.6 ZB，而 2016 年全球流量总量为 6.8 ZB，年度复合增长率为 25%。而 CPU 主频的增长在 2008 年就已经停滞不前了（诸位应该对此不陌生，自那年起，英特尔公司就没有再提高 CPU 主频了），究其原因是摩尔定律的瓶颈已经出现。但我们看到的是在互联网行业初期，工艺进步是提升 CPU 和芯片性能的主要手段，但自从半导体工艺突破 10 nm 以来，依靠工艺进步提升 CPU 和芯片性能的空间在急速缩小，所以摩尔定律将逐渐走向终结。不过在未来 10 年，摩尔定律还将继续发挥效用，先进的三维晶体管设计和三维封装技术使一个集成电路内部可以包含多种计算架构，以更低的成本提供更强大的算力。2020 年，英特尔已经可以在 10 nm 的工艺节点上稳定地使用 SuperFin 晶体管技术和 Foveros 3D 封装技术，并且有清晰的技术路线图，继续向 7 nm、5 nm 推进。

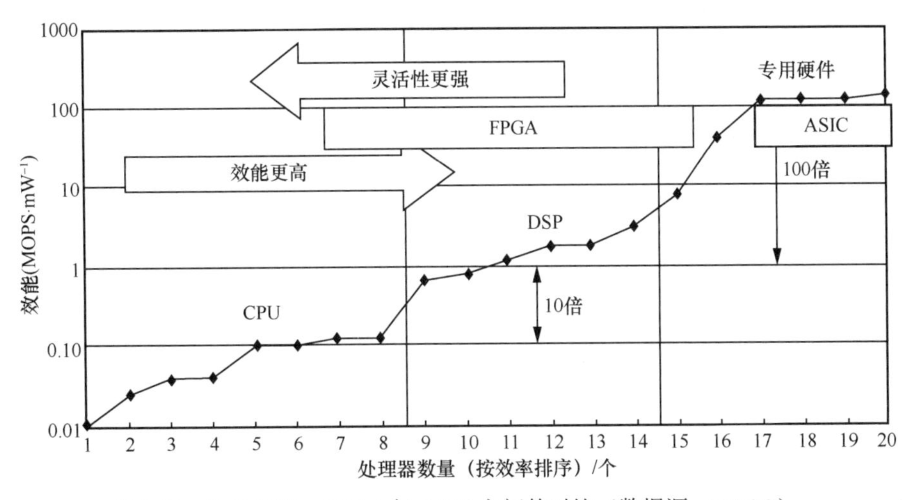

图 3-12 微处理器、FPGA 与 ASIC 之间的对比（数据源：ISSCC）

有鉴于此，我们需要找到硬件与软件加速的结合点，以应对大数据时代对数据处理能力不断上升以及追寻更高性价比的需求。美国国防部高级研究计划局（Defense Advanced Research Projects Agency，DARPA）与 Linaro 公司（开放数据平面 OpenDataPlane 的推动者）的专家们认为架构的改变会更好地推动系统性能继续提升（在芯片晶体管密度大体持平的条件下）。

以网络处理器（Network Processing Unit，NPU）为例，基于专用 ASIC 架构的 NPU 在完成同样数据处理功能的前提下，比基于 X86 CPU 架构的解决方案快 10～20 倍，并且所占空间更小，能耗更低。如图 3-13 所示，思科公司在 2013 年 9 月推出的 nPower X1 可编程网络处理器，在一块 ASIC 芯片上实现了高达 400 Gbit/s 和 230 Mpacket/s 的数据吞吐量，而英特尔公司同期推出的 Xeon E5-2600v2 通用微处理器的处理能力只有 40 Gbit/s 和 6～22 Mpacket/s。英特尔公司显然意识到了硬件加速的重要性，于是在一年半（恰好是摩尔定律一个周期）之后，于 2015 年花了 167 亿美元收购了 Altera 公司——后者是业界较大的 FPGA/ASIC 设计公司之一。

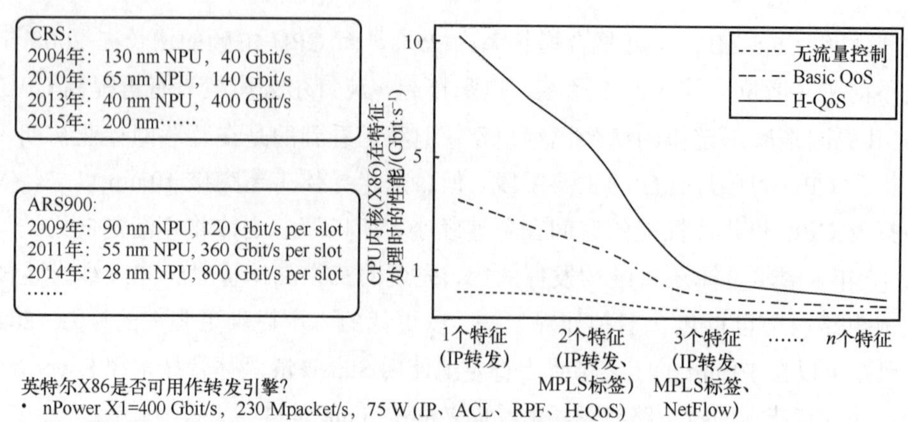

图 3-13　ASIC 与 X86 CPU 的对比

硬件加速的方案通常有 FPGA、ASIC、单片系统（System on Chip，SoC）三大类。这三者间有着千丝万缕的联系，SoC 可以基于 FPGA 或 ASIC 来构建，FPGA 又与 ASIC 有趋同的发展趋势。X86-CPU、FPGA、ASIC、SoC 方案的比较见表 3-1。

表 3-1　X86-CPU、FPGA、ASIC、SoC 方案的比较

方案	能耗	功能	性能	上市时间	产量	可复用	开发难度	单位成本	开发成本
X86-CPU	高	全（浮点/图形运算）	较低	快	高	是	低	高	高
FPGA	低	单一	高	较快	适于低量产	是	较低	较低	低
ASIC	极低	单一	极高	较慢	高	不是	较高	低	高(一次性开发成本）
SoC	低	较全	高	取决于FPGA/ASIC	取决于FPGA/ASIC	取决于FPGA/ASIC	取决于FPGA/ASIC	低	较高

硬件加速除了广泛应用于网络数据处理领域，在服务器主机与存储领域也越来越受到关注。下面我们给出两个具体的例子。

（1）硬件加速实例 1：搜索引擎加速

大型数据中心使用 FPGA 对搜索引擎实现加速。以微软公司的搜索引擎服务 Bing 为例，Catapult 项目中微软公司的研发人员在 1 632 台定制服务器（如图 3-14 中 C 部分所示，微软公司采用的定制版 0.5 U 服务器，空间上比普通的 1 U 服务器节省 50%）上加装了 Xilinx 的高端 FPGA 芯片（图 3-14 中的 A、B 部分），其中每个机架上的 48 台服务器上的 FPGA 组件构成 6 个集群实例（每个集群实例由 8 台服务器上的 8 个 FPGA 卡链接构成）。Bing 搜索过程中的排序功能通过这些 FPGA 集群来实现，主要包括特征计算、FFE（Free-Form Expression，自由形式表达，例如计算一个关键字在文章中出现的频次）、机器学习模型等。

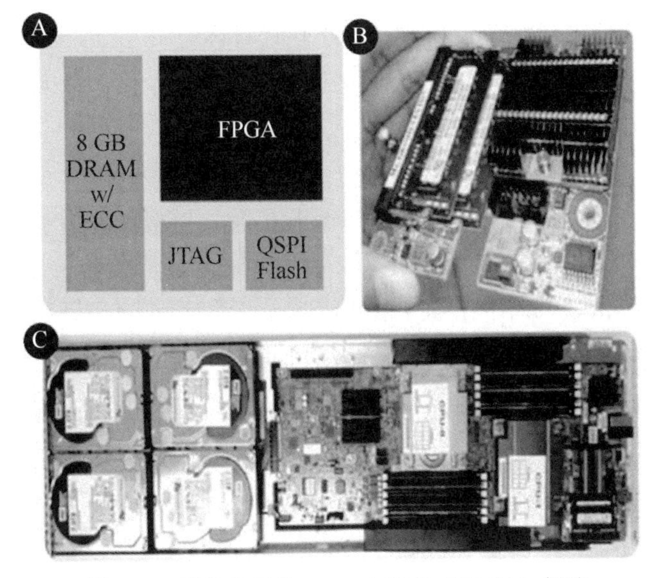

图 3-14　微软公司的 Catapult 硬件（FPGA）加速

图 3-15 展示了 Catapult 项目中每一个集群的 8 块 FPGA 是如何形成一个可重构的闭环构造的。在图 3-15 中，第 1 块 FPGA（CPU 0）用来做特征提取与队列管理，第 2 和第 3 块（CPU1 和 CPU 2）FPGA 用来做 FFE，第 4 块（CPU 3）实现数据压缩（以提高后续的排序速度），第 5～7 块（CPU 4～CPU 6）完成基于机器学习模型的打分排序，第 8 块（CPU 7）为备份 FPGA。在这个流水线中，每一个步骤的运行时间不会超过 8 μs，也就是说走完整个流程不超过 0.112 ms（即 0.008 ms × 7 × 2）。

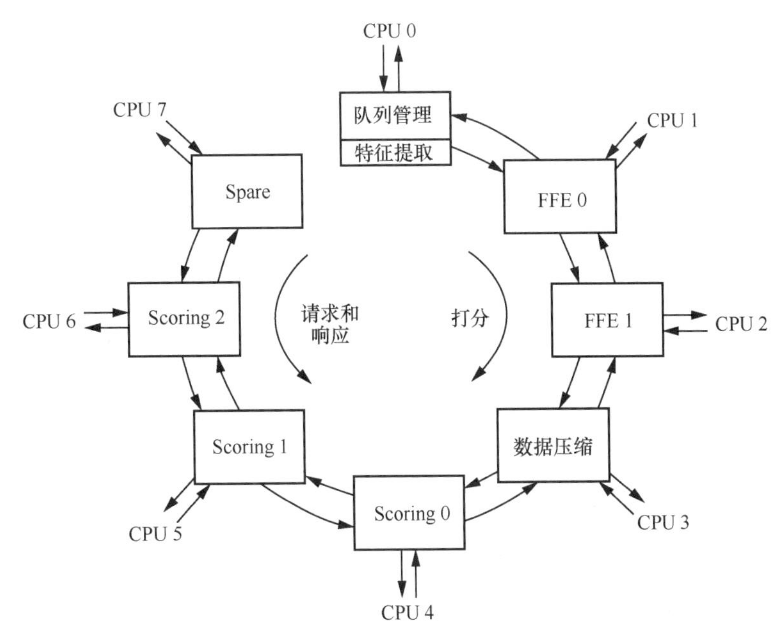

图 3-15　8 块 FPGA 卡形成的可重构的闭环构造

基于 Catapult 硬件架构，Bing 实现了以下设计目标。

① 排序处理速度提高一倍，单位时间文档排序量增加一倍，最大时延降低了 29%。

② 总成本增加控制在 30%以内。

③ FPGA 能耗占整机能耗的 10%以内。

④ FPGA 网络性能高度稳定（卡故障率小于 0.4%，链接故障小于 0.03%）。

⑤ 与原有纯软件实现 100%的兼容。

⑥ 实现了基于 FPGA 网络的可重构架构。

Catapult 项目对于我们的启示是 FPGA 的硬件加速单元（如各种数据的压缩、解压缩、加密、解密、哈希运算等）明显具有比基于 X86 CPU 架构更好的性价比，特别是可编程、可重构的特性可以高度满足数据中心所追求的高性能、灵活性、节能和低成本。或许随着未来生态系统（编程语言支持、更多硬件加速功能提供兼容流行操作系统的库与 API）的完善，FPGA/ASIC 会成为数据中心中的主流构造。

（2）硬件加速实例 2：海量数据备份加速

在企业、研究机构、政府机关中，数据备份、存档保存非常重要。因备份数据体量巨大，通常在实现过程中会对数据进行压缩、加密、去重等对主机计算能力要求非常高的一系列操作。在本实例中，我们为大家介绍一种基于 SoC 硬件的数据备份加速方案。

图 3-16 展示了数据备份的 3 种方法。图中第一个框内是普通的数据备份流程——数据通过常见的网络通信协议（如 NFS/CIFS/FC）由备份客户端传输至 DD（Data Domain）备份主机，在服务器端完成所有的数据去重、压缩、加密等一系列操作。毫无疑问，这样的操作虽然对备份客户端设备而言简单和透明，但是网络、备份服务器负荷巨大，效率不高。一种提升效率的办法就是利用备份客户端的处理能力，在备份客户端完成一些预处理功能，例如数据去重，简单来说就是重复的数据只需要传输一次。举个例子，如果一组二进制表达的数据只有 1 000 万个 0，那么只要传一个 0 再加上一个描述性元数据 1 000 万，这两者被称为该组备份数据的指纹——这就像通过人的指纹可以唯一识别一个人一样。

第二种做法相比于第一种做法算是一个进步，只需要在备份客户端安装去重软件就可以实现。但是，这只是把对计算能力的要求部分转嫁给了备份客户端。从图 3-17 所示的数据去重写/读操作过程中 CPU 使用率的情况可以发现：

① 写操作过程中 Anchor、SHA-1、压缩及网络流量处理分别占用了 9.33%、18.09%、7.52%的 CPU 带宽（分时处理）；

② 读操作过程中数据的解压缩占了 33.69%的 CPU 带宽。

这些操作都可以通过 FPGA 或 ASIC 硬件加速实现 CPU 的减负，也就是说，写操作过程有 50%～55%的 CPU 可以被空闲出来，而读操作过程中至少 1/3 的 CPU 负载可以被减载。

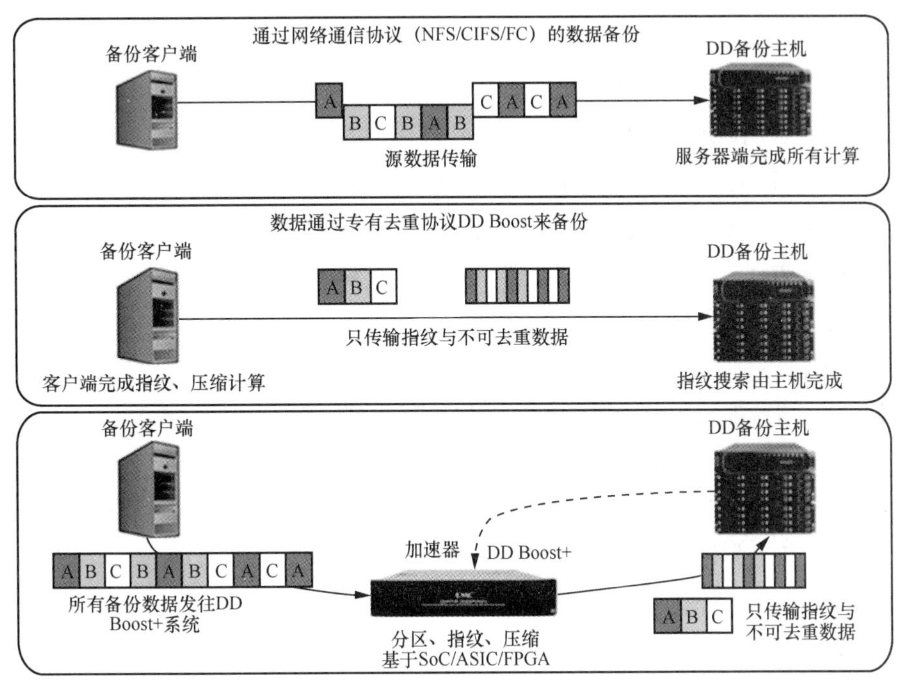

图 3-16　数据备份的 3 种方法

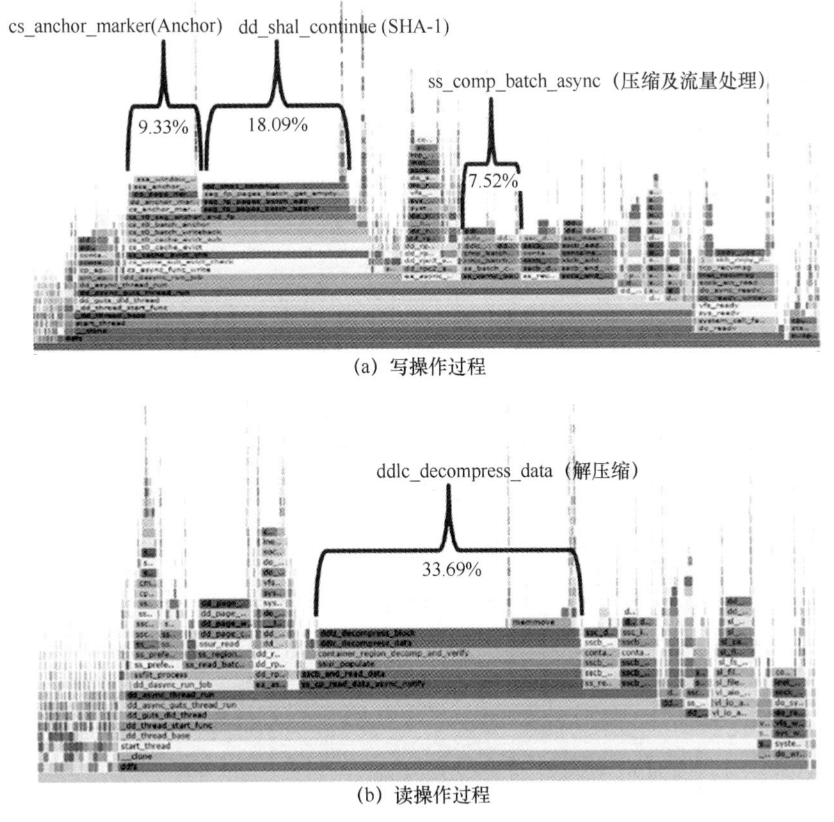

图 3-17　数据去重写/读操作过程中 CPU 使用率的情况

做进一步的分析后，我们发现读、写性能可以分别提高 50%、100%～120%，这是因为 CPU 之前几乎满负荷运行，DD 备份主机只能使用低压缩比的算法库（如 LZ 算法、Gzip 算法）。如果空闲的 CPU 被应用，那么可以调用更大压缩比的算法库（如 LZMA 算法、BZip2 算法），从而实现硬盘存储空间的大幅节省（50%），或者是同样硬盘配置情况下支持更大体量的源数据集。

在设计理念上，图 3-16 的第三个框内采取了非侵入性架构，在现有备份客户端与 DD 备份主机之间放置了一台加速器。加速器对备份客户端与 DD 主机均透明，在其上完成网络数据流处理、Anchor/SHA-1（指纹）等一系列操作，加速器通过 PCIe 或 10+ Gbit/s Ethernet 方式与主机相连。

确切地说，这台加速器是一块 SoC，一块具有指纹计算、压缩/解压缩、加/解密等硬件加速功能的智能网卡——它甚至可以以一张 PCIe 接口卡的方式插入 DD 备份主机（但是考虑到主机板卡兼容性、能耗、散热等因素，这种设计已经是入侵性的了，故我们不作考虑）。我们对整个流程做了简化与优化，实现了端到端的加速，如图 3-18 所示。例如从 NFS+FUSE 最初需要 Kernel Space 到用户空间之间的多次复制，通过用户空间的 NFS 功能省去大量不必要的数据复制；调用 SoC 上面的原生 OpenSSL 库进一步实现系统性能提升。优化的结果是在一块 200 美元的 Freescale LS2085 芯片上面实现了 1.5 GB/s 的数据吞吐量，在 700 美元的 Cavium CN78xx 芯片上可以达到 7 GB/s 的速率。如果从性价比上换算为每一美元每秒的数据吞吐量[MB/(s·\$)$^{-1}$]，DD Boost+系统原先的基于 Intel E7 4880 v2 高端 CPU 为 0.75 MB/(s·\$)$^{-1}$，FreeScale 为 7.68 MB/(s·\$)$^{-1}$，Cavium 则达到了 8.77 MB/(s·\$)$^{-1}$。由此可见，两种方案的性价比是英特尔方案的 10～12 倍。

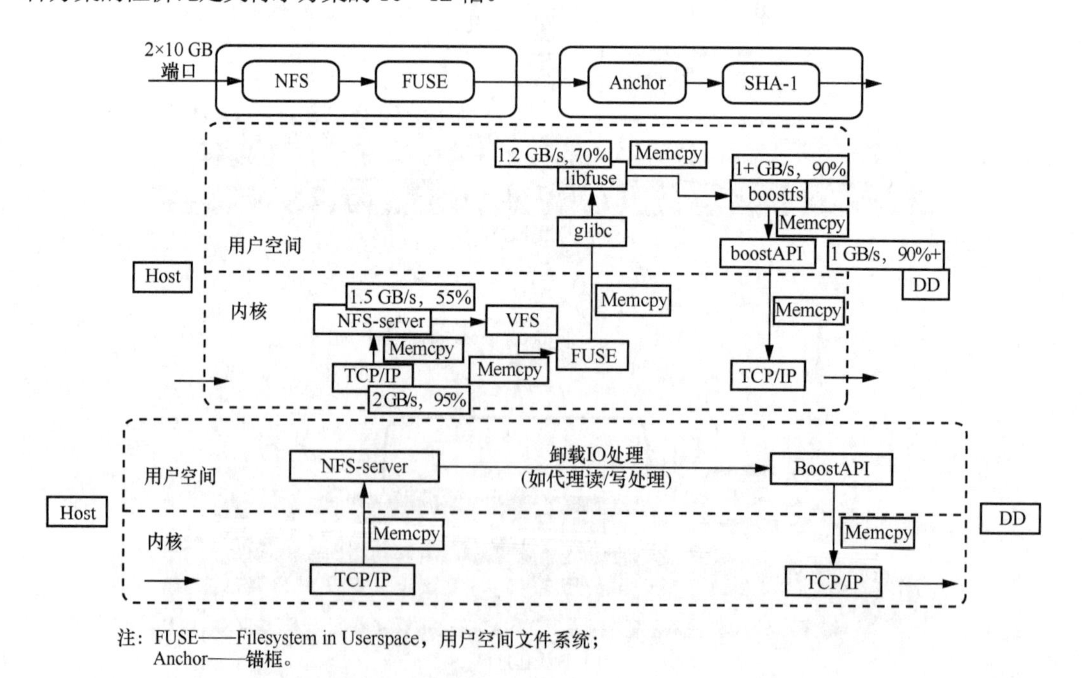

注：FUSE——Filesystem in Userspace，用户空间文件系统；
Anchor——锚框。

图 3-18　端到端的加速：NFS、FUSE、Anchor、SHA-1

此外，因为这种硬件加速的方案几乎减载了 CPU 原先承担的主要任务，DD 备份主机完全可以使用一些低配置的英特尔 CPU（仅 CPU 一项在高端 DD 系统中就可以为每台机器节省超过 1.6 万美元的费用），再加上硬盘存储空间节省的费用，预计每年可以为 DD 系统节省数千万美元。

类似的解决方案还可以泛化为通用的数据加速平台，非常适用于云计算、大数据时代的下一代数据中心的各种数据压缩、加密、复制、去重等场景。

另外，关于商品现货，很多人认为它就是基于 X86 架构的 PC 服务器或刀片机，其中以下有两点需要澄清。

① 商品现货可以是硬件，也可以是软件或服务。它是相对于定制化而言的——这是从系统的采购、运维成本角度出发的。

② 在本质上，云计算时代通用计算+网络+存储系统就是走量折扣，买得越多，单位部件的成本越低，符合规模经济学规律。

2016 年，我们曾预测在 2016—2025 年的这 10 年间，基于非 X86 架构的处理器架构（如 ARM、PowerPC）规模会呈现井喷式增长（增长速度会远高于业界龙头英特尔的 CPU 增长速度），最终的市场份额会趋向于 X86 架构与那些 FPGA/ASIC 硬件加速方案各执半壁江山。如今，我们已经可以看到 ARM 架构的市场在快速崛起，不仅移动设备市场已经被 ARM 完全占据，而且服务器市场上 ARM 的身影也越来越多。

在下一节中，我们会聚焦软件定义的世界。

3.2　XaaS：一切即服务

应用的发展推动了 IT 基础架构的发展，特别是承载着云计算与大数据应用规模化的数据中心的发展。这些分布式应用有一个共同的特点，那就是它们比以往的应用需要更多的计算、存储和网络资源，而且需要更具灵活性和弹性的部署以及精细化的管理。

为了满足这些近乎苛刻的要求，仅仅增加硬件设备或在原有软件的基础上修修补补已经无济于事了。与此同时，人们发现那些数据中心的资源（如服务器、磁盘、网络带宽）的平均利用率竟然不到 10%。解决办法不是没有，可以将应用迁移，但是应用迁移实施起来困难重重，有些机器明明在 99%的时间里是空闲的，却不得不为了那 1%的突发性负荷而一直空转着。如果说服务器只是有些浪费，还勉强能应付需要，那么存储就更让人头疼了。数据产生的速率越来越高，存储设备要么是不够用，要么是数量太多管不过来。在进入本节正题前，我们先整理一下所面临的挑战。

（1）节点（设备）太多

以服务器为例，如果只是把机器堆在机房（库房）里还好，可是试想给 10 000 台机器配置好操作系统、配置好网络连接、登记在管理系统内、划分一部分给某个申请用户使用，或许还需要为该用户配置一部分软件……这看起来是实实在在的劳动密集型任务。想想谷歌公司，经常需要为新应用部署一个数千节点的 GFS 环境，它是不是需要一支训练有素、数量庞大的 IT 劳务大军？

（2）设备利用率太低

Mozilla 数据中心的数据让人有些担心。据称，Mozilla 数据中心服务器 CPU 的占用率为 6%～10%。这也许与应用的类型有关，例如在提供分布式文件系统的机器上，CPU 就很空闲，与之对应的是内存和 I/O 操作很多。如果这是个例，我们完全没有必要担心。但服务器利用率低下恰恰是一个普遍存在的问题。一个造价昂贵的数据中心，再加上数额巨大的电费，遗憾的是最后发现只有不到 10%的资源得到了合理利用，剩下超过 90%资源被用来制造热量。别忘了，通过空调系统、循环系统散热还需要花一大笔钱。

（3）应用（设备）间迁移太困难

硬件的升级换代还是那么快。在摩尔定律起作用的时代，硬件升级以设备主频提高为主。当主频不再增长之后我们可以预见，性价比更高的异构的硬件解决方案（如 FPGA/ASIC）会成为设备升级的主流趋势。对于数据中心来说，每隔一段时间就更新硬件是必须的。困难的不是把服务器下架，交给回收商，而是把新的服务器上架，和以前一样来配置网络和存储，并把原有的应用恢复起来。新的操作系统可能有驱动的问题、网络和存储可能无法正常连接、应用在新环境中不能运行……这时工程师很可能不得不到现场调试，追查问题到底是出在硬件、软件上，还是哪个配置选项没有被选中。

（4）存储需求增长得太快

2012 年全球产生的数据总量约为 2.7 ZB，比 2011 年增长了 48%。根据 IDC 的预测，到 2025 年，全球数据领域的数据规模将增长至 175 ZB。即使根本不考虑存储这些数据所需要配备的空闲存储，这也意味着数据中心不得不在一年内增加 50%左右的存储容量。用不了几年，数据中心就会堆满了各种厂家、各种接口的存储设备。管理它们需要不同的管理软件，这些软件还常常互相不兼容。存储设备的更新比服务器更重要，因为所存储的数据可能是我们每个人的银行账号、余额、交易记录。旧的设备不能随便被换掉，新的设备还在每天涌进来。

问题绝不仅仅只有这么几个，但是，我们已经从中得到一些启示：

① 软件定义的趋势不可阻挡；

② 一切以服务为导向。

在下面的几个小节中，我们会就这些趋势和导向展开讨论。

3.2.1 软件定义的必要性

正是因为有了上述的挑战，无论是系统管理员、应用系统的开发人员，还是用户，都意识到把数据中心的各个组成部分从硬件中抽象出来、集中协调与管理、统一提供服务的重要性。在传统的数据中心中，如果需要部署一套新的业务系统，通常要为该业务划分服务器资源、寻址网段、网络带宽、存储空间；如果没有现成的设备，还需要采购设备，并在设备上配置好业务所需的一切软件及服务。这一过程不但烦琐，而且通常会经历因设备利用率低而造成资源浪费，或负载过高以至于不得不进行系统升级、扩展（相当于再走一遍之前的流程，这个过程可能会更复杂）的麻烦。于是，虚拟化技术重新回到了人们的视野当中。

在计算机发展的早期（20 世纪 60 年代），虚拟化技术其实就已经出现了，当时是为了能够充分利用昂贵的大型主机的计算资源。数年后，虚拟化技术再一次变成人们重点关注的对象，依然跟提高资源的利用率有密不可分的关系，而且这次虚拟化技术不仅在计算节点上被广泛应用，相同的概念还被很好地复制到了存储、网络、安全等与计算相关的方方面面。虚拟化的本质是将一种资源或能力以软件的形式从具体的设备中抽象出来，并作为服务提供给用户。当这种思想应用于计算节点（计算资源），资源将以软件的形式（各种虚拟机从物理机器中抽象出来）按需分配给用户使用。当虚拟化思想应用于存储时，数据的保存和读写是一种资源，而对数据的备份、迁移、优化等控制功能是另一种资源，这些资源将被各种软件抽象出来，通过 API 或用户界面提供给用户使用。网络的虚拟化也是这样，数据传输的能力作为一种资源，被网络虚拟化软件划分成互相隔离的虚拟网络，提供诸如 OpenFlow 这样的通用接口给用户使用。

当服务器被软件虚拟化之后，计算能力就可以真正做到按需分配，而不是必须给每种服务按业务分配物理的机器。这里需要澄清一点：虚拟化有软件与硬件两大类，硬件虚拟化的复杂度过高、灵活度太差，虽然性能更优，但是市场毫不犹豫地选择了软件虚拟化。另外，硬件虚拟化究其本质是对软件虚拟化功能的固化。

过去的 IT 管理员当然也希望能够做到按需而不是按业务分配资源，但是没有图 3-19 所示的虚拟化隔离技术，没有人会愿意冒风险把可能互相影响的系统放在同一台服务器上。而在软件虚拟化的场景下，虚拟机可以把在同一台物理设备上部署的多个应用、服务甚至异构的操作系统进行很好的隔离（容器计算技术在隔离上仍旧没有虚拟机技术成熟，但是这一问题的解决只是个时间问题）。

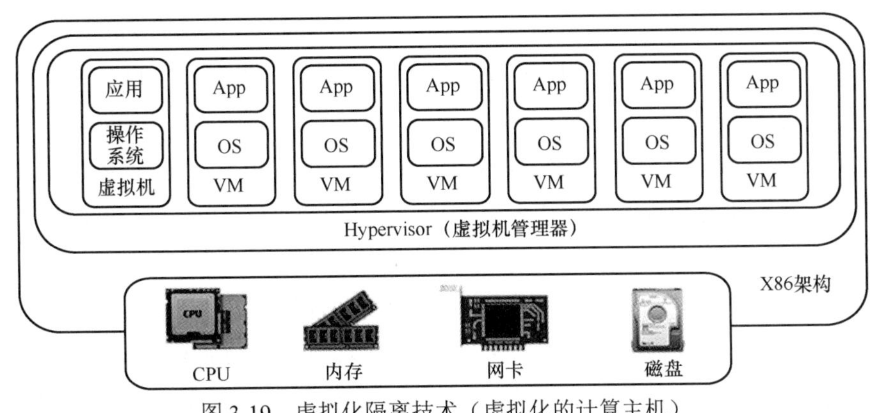

图 3-19 虚拟化隔离技术（虚拟化的计算主机）

存储也通过软件被虚拟化了。用户不用再去关心买了什么磁盘阵列，每个阵列到底能够承载多少业务，因为他们看到的是一个统一管理的资源池，资源池中的存储按照容量、响应时间、吞吐能力、可靠性等指标被分成了若干个等级。系统管理员可以按需从各个资源池中分配和回收资源。虚拟的网络可以按需增减和配置，而不需要手动去配置网络设备和连线。能做到这一步，就能够解决以下问题。

① 资源的利用率低下，不能充分利用硬件的能力。

② 资源的分配缺乏弹性，不能根据运行情况调整部署。

③ 在提供基础设施服务时，必须考虑不同硬件的性能。

④ 当需要改变配置时，不得不重新连线和调整硬件配置。

需要特别注意的是，在虚拟化这一概念中，利用软件来抽象可用资源这一点尤为重要，因为只有这样才能实现资源与具体的硬件分离。这也是软件定义一切——软件定义数据中心、软件定义网络、软件定义存储这些技术与实践的由来。

主要的资源被虚拟化，这只是实现了软件定义的第一步，这是因为虚拟化在解决大量现有问题的同时，也带来了一些新的挑战。首先，虚拟化使资源管理的对象发生了变化，变得更为复杂。传统的数据中心资源管理以硬件为核心，所有的系统和流程根据硬件的使用生命周期来制订。当资源虚拟化之后，系统管理员不仅需要管理原有的硬件环境，还要管理虚拟对象，而虚拟对象的管理兼有软件和硬件管理的特性，也就是说系统的复杂性从一层变为两层。从用户的使用体验来说，虚拟对象更像硬件设备，例如服务器、磁盘、网络等；而从具体的实现形式、计费、收费来说，虚拟对象却是在软件的范畴里。为了适应这种改变，资源管理要能够将虚拟对象与硬件环境，甚至与更上层的业务结合起来，进行统一管理。

虚拟化使资源的划分更细致，这不仅带来了管理方式上的挑战，还让被管理对象的数量上升了至少一个数量级。原来一台服务器作为单独一个管理单位，而现在虚拟机变成了计算的基本管理单位。随着多核技术的发展，如今非常普通的一台物理服务器可以有 2～4 颗 CPU，每颗 CPU 上有 8～20 个物理计算核心，每个物理计算核心借助超线程技术可以运行 2 个线程。在云环境中，每个线程等同于 1 个 vCPU（即虚拟 CPU），因此，一台物理服务器上往往可以轻松运行 15～30 个虚拟机实例。事实上，像 OpenStack 等框架允许以超量分配资源的方式对每一颗 CPU 按照 1:16 的方式进行虚拟化，即有 24 个物理计算核心的一台物理机，可以默认虚拟化成 24×16=384 个 vCPU。可以想象，在这种超量分配的条件下，每台虚拟机能真正使用的底层计算资源是非常有限的，这也是云厂商在上云后可能会赚钱的底层逻辑。

存储的例子更加明显，传统的存储设备为物理机器提供服务。假设每台机器分配 2 个逻辑单元号（Logic Unit Number，LUN）作为块存储设备，如今在虚拟化之后需要分配的 LUN 数量也变成了原来的几十倍。不仅如此，因为存储虚拟化带来的资源集中管理释放了许多原来不能满足的存储需求，所以跨设备的存储资源分配也变成了现实，这使得存储资源的管理对象数量更加庞大。

网络因软件虚拟化而生成的数量呢？恐怕不用赘述了。想想为什么大家不能满足于 VLAN，而要转向虚拟扩展局域网（Virtual Extensible LAN，VXLAN）吧。一个很重要的因素是 VLAN Tag 对虚拟网络有数量上的限制，4 096 个网络都已经不够用了。要管理数量巨大的虚拟对象，仅仅依靠一两张电子表格是完全应付不了的，甚至连传统的管理软件也无法满足要求。例如，某知名 IT 管理软件在浏览器页面的导航栏中有一项功能：以列表的方式列出所有服务器的摘要信息，该功能在被用于虚拟化环境时，由于虚拟服务器数量过多导致浏览器无法及时响应。

虚拟环境带来的又一个新挑战是安全，这里既有新瓶装老酒的经典问题，也有虚拟化（含容器化，下同）所面临的特有的安全挑战。应用无论是运行在虚拟机上还是运行在物理服务器上，都会面临同样的攻击，操作系统和应用程序的漏洞依然需要用传统的方式来解决。好在应用如果在虚拟机上的运行崩溃了，并不会影响物理服务器上其他应用继续工作。从这点来看，虚拟化确实提高了应用的安全性。虚拟化的一个重要特点是多用户、多租户共享资源。无论是计算、存储、网络，共享带来的好处都是显而易见的，但同时带来了可能互相影响的安全隐患。例如，在同一台物理服务器上的虚拟机真的完全不会互相影响吗？AWS 公有云服务商就遇见过某些用户运行计算量非常大的应用导致同一台物理机器上的其他虚拟机用户响应缓慢的情况。容器计算则因潜在的安全、隔离隐患让很多企业顿足不前。存储的安全性就更关键了，假如你在一个虚拟存储卷上存储了公司的财务报表（有些条目可能会让你“吃”官司），即使已经想尽办法删除了数据，但你还是会担心并顾虑这个卷被分配给一个有能力恢复删除数据的人的可能性及相关代价。

由此可见，仅仅将资源虚拟化只是解决问题的第一步，对虚拟对象的管理才是迫切需要完成的任务。如图 3-20 所示，新的资源管理和安全并不只是着眼于物理设备，而是把重点放在管理虚拟对象上，使虚拟环境能够真正被系统管理员和用户所接受。在这里，虚拟对象与物理实体对象之间的关系可以灵活定义：既可能是一台物理设备上拆分出的多个虚拟设备或服务，也可能是多台物理设备组合并构成一个虚拟的组件。谷歌 Spanner 中的全球数据中心就是由几个 Universe 来构成的。

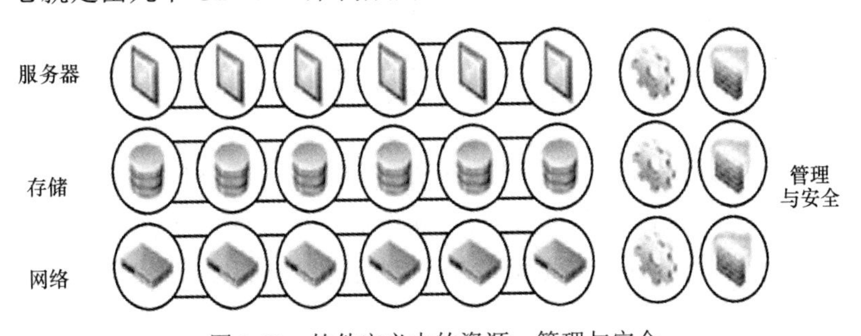

图 3-20　软件定义中的资源、管理与安全

当虚拟资源各就各位，管理员动动鼠标就能够安全分配、访问、回收任何计算、存储、网络资源时，数据中心就可以算得上是完全被软件接管了。可是，这并不意味着软件定义的基础架构（如数据中心）已经能够发挥最大的作用了，因为资源虽然已经被虚拟化了，被纳入统一管理的资源池，可以随需进行调用，但什么时候需要什么样的资源还是要依靠人来判断，部署一项业务到底需要哪些资源还停留在参考、比对技术文档的层面。数据中心的资源确实已经由软件来定义如何发挥作用了，但是数据中心的运行流程还是没有根本的改变。以部署 MySQL 数据库为例，假如你需要 2 个计算节点、3 个 LUN 和 1 个虚拟网络，知道了这些还远远不够，在一个安全有保证的虚拟化环境中，管理员要部署这样一个数据库实例，还需要完成图 3-21 所示的 MySQL 数据库部署流程。

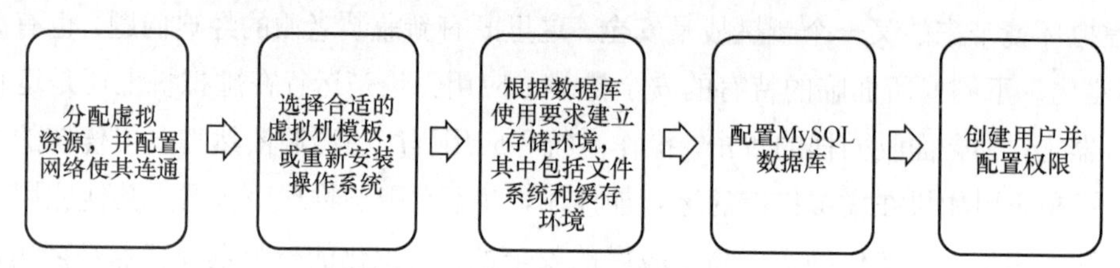

图 3-21　MySQL 数据库部署流程

不难发现，除了使用的资源已经被虚拟化外，这套流程并没有什么新意。仅仅部署一个 MySQL 数据库当然不是最终的目标，要提供一个能面对用户的应用还需要更多的组件加入进来。假设我们需要部署一个移动应用的后台系统，其中包括一个 MySQL 数据库、Django 框架和日志分析引擎，按照上面的流程，这个工作量至少是原来的 3 倍。如果我们需要为数以百计的移动应用部署后台系统，那么工作量之大会导致只有一条路可走——自动化。

既然资源都已经虚拟化并置于资源池中，管理员通过模板对虚拟资源进行标准化配置，进而将整个流程自动化就是顺理成章的事情了。管理员需要做的是经过实验定义出一套工作流程，并按照流程管理系统的规则将工作流程变成可重复执行的配置文件（如模板），在实际应用的时候配置几个简单的参数即可。经过改造（自动化）的 MySQL 数据库部署流程将变成图 3-22 所示自动化的工作流程。

图 3-22　自动化的工作流程

在这个过程中，如果需要部署的流程并不需要特殊的参数，而是可以用预设值工作，甚至是真正的“一键部署”，那么这时软件定义的基础架构就可以显示出强大的优势了：不仅资源的利用可以做到按需分配，而且分配之后也能够自动配置成用户熟悉的服务。

如果你需要的是几台虚拟机，那么现在已经能够轻松做到了；如果你需要的是同时分配虚拟机、存储和网络，那么现在也能够做到了；如果你还需要把这些资源包装成一个数据库服务，那么现在也只需要动动手指就能完成了。程序员们应该已经非常满足了，管理员也完全有理由沾沾自喜了。毕竟，之前要汗流浃背重复劳动几天的工作现在弹指间就全部搞定了。可是对于那些要使用成熟应用（SaaS）的终端用户来说，这和以前没有什么区别。例如，等着 CRM 系统上线的客户并不会真正在意如何分配了资源（IaaS）、如何建立了数据库（PaaS），唯一能让他们感到满意的是登录进入 CRM 系统（SaaS）后，就可以开始使用这个系统来管理客户关系。

要解决这个问题，让应用真正能面对客户，有 3 种自动部署应用的方法，见表 3-2。在这个阶段，数据中心的资源已经不是只跟资源管理者有关系了，而是与用户的应用程序产生了交集。建立应用程序的运行环境，必须视应用本身的特性而定。

表 3-2　自动部署应用的 3 种方法

方法	优点	缺点
软件定义数据中心自动部署流程	“一键部署”，需要极少的人工干预，适合大批量部署	需要用户应用留有接口
PaaS 环境	应用的开发环境与生产运行环境一致，避免额外的调试	需要额外部署 PaaS 环境，并且要求应用是为 PaaS 环境而设计的
完全交给用户	应用开发者更了解部署细节	难与下层服务的部署整合，容易产生开发时难以预料的环境问题

（1）第一种方法借鉴了自动部署数据库的流程，将其扩展到用户应用的部署，利用自动化的流程控制来配置用户程序。

（2）第二种方法是部署一套 PaaS 环境，将用户程序继承并运行在 PaaS 环境之上。

（3）第三种方法是让用户自己设计自动部署应用的方法，是否集成到数据中心的管理环境中则视情况而定。

每种方法都有其适用的场景，不能一概而论。但应用的自动部署这一步是数据中心基础架构面向用户的不可或缺的一步。如果说之前的虚拟化、资源管理、安全设置、自动化流程控制都是数据中心管理员关心的话题，那么自动部署应用这一步才是真正贴近用户，直接满足用户的业务需求。在成功部署应用之后，软件定义的基础架构（数据中心）才算是真正自下向上完整地建立起来了。

如图 3-23 所示，软件定义数据中心是一个从硬件到应用的完整框架。用户的需求永远是技术发展的原动力，软件定义数据中心也不例外。我们在前文中提到了以规模化数据中心为核心的基础架构在云计算与大数据的时代所面临的诸多挑战，传统数据中心的计算、存储、网络、安全、管理都无法应对日益变化的用户需求。在这种状况下，软件定义计算（或称计算虚拟化）作为一种既成熟又新颖的技术，成为解决困局的突破口。

随之而来的是软件定义存储和软件定义网络技术。在资源的虚拟化完成之后，虚拟环境中的安全与管理需求变成了又一个创新主题。在这之后，数据中心的自动化流程控制进一步释放了软件定义技术所蕴含的潜在威力，让管理员能够不踏足机房就能将成千上万的虚拟机配置成数据库、文件服务、活动目录等，甚至可以更进一步，自动部署成熟的用户程序，提供给用户使用。

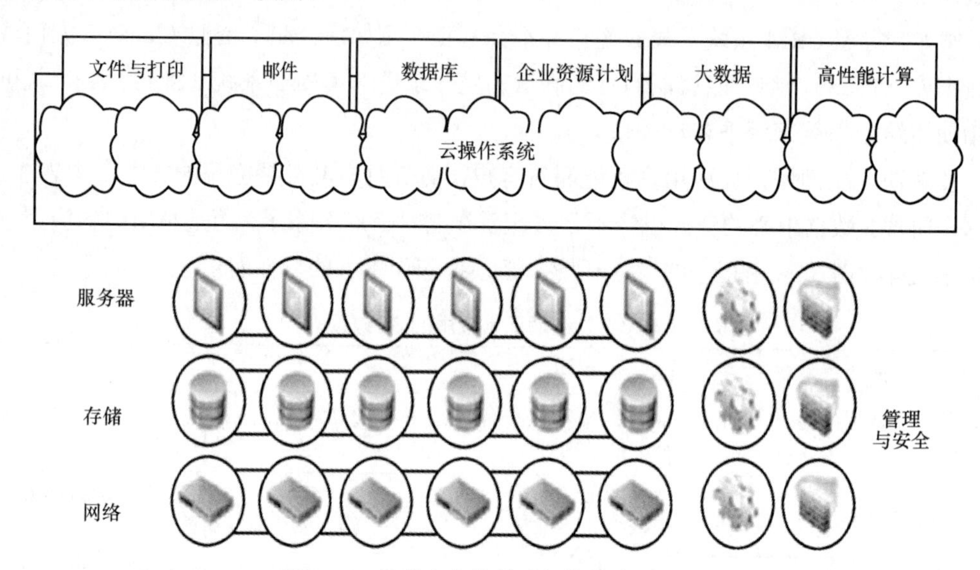

图 3-23　软件定义的基础架构的应用支撑

软件定义数据中心是应用户需求而发展的，但并不是一蹴而就地满足用户初始的需求——“非不为也，实不能也”。软件定义数据中心是一个庞大的系统工程，基础如果不稳固，仓促提供服务会带来严重的后果。云计算服务就是个很好的例子。云计算服务的后端无疑需要强大的软件定义数据中心做支撑。有的“学习”AWS 的企业本着“一手抓学习，一手抓运营”的精神，在技术并不成熟的情况下，过度强调运营的重要性，从而仓促提供云计算服务，但是计算的稳定性、存储的可靠性、网络的可用性都暴露出了许多问题，用户体验实在无法让人满意。当然，并不是任何一个软件定义数据中心都需要完全如前文所述，搭建从硬件到应用的完整框架，也不是被称为软件定义数据中心的计算环境都具备前文所述的所有功能。一切还是应用说了算。例如，用户仅仅需要虚拟桌面服务，并不需要复杂的虚拟网络，那安全和自动控制流程就要进行特别加强；用户需要大规模可扩展的存储做数据分析，那软件定义存储将扮演更重要的角色，计算虚拟化就可以被弱化一些。一切以满足用户需求为前提，这是软件定义一切的发展动力和目标。

软件定义的必要性不是凭空想象出来的，而是由实际需求推动产生的。回顾之前描述的发展路径，我们已经可以隐约归纳出软件定义数据中心的层次结构，但是思路还不够清晰，因此，有必要从系统的角度清楚地描述软件定义数据中心包括哪些部分或层次，以及实现这些组件需要的关键技术和整个系统提供的交互接口。

3.2.2　软件定义数据中心

软件定义数据中心最核心的资源是计算、存储与网络，这三者无疑是基本功能模块。与传统数据中心的概念不同，软件定义数据中心强调从硬件中抽象出资源的能力，而并非硬件本身。

对于计算来说，计算能力需要从硬件平台上抽象出来，以让计算资源脱离硬件的限制，形成资源池。计算资源需要能够在软件定义数据中心的范围内迁移，这样才能动态调整负载。虽然虚拟化并不是必要条件，但是目前能够实现这些需求的仍非虚拟化莫属。对存储和网络的要求则首先是控制平面与数据平面的分离，这是与硬件解耦的第一步，也是能够用软件定义这些设备行为的初级阶段。在这之后，才有条件考虑如何将控制平面与数据平面分别接入软件定义数据中心。

安全越来越成为需要软件定义数据中心单独考量的一个因素。安全隐患既可能出现在基本的计算、存储与网络之间，也有可能隐藏在软件定义数据中心的管理系统之中或者用户的应用程序中，因此，有必要把安全单独作为一个基本功能，与计算、存储与网络这三大资源并列。

仅仅有了这些基本的功能还不够，还需要集中化的管理平台把它们联系在一起，自动化的管理与编排是将软件定义数据中心的各基本模块组织起来的关键。这里必须强调自动化的管理不只是一套精美的界面，其原因我们在前面已经提到了：软件定义数据中心的一个重要推动力是用户对超大规模数据中心的管理，自动化无疑是必选项。软件定义数据中心的五大模块如图 3-24 所示。

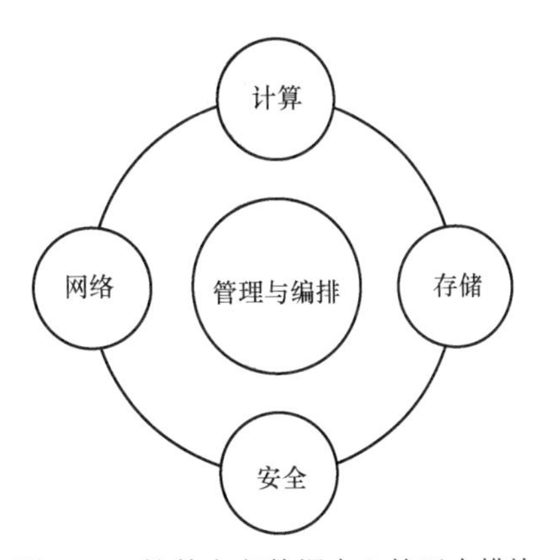

图 3-24　软件定义数据中心的五大模块

了解了软件定义数据中心有哪些基本功能后，我们再看一下这些基本功能是怎样按照层次化的定义逐级被实现并提供服务的。分层的思路其实已经出现在关于软件定义必要性的探讨中了，之所以出现这样的层次，并不是出于自顶向下的预先设计，而是用户需求推动的结果。现实中无数的例子告诉我们，只有用户的需求，或者说市场的认可才是技术得以生存和发展的原动力。

软件定义数据中心分层模型如图 3-25 所示。在软件定义数据中心中，最底层是硬件基础设施，主要包括服务器、存储和各种网络交换设备。软件定义数据中心对硬件并没有特殊的要求，只是服务器最好能支持硬件虚拟化和具备完善的带内、带外管理功能，这样可以最大限度提升虚拟机的性能和提供自动化管理功能。但是，即使没有硬件虚拟化的支持，服务器一样可以工作，只是由于部分功能需要由软件模拟，让性能打折扣。这说明软件定义数据中心对硬件环境的依赖很小，新的、老的硬件都可以统一管理，共同发挥作用。另外，当更新的硬件出现时，软件定义数据中心又能够充分发挥新硬件的能力，这也让用户有充分的动力不断升级硬件配置，以追求更好的性能。

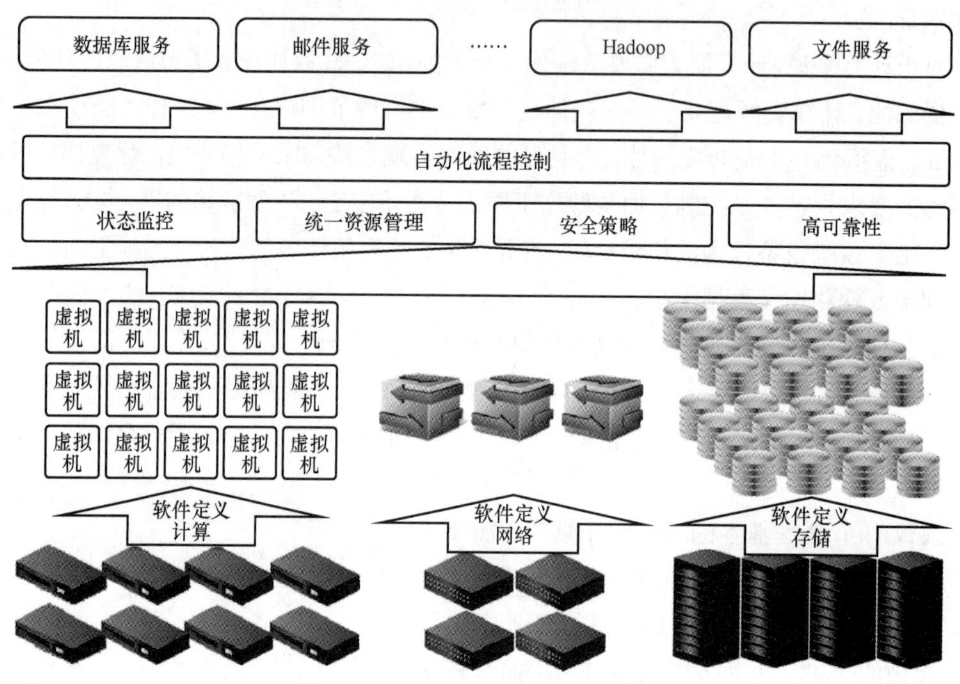

图 3-25　软件定义数据中心分层模型

在传统的数据中心中，硬件之上应该就是系统软件和应用软件了。但是，在软件定义数据中心中，硬件的能力需要被抽象为能够统一调度管理的资源池，因此，必须由新技术完成这一工作。计算、存储和网络资源的抽象方式各不相同，主要采用软件定义计算、软件定义存储、软件定义网络等关键技术来完成虚拟化和资源池化以及它们之间的自动化部署、配置等一系列工作。我们在后面的几个小节中会对相关关键技术展开论述。

任何一个复杂的系统都可以被细分成若干个模块，这样既方便开发，也方便使用和维护。按照相同的逻辑，复杂的模块本身也是一个系统，也可以被细分。在模块和层次的划分过程中，只要清晰地定义了模块和层次之间的接口，就不用担心各部分无法联合成一个整体。我们已经列举了软件定义数据中心的模块和层次，接下来再看看不同的具体实现采用了哪些接口。作为数据中心发展的新阶段，软件定义数据中心正在快速发展，还没有出现一个统一的或占主导优势的标准。我们可以从成熟度和开放性两个方面，对已有的解决方案做个比较，见表 3-3。

表 3-3　软件定义数据中心解决方案的比较

解决方案	成熟度	开放性
VMware	成熟的 API，涵盖资源管理、状态监控、性能分析等各方面。API 相对稳定，并有清晰的发展路线	比较开放的接口标准，有成熟的开发社区和生态系统，是企业级厂商选择兼容的首选
OpenStack	软件定义计算的 API 相对成熟和稳定，但是存储、网络、监控、自动化管理等部分 API 比较初级，不适用于生产环境，需要进一步加强	完全开放的接口标准，并且计算与存储服务能够兼容 AWS 的 API
System Center（微软公司）	成熟的 API	不够开放的标准，有开发社区做支撑
CloudStack	比较成熟的 API，比较新的功能如自动化管理和网络管理由开源社区实现	原本作为单独的产品发布，接口对开发人员不完全开放，后转为由开源社区支持，大部分 API 已开放。计算与存储服务兼容 AWS 的 API
AWS	拥有最大的客户群体，最大规模的公有云服务体系架构，最广泛（全面）的服务提供	尽管 AWS 是基于 LAMP 技术栈构建的，但是 AWS 并没有开源它的代码，而是通过提供标准（事实标准）API 供用户访问，例如 S3 对象存储接口

从表 3-3 中我们可以看到，这些用于构建软件定义数据中心的解决方案在 API 的成熟度和开放程度上各有特点。作为针对企业级部署的成熟产品，VMware 和 System Center 从接口来看都提供更丰富全面的功能，发展方向也有迹可循。作为开源解决方案的代表，OpenStack 则采用了“野蛮生长”的策略。例如，Neutron（原名为 Quantum）初始发布的版本简陋得几乎无法使用，但是不到半年，它提供的 API 就能够驱动 NVP 等强大的网络控制器。迅速迭代的代价就是用户始终难以预计下一版是否会变动 API，这在一定程度上影响了用户对 OpenStack 的接受度。

系统集成商和服务提供商对数据中心发展的看法与传统的数据中心用户略有不同，但也不统一。这一群体包括一些从设备提供商转型成为系统和服务提供商的参与者。IBM 和惠普这类公司是从制造设备向系统和服务转型的例子，在对待下一代数据中心的发展上，这类公司很自然地倾向于能够充分发挥自己在设备制造和系统集成方面的既有优势、利用现有的技术储备、引导数据中心技术的发展方向。微软作为一个传统上卖软件的公司，在制订 Azure 的发展路线上很自然地从 PaaS 入手，并且试图通过虚拟机代理技术模糊 PaaS 和 IaaS 之间的界限，从而充分发挥自身在软件平台方面的优势来打造后台，由 System Center 支撑并提供 PaaS 数据中心。而亚马逊公司的 AWS 则是无心插柳柳成荫的典型，从最初用于服务其自有电商业务的私有数据中心转为开放给公有云用户的软件定义数据中心。还有传统的硬件提供商英特尔公司，作为主要的硬件厂商之一，为了满足巨型的、可扩展的、自动管理的未来数据中心的需要，英特尔公司也提出了自己全新架构的硬件——

机柜式架构（Rack Scale Architecture，RSA）。在软件、系统管理和服务层面，英特尔公司非常积极地参与开放计算项目（Open Compute Project，OCP）、天蝎计划等，试图在下一代数据中心中仍然牢牢地占据硬件平台的领导地位。在设计思路上，RSA 并不是为了软件定义数据中心设计的。恰恰相反，RSA 希望能在硬件级别上具有横向扩展的能力，避免被定义。有趣的是，对 RSA 有兴趣的用户会发现，在硬件扩展能力更强的情况下，软件定义计算、存储与网络正好可以在更大的范围内调配资源。

通过概览这些数据中心业务的参与者，我们可以大致梳理出软件定义数据中心的现状与发展方向。

（1）需求推动，有先行者。未来数据中心的需求不仅是巨大的，而且是非常迫切的，以至于用户已经等不及了，自己动手建立数据中心了。传统的系统和服务提供商则显得行动不够迅速，这是有些反常的，但确实是非常合理的。以往用户对数据中心的需求会通过 IDC 的运营商传达给系统和服务提供商，因为后者对于构建和管理数据中心更有经验，相应地能提供性价比最高的服务。然而，新的、由软件定义的数据中心是对资源全新的管理和组织方式，其核心技术落在软件上。那些传统的系统和服务提供商在这一领域并没有绝对的优势。数据中心的大客户们，例如谷歌、Facebook、阿里巴巴等公司本身在软件方面恰恰有强大的研发实力，并且他们更了解自己对数据中心的需求，于是很顺其自然地自建了数据中心。

（2）新技术不断涌现，发展迅速。软件定义数据中心发端于服务器虚拟化技术。从 VMware 公司在 2006 年发布成熟的面向数据中心的 VMware Server 产品到本书编写期间只有短短的 10 多年。在这段时间里，不仅仅是服务器的虚拟化经历了从全虚拟化到硬件支持的虚拟化，再到下一代可扩展虚拟化技术的发展，软件定义存储、软件定义网络也迅速发展起来，并成为数据中心中实用的技术。在数据中心管理方面，VMware 公司的 vCloud Director 依然是最成熟的管理软件定义数据中心的工具。但是，以 OpenStack 为代表的开源解决方案显现出惊人的生命力和发展速度，OpenStack 从 2010 年出现到变成云计算领域中人尽皆知的明星项目，经历了不到 2 年的时间。

（3）发展空间巨大，标准正在建立中。与以往新技术的发展类似，软件定义数据中心还处于高速发展时期，并没有一个占绝对优势的标准。已有的几种接口标准都在并行发展，也都收获了自己的一批拥护者。接受这一概念较早和真正大规模部署软件定义数据中心的用户大多是 VMware 公司产品的忠实使用者，因为从性能、稳定性、功能的丰富程度等方面，VMware 公司产品都略胜一筹。而热衷于技术的开发人员往往倾向于 OpenStack，因为作为一个开源项目，他们能在上面“折腾”出很多“花样”来。原来使用 Windows Server 的用户则比较自然地会考虑采用微软公司的 System Center 解决方案。就像在网络技术高速发展的时期，有许多的网络协议曾经是以太网的竞争对手，最终哪家会逐渐胜出还得看市场的选择。

3.2.3 软件定义计算

虚拟化是软件定义计算最主要的解决途径。虽然类似的技术早在 IBM S/360 系列的机器中已经出现过，但是真正走入大规模数据中心还是在 VMware 公司推出基于 X86 架构处理器的全虚拟化产品之后，随后还有 Microsoft Hyper-V、Citrix XEN、Redhat KVM、Sun VirtualBox（现在叫作 Oracle VM VirtualBox）等商业或开源解决方案。虚拟化是一种用来掩蔽或抽象化底层物理硬件并在单个或集群化物理机之上并发运行多个操作系统的技术。虚拟机成为计算调度和管理的单位，可以在数据中心，甚至跨数据中心的范围内动态迁移而不用担心服务会中断。

基于虚拟机技术的虚拟化计算（见图 3-26）有三大特点，具体如下。

（1）支持创建多个虚拟机，每个虚拟机的行为与物理机相似，各自运行操作系统（可异构）与程序。

（2）在虚拟机与底层硬件间有一层被称为虚拟机管理程序，它通常有内核与虚拟机管理器（Virtual Machine Manager，VMM，又称作 Hypervisor）两大组件。

（3）虚拟机可获得标准硬件资源（通过虚拟机管理程序模拟及提供的硬件接口、服务来实现）。

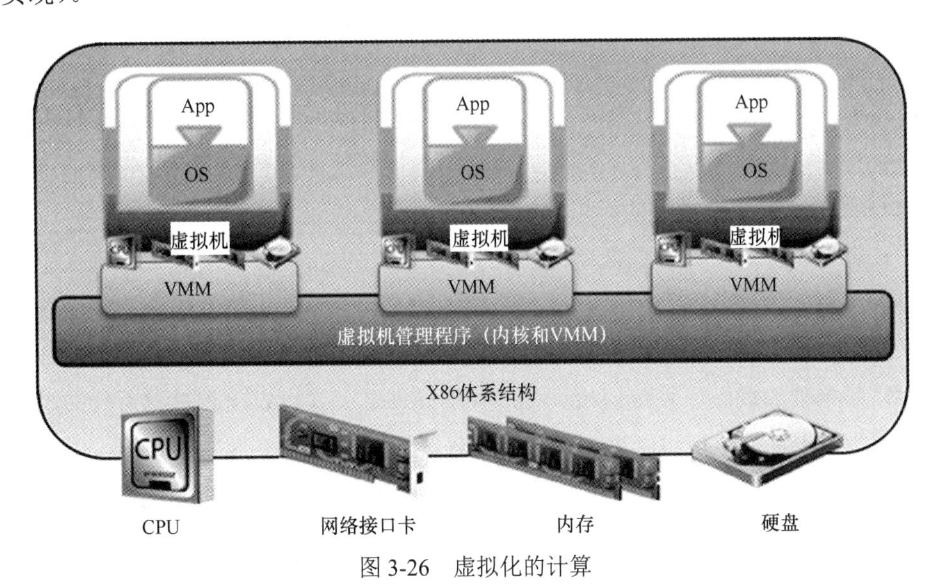

图 3-26　虚拟化的计算

虚拟机管理程序包含以下两个关键组件。

（1）虚拟机管理程序内核提供与其他操作系统相同的功能，例如进程创建、文件系统管理、进程调度等。它经过专门设计后用于支持多个虚拟机和提供核心功能，例如资源调度、I/O 堆栈等。

（2）VMM 负责在 CPU 上实际执行命令，以及执行二进制转换。它对硬件进行抽象化，以显示为具有自己的 CPU、内存和 I/O 设备的物理机。每个虚拟机会被分配一个具有一定份额的 CPU、内存和 I/O 设备的 VMM，以成功运行虚拟机。虚拟机开始运行后，控制权将转移到 VMM，随后由 VMM 开始执行来自虚拟机的指令。

虚拟机管理程序可以分为两种：裸机虚拟机管理程序和托管虚拟机管理程序，如图 3-27 所示。

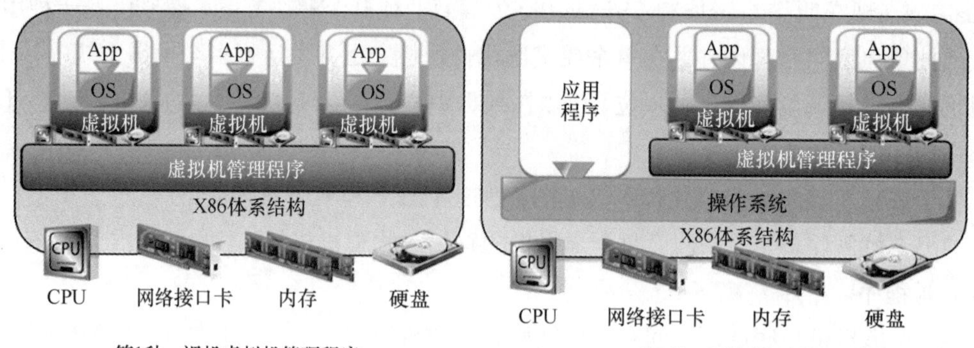

图 3-27　虚拟机管理程序的分类

（1）裸机虚拟机管理程序：这类虚拟机管理程序直接被安装在 X86 硬件上。裸机虚拟机管理程序可直接访问硬件资源，因此，它比托管虚拟机管理程序的效率更高——这一类型是规模化数据中心的主要虚拟化形态。

（2）托管虚拟机管理程序：这类虚拟机管理程序是作为应用程序在操作系统上进行安装和运行的。它由于运行在操作系统上，因此支持最广泛的硬件配置——它更适用于测试人员通过模拟来测试不同类型的操作系统平台。

容器计算是软件定义计算虚拟化的新锐势力，它与虚拟机技术的最大区别在于不需要虚拟化整个服务器的硬件栈，而是在操作系统层面对用户空间进行抽象化，因此我们称其为操作系统级虚拟化，以区别于之前的基于硬件虚拟化的虚拟机技术。基于容器计算的用户应用不需要单独加载操作系统内核。在同样的硬件之上，可以支撑数以百计的容器，但是只能支撑数以十计的虚拟机。虚拟机架构与容器架构的对比如图 3-28 所示。

容器计算最早可以追溯到 UNIX 系统上的 Chroot（1979 年），当时只是单纯为单个进程提供可隔离磁盘空间。1982 年这一特性被实现在 BSD 操作系统之上。2000 年 FreeBSD v4 推出的 Jails 则是最早的容器计算，在 Chroot 基础之上，它又实现了更多面向进程的沙箱功能，例如，隔离的文件系统、用户、网络。每个 Jail 有自己的 IP 地址、可定制化软件安装与配置等。这可比 Docker 早了整整 13 年，比 Docker（v0.9 之前）一度依赖的 LXC[其为 Linux Container（容器）的简写]早了 8 年，比 Cloud Foundry 的 Warden 早了 11 年，比 Solaris Containers 早了 4 年，比 Linux OpenVZ 早了 5 年，比 Linux cgroups 早了 7 年（cgroups 基于谷歌公司于2007年贡献给Linux内核的Control Groups——其前身是谷歌公司内部在2006年的Process Container项目，目的是可以对进程使用的系统资源高度可控）。

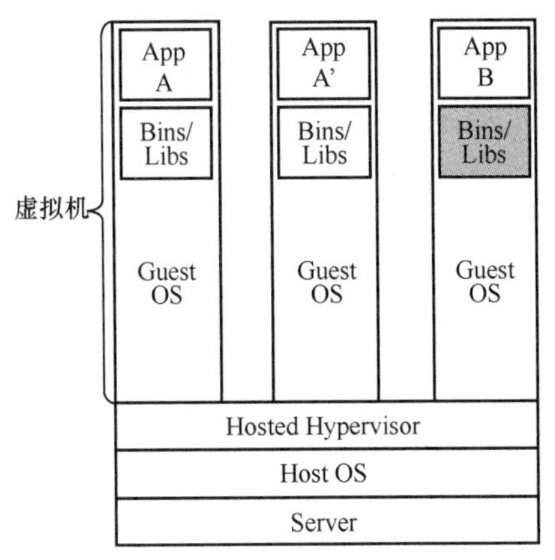

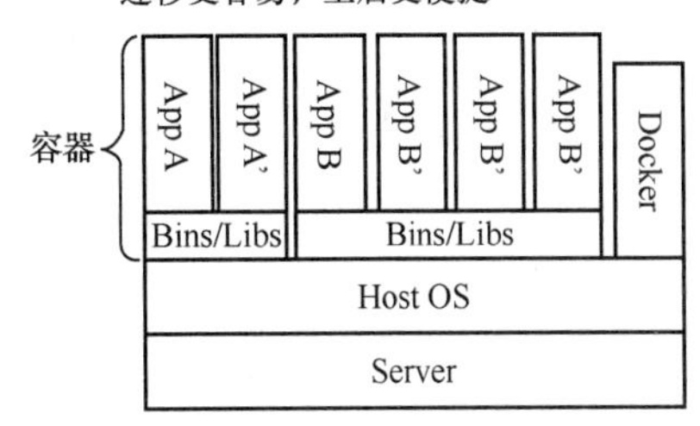

图 3-28　虚拟机架构与容器架构的对比

容器技术因其具有比虚拟机技术更高的敏捷性、更优的资源利用率而备受初创公司、互联网企业青睐。但是和任何新兴技术一样，容器技术面临的挑战（弱点）主要有三大方面。

（1）安全与隔离。共性内核意味着位于同一内核上的任何一个容器被攻破都可能会影响剩余的其他所有容器。

（2）管理复杂性。在虚拟机的基础上，容器在数量上又上升了一个数量级，而这些容器之间又可能产生复杂的对应关系，因此对容器系统进行有效管理的需求显然是对现有管理系统的一个巨大挑战。

（3）对状态服务、应用的支持。容器技术对无状态、微服务架构类型应用的支持可谓完美，可是对数据库类、ACID类型服务的支持还远未成熟。

我们将常见容器技术方案进行比较，见表3-4。

表 3-4　常见容器技术方案的比较

方案	时间	FS隔离	磁盘配额	I/O配额	内存配额	CPU配额	网络隔离	Root隔离	热迁移	虚拟嵌套
Chroot	1982年	√?	×	×	×	×	×	×	×	√
Jail	2000年	√	√	×	√	√	√	√	√?	√
OpenVZ	2005年	√	√	√	√	√	√	√	√	√?
ThinApp	2008年	√	√	×	×	×	√	√	×	×
LXC	2008年	√	√?	√?	√	√	√	√	×	√
Docker	2013年	√	间接	间接	√	√	√	×	×	√
RKT（appc）	2015年	√	√	√	√	√	√	√	√	√
Linux LXD	2015年	√	√?	√?	√	√	√	√	√	√

注：“？”表示其具体的功能实现存在争议或不完整。

表 3-4 中 Linux LXD 是基于 LXC 构造的，准确地说是提供了一套优化的容器管理工具集（以及 Linux distro 分发模板系统）；ThinApp 是 VMware 公司的应用虚拟化解决方案，面向 Windows 应用；RKT（appc）则是 CoreOS 公司联合业界推出的与 Docker 既兼容又对抗的容器虚拟化架构。Docker 在早期阶段也是基于 LXC 的，不过随后推出了自己的 libcontainer 库。图 3-29 展示了 Docker 容器虚拟化功能接口，也能很好地说明 Docker 的基本架构。

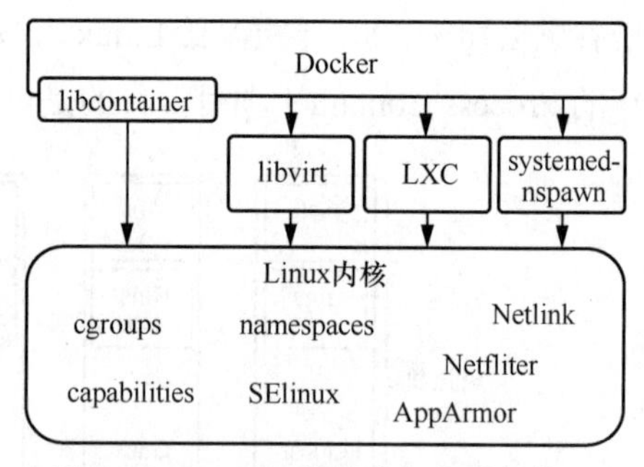

图 3-29　Docker 容器虚拟化功能接口

作为容器行业的领头羊，Docker 公司对容器计算寄予了厚望，他们认为未来的互联网架构不再是原有的基于 TCP/IP 的 4 层（物理层、IP 层、TCP/UDP 层、应用层）架构，而是 4 层逻辑实体：互联网硬件层、互联网软件（容器）层、互联网应用层；程序员层，具体如图 3-30 所示。

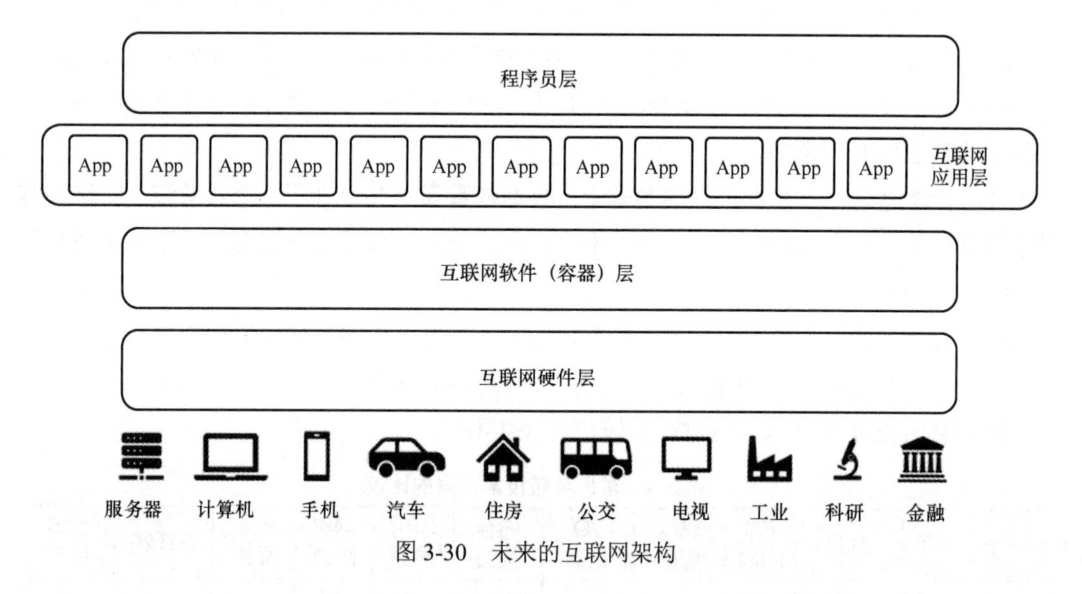

图 3-30　未来的互联网架构

这样的分层显然极大降低了网络、硬件、系统架构的复杂性，以服务为中心、以软件定义为中心、以应用特别是微服务架构为中心、以面向程序员为中心，最终实现更敏捷的开发、更短的交付/上市时间、更高的系统效率以及更好的全面体验。

我们有理由相信，假以时日，容器技术的作为会更大，不过在相当长的一段时间内容器技术更侧重于第三平台的应用，特别是无状态类应用与服务。而虚拟机技术更多地满足第二平台的应用，特别是传统企业级应用。显然，容器技术与虚拟机技术会各自满足不同类型的应用需求，或业界的巨头们通常会把两者结合起来用于一些典型业务场景，例如在虚拟机之上运行容器，或者在一个资源管理平台上允许并置容器、虚拟机与逻辑，并进行统一调配、管理……

容器计算显然不会是软件定义计算的最终形态，2015—2016 年期间又出现了两种架构：无主机计算和统一内核。

无主机计算以亚马逊公司的 AWS Lambda 服务为代表，让程序员或云计算/大数据服务的用户不再纠结于底层基础架构，而是专注于业务需求的描述。它有着比容器计算更高的敏捷性，向按需计算又迈进了一步。软件定义计算的演进如图 3-31 所示。

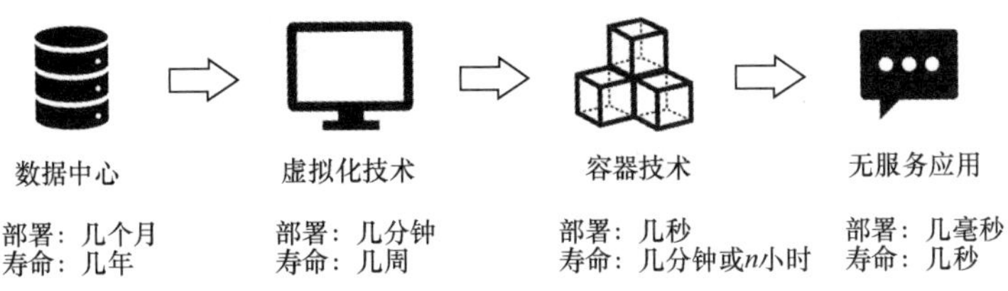

图 3-31　软件定义计算的演进（1970—2020 年）

统一内核则是把已经被容器虚拟化简化的技术栈再进一步精简。图 3-32 展示了从容器到统一内核的精简过程，很显然，统一内核缩减了操作系统内核的足印，也简化了每个容器化应用对底层的依赖关系，由此带来了更快的部署、更高的迁移运行速度。这也解释了为什么 Docker 要在 2016 年年初收购初创公司 Unikernels Systems（开源库操作系统 MirageOS 的开发者）。

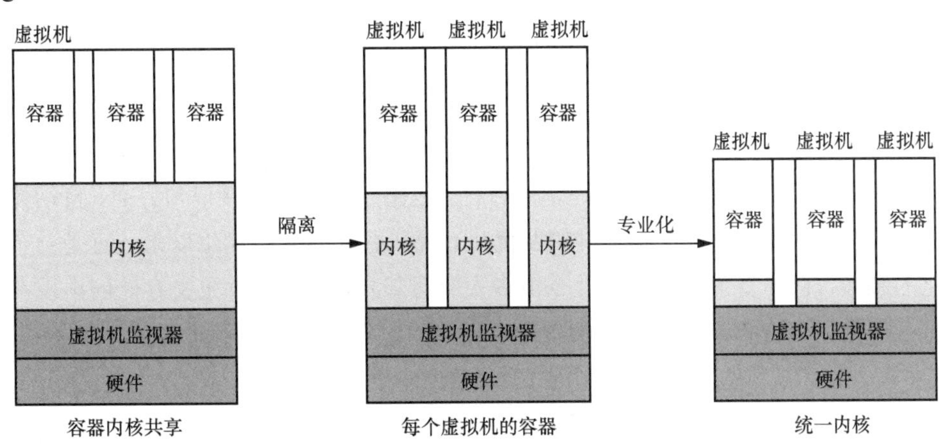

图 3-32　由容器到统一内核的精简过程

至此，我们回顾并展望软件定义计算的发展历程：始终是向着不断追求更高效的系统处理能力、更敏捷的业务需求实现、更高的性价比、更好的用户体验的目标前进，而这也同样适用于人类社会进步的普遍价值追求。此外，利用普世价值的说辞行欺世盗名之实也并非少见，我们看到很多企业、团队、创业者沉迷于拿来主义，不愿意在底层软件开发做任何实际投入，大公司做 KPI 驱动的开源，小公司在开源项目上包层“皮”就可以到资本市场上横冲直撞……当投资人评估一个项目的价值是靠 GitHub 的评价（表现为星星数量）来量化的时候，我们就知道软件定义世界依然是任重而道远的。

3.2.4 软件定义存储

软件定义存储源于 VMware 公司于 2012 年提出的软件定义数据中心。存储作为软件定义数据中心不可或缺的一部分，其以虚拟化为基础，但又不仅限于虚拟化。存储虚拟化一般只能在专门的硬件设备上应用，很多设备都是经过专门的定制才能够进行存储虚拟化。而软件定义存储没有设备限制，可以简单地被理解为存储的管理程序（类似于软件定义计算中虚拟机管理程序 VMM）。

软件定义存储是对现有操作系统和管理软件的一种结合，能够完全满足我们对存储系统的部署、管理、监控、调整等多种要求，可以令我们的存储系统具有敏捷、高可用、跨数据中心支持等特点。

软件定义存储通常具有如下几大特性：

（1）开放性；

（2）简单化；

（3）可扩展性。

软件定义存储开放性主要指两个维度：API 的标准化、对可编程平台的支持。通过标准的开放的 API，任何人都可以基于此来构建数据服务。这一点不仅有利于大企业，对于创业公司而言更加方便，因为它为客户提供一个可以利用的开放式底层的存储平台。开放的 API 必然是用于支撑一套可编程架构，实现一次编程、多次运行、无处不在的数据服务。此二者结合起来可促进开放式开发社区的全局数据和自动化服务的交付。

简单化是所有存储应用与用户追求的目标，包括统一的管理接口与界面、自动化的存储配置与部署，便捷的存储扩展、升级及优化。现代存储系统自诞生以来一直是一个非常专业化的领域，它的复杂性与挑战性令很多人望而却步，但是软件定义存储的出现在逐渐颠覆这一现象，使存储变得更容易被管理、更容易满足客户与应用的需求。

可扩展性指的是存储系统中对同构或异构存储解决方案、服务的可接入性，它在一定程度上与系统的开放性类似，允许对存储系统实施动态的升级、扩展，以及接入第三方存储服务或设备。

作为软件定义存储核心技术，我们先聚焦存储虚拟化，它可以在计算层、网络层和存储层进行实施。

在计算层，虚拟机管理程序为虚拟机分配存储空间，屏蔽了（不暴露）物理存储的复杂性。

在网络层，数据块和文件级别的虚拟化是基于网络的虚拟化技术，这两项技术在网络层中嵌入虚拟化存储资源的智能，我们常见的 NFS/CIFS 协议正是这些存储虚拟化技术在网络层面的体现。事实上从操作系统技术栈角度来看，数据块与文件类型的存储通常是在不同层实现的。以 Linux 为例，文件系统通常在块设备之上实现（每多一层抽象、虚拟化，效率就会降低一点），这也解释了为什么通常基于块设备的解决方案的效率（数据吞吐量）高于基于文件系统的效率。Linux 内核系统调用接口如图 3-33 所示。

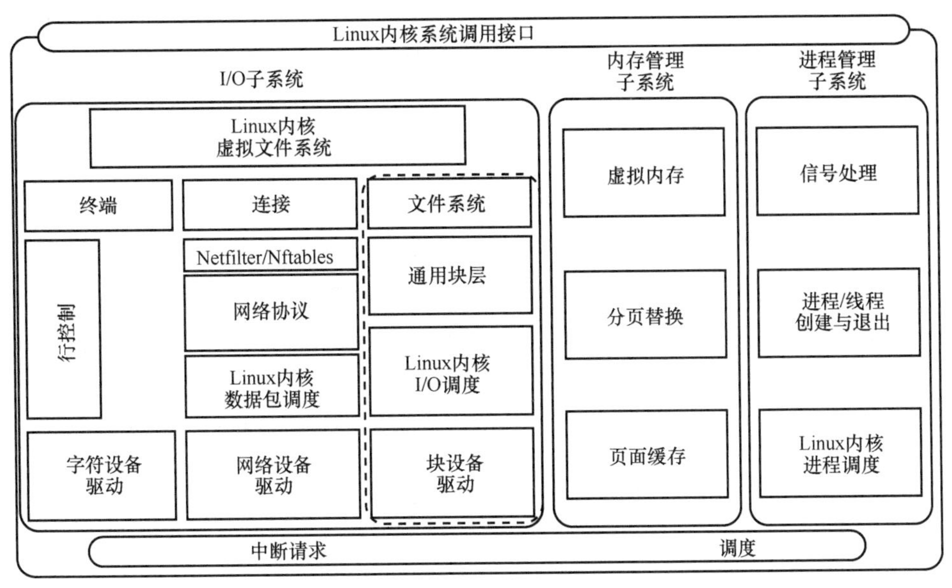

图 3-33　Linux 内核系统调用接口

在存储层，虚拟资源调配和自动存储分层一起简化存储管理，并帮助优化存储基础架构。虚拟化的存储如图 3-34 所示。

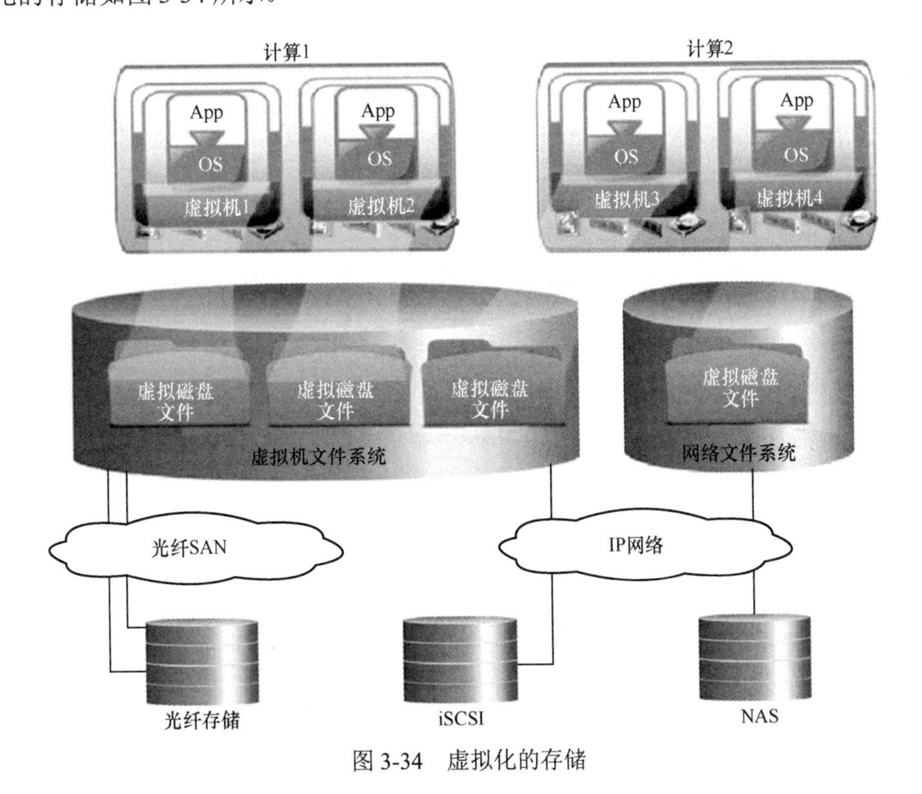

图 3-34　虚拟化的存储

下面，我们以虚拟机为例，详细介绍虚拟化计算、存储与网络是如何整合工作的。虚拟机通常是作为一组文件存储于分配给虚拟机管理程序的存储设备上，其中一个名为“虚拟磁盘文件”的文件表示虚拟机用来存储其数据的虚拟磁盘。虚拟磁盘对于虚拟机而言显示为本地物理磁盘驱动器。虚拟磁盘文件的大小表示分配给虚拟磁盘的存储空间。虚拟机管理程序可以访问光纤通道存储设备或 IP 存储设备，例如互联网 SCSI（Internet SCSI，iSCSI）和网络连接存储设备。虚拟机一直察觉不到可用于虚拟机管理程序的总存储空间和底层存储技术。虚拟机文件可以由虚拟机管理程序的本机文件系统（也被称为虚拟机文件系统）或网络文件系统（如网络连接存储文件系统）来管理。

主流的软件定义存储技术方案通常对数据管理与数据读写进行分离，由统一的管理接口与上层管理软件交互，而在数据交互方面可以兼容各种不同的连接方式，这种方式可以很好地与传统的软硬件环境兼容，从而避免“破坏性”的改造。如何合理利用各级存储资源，在数据中心的级别上提供分层、缓存也是需要特别考虑的，因此，软件定义存储中的控制层通常提供如系统配置、自动化、自服务、管控中心等服务，在数据层则暴露给应用不同类型的存储服务，如对象存储、HDFS、文件或块存储。软件定义存储系统的逻辑组件与分层如图 3-35 所示。

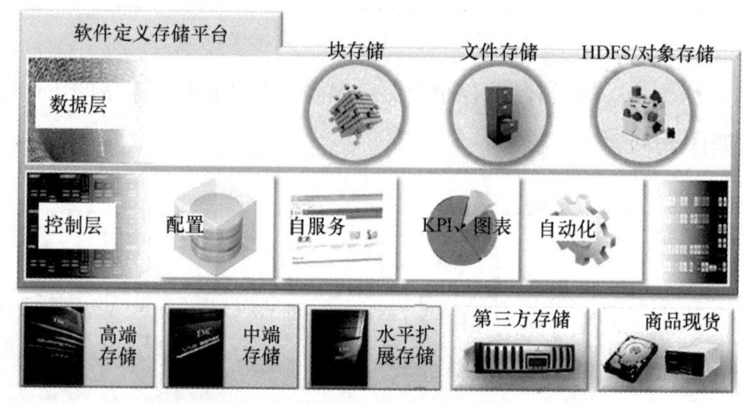

图 3-35　软件定义存储系统的逻辑组件与分层

软件定义存储将抽象的控制层与数据层进行分离，并提供接口给用户。用户可以使用接口定义自己的数据控制策略。为什么要将抽象的控制层与数据层分离，并且提供接口给用户调用？软件定义存储系统的控制层和数据层见表 3-5，其中控制层是指对数据的管理策略。控制层不需要知道数据具体的存储方式，如块、文件或者对象存储，它的时间损耗（时延）级别是毫秒级。数据层则是指具体读写硬件方式，如块、文件或者对象，它的时间时延级别是微秒级。

表 3-5　软件定义存储系统的控制层和数据层

层	时间时延级别	例子	表示
存储控制层	毫秒级	数据服务的策略	数据服务策略
存储数据层	微秒级	Block、NAS、Object I/O	数据服务特性

用户在使用存储时，着重关注数据服务的策略，而这些策略与具体的数据存储方式无关。当今的存储虚拟化产品将控制层和数据层结合，即数据服务的策略紧密依赖于数据存储的方式，事实上，数据存储速度是微秒级，而数据存储控制较慢。实现数据服务策略主要的时间开销在控制层，而传统的存储虚拟化技术不能灵活配置存储控制，因此针对某个服务的变化，响应时间主要是控制开销。再者，用户在存储数据时，必须对数据的控制和存储方式要有足够的了解，这增加了使用存储资源的难度，而且存储资源的可扩展性不高。此外，由于传统的存储虚拟化技术缺少标准的存储数据监控功能，当某个设备出现问题时，用户只能依赖底层的一些存储机制（如日志）进行问题的发现和定位。表 3-6 中描述了存储虚拟化与软件定义存储之间的异同。

表 3-6　存储虚拟化与软件定义存储之间的异同

存储类型	控制平面	数据平面	隔离性要求	时间开销	可扩展性	数据监控	数据安全
存储虚拟化	抽象	抽象	高	高	低	低	低
软件定义存储	抽象	不抽象	低	低	高	高	高

从软件定义数据中心的角度看，软件定义存储形成了一个统一的虚拟存储池，该存储池提供了标准化接口的存储应用服务，例如典型的企业级 Exchange（邮件）、Hadoop（大数据分析）、虚拟桌面基础设施（Virtual Desktop Infrastructure，VDI，如远程桌面、瘦客户端后台）、数据库等存储服务，这些服务的等级、特性、优先级等可以通过软件定义数据中心的 SLA 策略来规范与定制。图 3-36 形象地展示了软件定义存储与软件定义数据中心的逻辑关系。

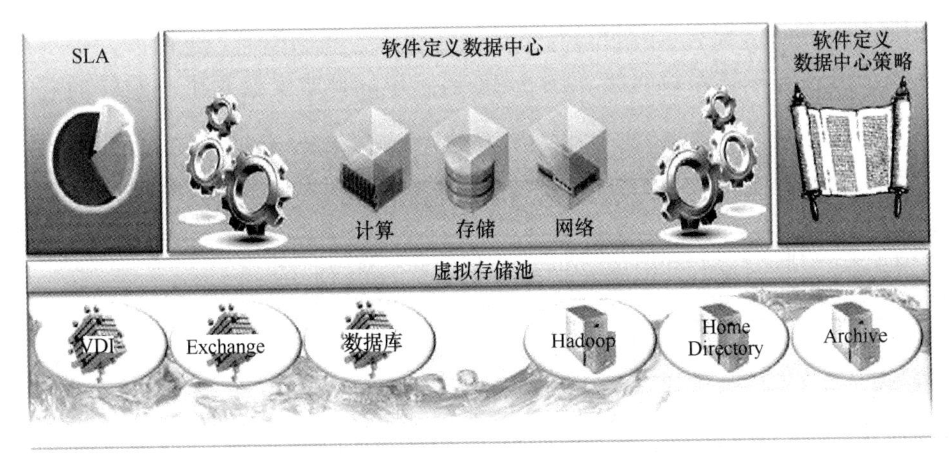

图 3-36　软件定义存储与软件定义数据中心的逻辑关系

换一个角度，我们从技术栈视角来看软件定义存储、网络与计算。结合 OpenStack 平台组件，我们可以把一个软件定义数据中心从功能上自上而下地分为 4 层，如图 3-37 所示。

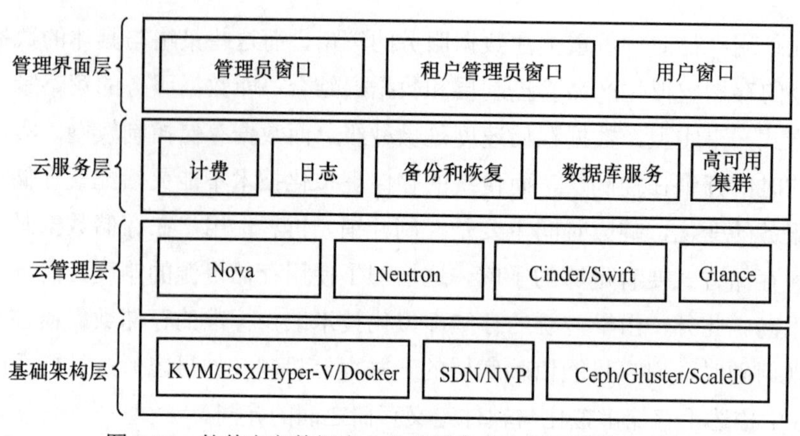

图 3-37　软件定义数据中心从功能上自上而下地分为 4 层

在图 3-37 中，基础架构层由典型的计算虚拟化组件、网络虚拟化以及存储虚拟化构成；云管理层则可被视为对基础架构层的封装、标准化并向上层提供统一可编程与管理接口；云服务层向其上的管理界面层提供标准化服务接口，如计费、日志、数据库服务、数据备份与恢复等服务。

图 3-37 中的软件定义数据中心依旧缺失了另外两个主要的组件：安全、管理与编排。

随着数据中心系统的规模与复杂度呈指数级提高，管理这样一个庞大的系统需要高度的自动化以及与之匹配的安全保障，因此，对硬件与软件的综合管理与编排，以及安全管理变得越来越重要，例如 VMware 公司的 vCenter、微软公司的 System Center、开源 OpenStack 项目都提供了各自的软件定义数据中心管理与编排组件。安全组件则通常会以系统安全分析、入侵预防与报警、漏洞检测、事件流分析等功能组件的形式和管理与编排系统对接。图 3-38 展示了软件定义数据中心组件的逻辑、分层关系。

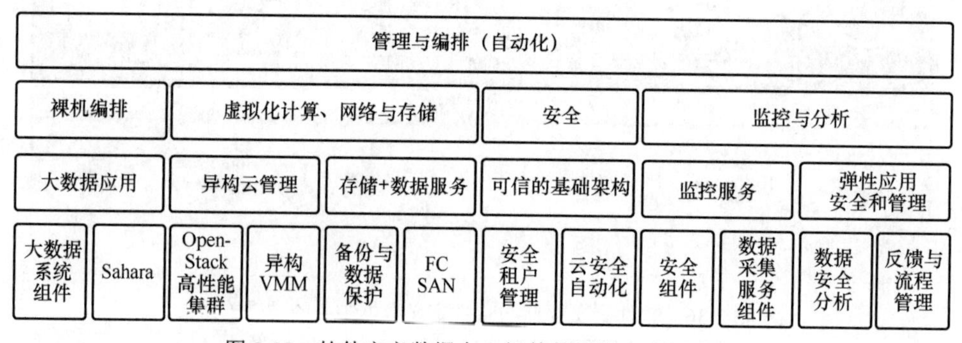

图 3-38　软件定义数据中心组件的逻辑、分层关系

需要指出的是，无论是安全还是管理与编排，它们整体的发展都是朝着大数据、快数据、流数据的方向进行，相关系统的体系架构也一定是朝着分布式、并行式的云计算架构

方向前进，这其中对网络（负责数据的迁移）、计算（负责通过对数据的计算、分析得出信息与智能）以及存储（负责数据最终的存储与管理）具有天然的需求。因此，我们在看待其中任何一个环节、部件或组件的时候，都需要有一个全局观，这样才能避免片面、孤立或过度微观。

企业级存储变革的四大关键技术分别是闪存、软件定义、融合存储和云。闪存与融合存储指的是硬件层面设备的迭代更新，而软件定义与云是通过软件化、虚拟化（抽象化）把硬件接入云化的软件系统架构，以更好地满足用户需求。

几年过去了，我们发现这四大变革技术还在不断向前发展——全闪存、软件定义、超融合、混合云（或上云）。在云计算的三大要素中，存储是最后才被软件定义的，也是最难被定义的，这是由它的底层性决定的。我们常说的十年磨一剑非常适合致力于在存储领域创新、变革的人们。

3.2.5　软件定义网络

数据中心作为 IT 资源的集中地，是数据计算、网络传输、存储的中心，为企业和用户的业务需求提供 IT 支持。网络作为提供数据交换的模块，是数据中心中最为核心的基础设施，并直接关系到数据中心的性能、规模、可扩展性和管理性。随着云计算、物联网、大数据等众多技术和应用的空前发展及智能终端的爆炸式增长，以交换机为代表的传统网络设备为核心的数据中心网络已经很难适应企业和用户对业务和网络快速部署、灵活管理和控制以及开放协作的需求，网络必须能够像用户应用程序一样可以被定制和编程，这也是软件定义网络要做的事。

软件定义网络的出现对 IT 产业乃至科技界的各个方面产生了巨大的影响，甚至在一定程度上重新划分了当今的 IT 生态利益格局。对网络用户，特别是互联网厂商和电信运营商而言，软件定义网络意味着网络的优化和高效的管理，可以用于提高网络的智能性和管控能力，大幅降低网络建设与运维成本，还可以促进网络运营商真正开放底层网络，大大推动互联网业务应用的优化和创新。

一方面，软件定义网络的兴起为产业注入了新的活力，带来了新的需求和增长点。传统厂商可以抓住软件定义网络的机遇扩大市场，增加收入和利润。另一方面，软件定义网络意味着目前网络设备软硬件一体的架构将被打破，软硬件解耦，网络设备只负责数据的转发，这样会让网络设备愈发标准化、低廉化，网络功能将逐渐由软件实现，设备利润转移到软件领域，传统厂商的传统地盘和利益将会受到威胁。在这种背景下，传统厂商对软件定义网络的态度各不相同，有的是处于观望甚至是抵制的态度，有的则是积极探索软件定义网络相关技术和产品，利用自己的地位制订标准，掌握话语权，并准备在合适的时候收购一些初创厂商，继续维护自己的领地。

和软件定义存储一样，在软件定义网络中，首先要实现管理接口与数据读写分离。由软件定义的不仅仅是网络的拓扑结构，还包含层叠的结构。前者可以利用开放的网络管理接口（如 OpenFlow）来完成，后者则可以是基于 VXLAN 的层叠化虚拟网络。

软件定义网络可以用图 3-39 所示的逻辑架构来定义，一个软件定义网络中包含 3 个架构层级。

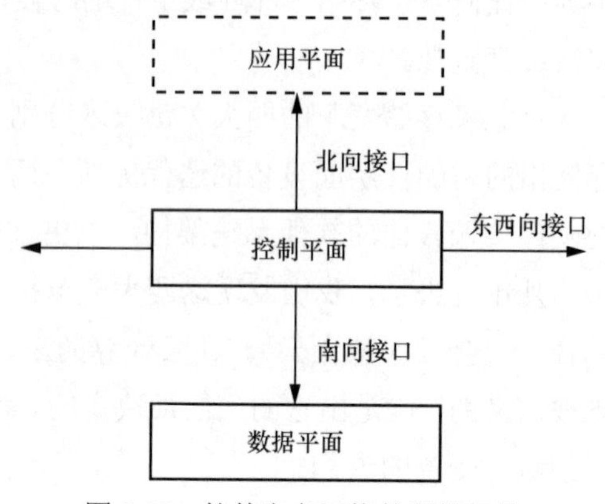

图 3-39　软件定义网络的逻辑架构

（1）数据平面

数据平面主要由网络设备，即支持南向协议的软件定义网络交换机组成。这些交换机可以是物理交换机或者虚拟交换机，它们保留了传统网络设备数据转发的能力，负责基于流表的数据处理、转发和状态收集。在当前软件定义网络方案中，供应商只是把应用和控制器作为单独产品提供，例如，Nicira/VMware 公司将其应用和控制器打包到了一个单独的专属应用堆栈中，思科公司则通过把控制器嵌入互联网操作系统（Internetwork Operating System，IOS）软件的方式把控制器打包到了 OnePK 产品中。

（2）控制平面

控制平面主要包含控制器及网络操作系统，负责处理数据平面资源的编排，维护网络拓扑、状态信息等。控制器是一个平台，该平台向下可以直接使用 OpenFlow 协议或其他南向接口与数据平面会话；向上为应用层软件提供开放接口，用于应用程序检测网络状态、下发控制策略。大多数的软件定义网络控制器提供图形界面，这样可以将整个网络以可视化的效果展示给管理员。

（3）应用平面

顶层的应用平面由众多应用软件构成，这些软件能够根据控制器提供的网络信息执行特定控制算法，并将结果通过控制器转化为流量控制命令，下发到基础设施层的实际设备中。事实上，应用平面是软件定义网络最吸引人的地方，其原因是软件定义网络实现了应用和控制的分离，开发人员可以基于控制器提供的 API 来自定义网络，只需专注于业务的需求，而不需要像传统方式那样从最底层的网络设备开始部署应用。这大大简化了应用开发的过程，而且大部分软件定义网络控制器向上提供的 API 是标准化、统一化的，这使得应用程序不用修改就可以自由在多个网络平台移植。软件定义网络控制器与网络设备之间通过专门的控制面和数据面接口连接，这一系列接口是支持软件定义网络技术实现的关键，我们接下来分别对北向接口、南向接口、东西向接口这三大类接口结构进行简述。

北向接口：是软件定义网络控制器和应用程序、管理系统和协调软件之间的应用编程接口，是通过控制器向上层业务应用开放的接口，使业务应用能够便利地调用底层的网络资源和能力。通过北向接口，网络业务的开发者能以软件编程的形式调用各种网络资源，同时上层的网络资源管理系统可以通过控制器的北向接口全局把控整个网络的资源状态，并对资源进行统一调度。比如OpenStack项目中的Neutron（Quantum）API就是一个典型的北向接口，通过与多种软件定义网络控制器集成对外开放，租户或者应用程序可以利用这组接口来自定义网络、子网、路由、QoS、VLAN等，并且可以通过这些接口查看当前网络的状况。

当前的北向接口并没有完全统一的标准，所用标准更多的是跟平台相关。软件定义网络的相关组织正致力于定义统一规范的北向接口。ONF执行总监Dan Pitt曾经指出，可开发一种标准北向接口，但要通过一定规范来控制其潜在用途，供网络运营商、厂商和开发商使用。

北向接口的设计对软件定义网络的应用有着至关重要的作用，其原因是这些接口是被应用程序直接调用的。应用程序的多样性和复杂性对北向接口的合理性、便捷性和规范性有着直接的要求，这也直接关系到软件定义网络能否获得广泛应用。

南向接口：南向API或协议是工作在最底层（交换ASIC或虚拟机）和中间层（控制器）之间的一组 API 或协议，主要用于通信，允许控制器在硬件上安装控制平面决策，从而控制数据平面，其中包括链路发现、拓扑管理、策略制定、表项下发等。这里的链路发现和拓扑管理主要是控制器利用南向接口的上行通道对底层交换设备上报的信息进行统一监控和统计，策略制定和表项下发则是控制器利用南向接口的下行通道对网络设备进行统一控制。

OpenFlow是最为典型的南向协议。OpenFlow定义了非常全面和系统的标准来控制网络，因而是目前最具发展前景的南向协议，也是获得支持最多的网络协议，甚至有人将OpenFlow认为是软件定义网络。本章将会在后面部分对OpenFlow进行更详细的介绍。

还有其他一些南向通信实现方式正在研究中，比如VXLAN。VXLAN记录了终端服务器或虚拟机的详细框架，并把终端站地图定义为网络。VXLAN的关键假设是交换网络（交换机、路由器）不需要指令程序，而是从软件定义网络控制器中提取。VXLAN 对软件定义网络的定义是通过控制虚拟机，以及用软件定义网络控制器定义基于这些虚拟机通信的域和流量而实现的，并不是对以太网交换机进行编程。

东西向接口：软件定义网络发展过程中面临的一个问题是控制平面的扩展性，也就是多个设备的控制平面之间如何协同工作。这涉及软件定义网络中控制平面的东西向接口的定义问题，如果没有定义东西向接口，那么软件定义网络充其量只是一个数据设备内部的优化技术，不同的软件定义网络设备之间还要还原为IP（路由协议）进行互联，其对网络架构创新的影响力就十分有限。如果能够定义控制平面标准的东西向接口，就可以实现软件定义网络设备“组大网”，使软件定义网络技术走出 IDC 内部和数据设备内部，成为一种能产生革命性影响的网络架构。目前对软件定义网络东西向接口的研究还刚刚起步，IETF 和 ITU 均未涉及这个研究领域。通常软件定义网络控制器通过控制器集群技术（比如 Hazelcast 技术）解决这个问题，控制器集群能提供负载均衡和故障转移，提高控制器的可靠性。

软件定义网络的出现打破了传统网络设备制造商独立且封闭的控制面结构体系，将改变网络设备形态和网络运营商的工作模式，对网络的应用和发展将产生直接影响。从技术层面和应用层面来看，软件定义网络的特点主要体现在以下几个方面。

（1）数据平面与控制平面分离，在控制平面对网络集中控制。通过控制平面功能的集中以及数据平面和控制平面之间的接口规范实现对不同厂商的设备进行统一、灵活、高效的管理和维护。数据平面和控制平面分离且支持集中控制，就是把原来 IP 网络设备上的路由控制平面集中到一个控制器上，网络设备根据控制器下发的控制表项进行转发，自身不具备太多智能性。

（2）网络接口开放。网络开放是软件定义网络技术的本质特征，是目前软件定义网络主要价值的体现。软件定义网络通过北向接口开放给应用程序，应用和业务可以通过调用 API 获取网络的能力，实现业务和网络的精密融合；通过南向接口的开放实现网络控制平面和数据平面的分离，使不同厂商的设备可以兼容；通过对东西向接口的开放实现控制平面的扩展，使多个控制器协同工作，提高控制器的可用性。

（3）实现网络的虚拟化。软件定义网络利用以网络叠加技术为代表的网络封装和隧道协议，让逻辑网络摆脱物理网络隔离，实现物理网络对上层应用的透明化。逻辑网络和物理网络分离后，逻辑网络可以根据业务需要进行配置、迁移，不再受设备具体地理位置的限制。同时，逻辑网络还支持多租户共享，支持租户网络的定制需求。目前，网络虚拟化主要用于数据中心。近年来，数据中心的虚拟网络设备的代表 vSwitch、vRouter、vFirewall 等产品都是在通用服务器虚拟机平台上，通过软件的方式模拟实现传统设备功能，从而实现灵活的设备能力，带来了便捷的部署和管理。网络虚拟化将传输、计算、存储等能力融合，在集中式控制的网络环境下，有效调配网络资源，支持业务目标的实现和用户需求，提供更高的网络效率和良好的用户体验。

（4）支持业务的快速部署，简化业务配置流程。传统网络由于网络和业务割裂，大部分网络的配置是通过命令行或者网络管理员手工配置的。由于本身是一个静态的网络，当遇到需要网络及时做出调整的动态业务时，传统网络就显得非常低效，甚至无法实施。软件定义网络的集中控制和可编程能力使得整个网络可在逻辑上被视为一台设备进行运行和维护，无须对物理设备进行现场物理分散配置；开放的 API 使用户业务可以利用编排工作流实现业务部署和业务调整的自动化实施，这些可以让用户业务的部署和调整摆脱手工分散配置的约束，降低设备配置风险，提高网络部署的敏捷性。

用户个性化定制业务的实现为网络运营商提供了便捷的业务创新平台，软件定义网络的核心是软件定义，其本质是网络对业务的快速灵活响应和快速业务创新。网络虚拟化包括物理网络和虚拟机网络的虚拟化。

物理网络可能包含网络适配器、交换机、路由器、网桥、中继器和集线器，提供运行虚拟机管理程序的物理服务器之间的连接、物理服务器与客户端之间的连接，以及物理服务器与存储系统之间的连接。

虚拟机网络驻留在物理服务器中，包括被称为虚拟交换机的逻辑交换机，其功能与物理交换机类似。虚拟机网络可实现物理服务器中虚拟机之间的通信。例如，某个运行业务应用程序的虚拟机可能需要通过防火墙服务器对其流量进行筛选，而该服务器可能是同一台物理服务器中的另一个虚拟机。通过虚拟机网络对这些虚拟机进行内部连接是非常有益的，而通过物理网络连接它们将增加虚拟机流量的时延，因为流量需要经过外部物理网络。

网络虚拟化如图 3-40 所示。在图 3-40 中，虚拟机管理程序内核连接到虚拟机网络，使用虚拟机网络与管理服务器和存储系统（存储阵列）通信，其中管理服务器可以是在物理服务器中托管的虚拟机。对于驻留在不同物理服务器中的两个虚拟机之间的通信，以及虚拟机与其客户端之间的通信，虚拟机流量必须经过虚拟机网络和物理网络。此外，在虚拟机与物理网络之间传输流量还需要虚拟机管理程序，因此，虚拟机网络必须连接到物理网络。

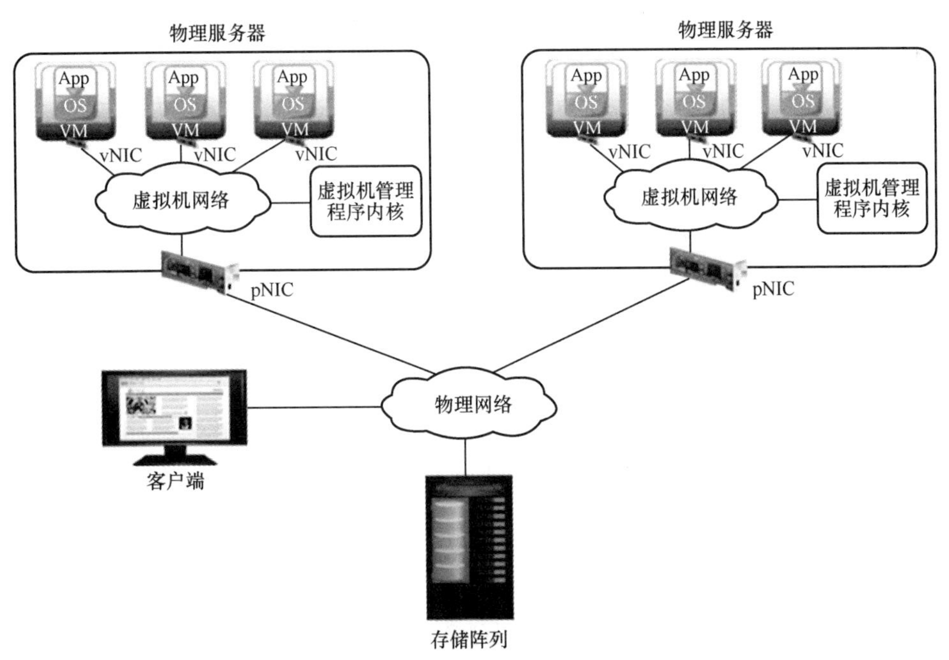

注：pNIC——Physical Network Interface Card，物理网络接口卡；
vNIC——Virtualised Network Interface Card，虚拟网络接口卡。

图 3-40　网络虚拟化

与传统数据中心内的联网类似，虚拟数据中心内的联网也需要使用基本构造组件。虚拟数据中心网络基础架构同时包含虚拟组件和物理组件（见表 3-7），这些组件相互连接以传输网络数据。

表 3-7　虚拟数据中心网络基础架构

组件	描述
虚拟网络接口卡	将虚拟机连接到虚拟机网络，虚拟机网络之间双向传输虚拟机流量
虚拟主机总线适配器	使虚拟机可以访问为其分配的光纤通道原始设备映射磁盘/LUN
虚拟交换机	构成虚拟机网络的以太网交换机，提供与虚拟网络接口卡的连接，并转发虚拟机流量；提供与虚拟机管理程序内核的连接，并定向传输虚拟机管理程序流量：管理、存储、虚拟机迁移
物理适配器：网络接口卡、主机总线适配器、聚合网络适配器	将物理服务器连接到物理网络，物理网络之间双向转发虚拟机流量和虚拟机管理程序流量
物理交换机、路由器	构成支持以太网/光纤通道/iSCSI/FCoE 的物理网络，提供以下连接：物理服务器之间的连接、物理服务器与存储系统之间的连接，以及物理服务器与客户端之间的连接

注：FCoE——Fiber Channel over Ethernet，以太网光纤通道。

网络组件（如虚拟网络接口卡、虚拟主机总线适配器和虚拟交换机）是使用虚拟机管理程序在物理服务器中创建的。虚拟机可以通过虚拟网络接口卡连接到虚拟机网络，它们向/从虚拟机网络发送/接收虚拟机流量。使用虚拟主机总线适配器，虚拟机可以访问为其分配的光纤通道原始设备映射磁盘/LUN。

虚拟交换机用于构成虚拟机网络并支持以太网协议。它们提供与虚拟网络接口卡的连接并转发虚拟机流量。此外，它们还定向与虚拟机管理程序内核之间双向传输管理流量、存储流量和虚拟机迁移流量。

物理适配器（如网络接口卡、主机总线适配器和聚合网络适配器）使物理服务器可以连接到物理网络，它们与物理网络之间双向转发虚拟机流量和虚拟机管理程序流量。

物理网络包含物理交换机和路由器。物理交换机和路由器提供以下连接：物理服务器之间的连接、物理服务器与存储系统之间的连接，以及物理服务器与客户端之间的连接。根据支持的网络技术和协议，这些交换机可定向转发以太网、光纤通道、iSCSI 或 FCoE 的流量。

目前软件定义网络的实现方案中主要有两种。一种方案强调以网络为中心，主要利用标准协议 OpenFlow 来实现对网络设备的控制。这种方案可以被看成是对传统网络设备（交换机、路由器等）的改造和升级。另一种方案以主机为中心，以网络叠加技术来实现网络虚拟化。这种方案的应用场景主要是数据中心。

我们在这里对这两种软件定义网络实现方案分别进行简单描述。

（1）以网络为中心的软件定义网络

以网络为中心的软件定义网络的技术核心是 OpenFlow。OpenFlow 最早由斯坦福大学提出，是一种通信协议，用来提供对网络设备（如交换机和路由器）的数据转发平面进行访问控制。OpenFlow 旨在基于现有的 TCP/IP 技术条件，以创新的网络互联理念解决当前架构在面对新的网络业务和服务时所产生的各种瓶颈。

OpenFlow 的核心思想很简单，就是将原本完全由交换机/路由器控制的数据包转发过程转化为由控制服务器和 OpenFlow 交换机分别完成的独立过程。也就是说，使用 OpenFlow 的网络设备能够分布式部署、集中式管控，使网络具有软件可定义的形态，能够进行定制、快速建立和实现新的功能与特征。

基于 OpenFlow 的软件定义网络架构主要包括基础设施层、控制层和应用层，如图 3-41 所示。基础设施层代表网络的底层转发设备，包含特定的转发面抽象。控制层集中维护网络状态，并通过南向接口（如 OpenFlow）获取底层网络设备信息，同时为应用层中的各种业务应用提供可扩展的北向接口。

网络智能在逻辑上被集中在基于软件方式的软件定义网络控制器中，它维护着网络的全局视图，因此，对于应用来说，网络类似于一个单一的、逻辑上的交换机。利用软件定义网络，企业和运营商能够从一个单一的逻辑节点获得独立于设备供应商的对整个网络的控制，从而大大简化网络设计和操作。由于不再需要理解和处理各种不同的协议标准，只是单纯地接收来自软件定义网络控制器的指令，网络设备自身也能够得到极大的简化。

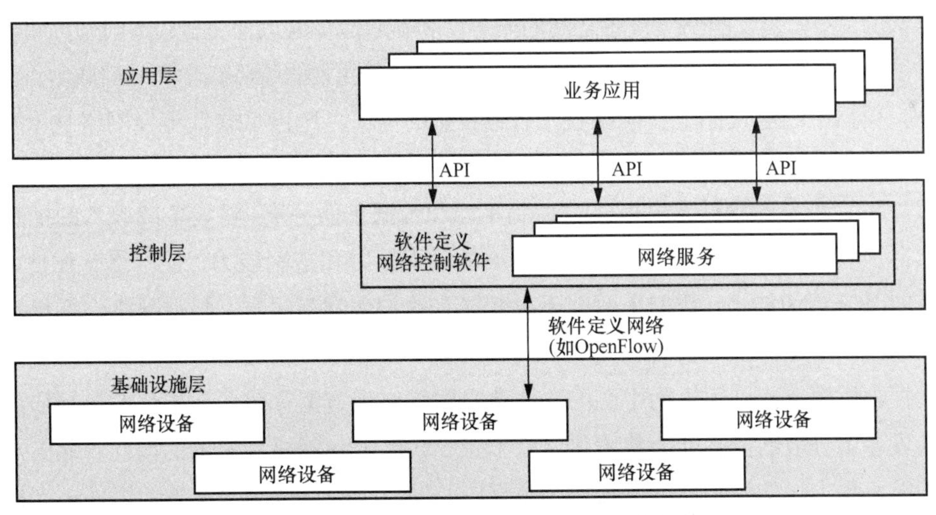

图 3-41　基于 OpenFlow 的软件定义网络架构

网络管理员能够以编程方式自动化配置网络抽象，而不用手动配置数目众多的分散的网络设备。另外，通过利用软件定义网络控制器的集中式智能，IT 部门可以实时改变网络行为，可以在数小时或者数天内部署新的应用和网络服务，而不是像现在一样需要数周或者几个月的时间。通过将网络状态集中到控制层，软件定义网络利用动态和自动的编程方式为网络管理者提供了灵活的配置、管理、保护和优化网络资源的方式，而且管理员可以自己编写这些程序，而不用等待新功能被嵌入供应商的设备和网络的封闭软件环境之中。

除提供对网络的抽象之外，软件定义网络架构还支持通过 API 实现那些通用网络服务，其中包括路由、多播、访问控制、带宽管理、流量规划、QoS、处理器和存储资源优化、能源使用，以及所有形式的策略管理和商业需求定制。例如，软件定义网络架构可以很容易在校园的有线网络和无线网络中定义和实施一致的管理策略。

同样，软件定义网络也使通过智能编排和配置系统来管理整个网络变成了可能。ONF 正在研究如何通过开放 API 促进多供应商管理方式。在这种方式中，用户可以实现资源按需分配、自助服务管理、虚拟网络构建以及安全的云服务。

（2）以主机为中心的软件定义网络

以主机为中心的软件定义网络实现方案是为了满足云计算时代的数据中心对网络服务交付能力的要求而设计的。实际上，在所有的网络环境中，数据中心是最早遭遇到网络束缚的地方。数据中心作为互联网内容和企业 IT 的仓储基地，是信息存储的源头。为了满足日益增长的网络服务需求，特别是互联网业务的爆发式需求，数据中心逐渐向大型化、自动化、虚拟化、多租户等方向发展。传统的网络架构处于静态的运作模式，在网络性能和灵活性等诸多方面遭遇到挑战。数据中心为了适应这种变化只能疲于奔命，不断对物理网络设施升级改造，增加 IT 设施投资来提高服务水平，这使得网络环境更加复杂、更难控制。各种异构的、不同协议的网络设备之间的兼容性和互通性令人望而生畏；不同设置间分散的控制方法让网络的部署更困难，这也给数据中心增加了巨大的经济成本和时间成本。在这种背景下，数据中心对软件定义网络技术有最直接的需求，这也是软件定义网络技术发展的最直接动力。

以主机为中心的软件定义网络将控制平面和数据平面分离，将设备或服务的控制功能从其实际执行中抽离出来，为现有的网络添加编程能力和定制能力，使网络有弹性、易管理且有对外开放的能力。数据平面则不改变现有的物理网络设置，利用网络虚拟化技术实现逻辑网络。

在控制层面上，以主机为中心的软件定义网络实现方案提供了集中化的控制器，使传统交换设备中分散的控制能力集中化。除了完成软件定义网络控制器的南向、北向及东西向的功能，集中化的控制器通常还作为数据中心的一个模块或一个单独的组件，支持和其他多种管理软件的集成（如资源管理、流程管理、安全管理软件等），从而将网络资源更好地整合到整个 IT 运营中。

数据平面主要以网络叠加技术为基础，以网络虚拟化为核心。这种方式不改变现有的网络，但是在服务器 Hypervisor 层面增加一层虚拟的接入交换层来提供虚拟机间快速的二层互通隧道。通过在共享的底层物理网络基础、创建逻辑上彼此隔离的虚拟网络，底层的物理网络对租户透明，使租户感觉自己是在独享物理网络。网络叠加技术将数据中心的网络从二层网络的限制中解放了出来，只要 IP 能到达的地方，虚拟机就能够部署、迁移，网络服务就能够交付。

网络叠加技术指的是一种在网络架构上叠加的虚拟化技术模式，其大体框架是在基础网络不进行大规模修改的条件下，实现应用在网络上的承载，并能与其他网络业务进行分离。其实这种模式是对传统技术的优化而形成的。早期的就有支持 IP 之上的二层 Overlay 技术，如 RFC 3378。基于 Ethernet over GRE[1]的技术，新华三集团（H3C）与思科公司都在物理网络的基础上发展了各自的私有二层 Overlay 技术——以太网虚拟化互联（Ethernet Virtual Interconnection，EVI）与重叠传输虚拟化（Overlay Transport Virtualization，OTV）。EVI 与 OTV 主要用于解决数据中心之间的二层互联与业务扩展问题，并且对承载网络的基本要求是 IP 可达，在部署上简单且扩展方便。

在技术上，网络叠加技术可以解决目前数据中心面临的 3 个主要问题。

（1）虚拟机迁移范围受网络架构限制的问题。网络叠加是一种封装在 IP 报文之上的新的数据格式，因此，这种数据可以通过路由的方式在网络中分发，而路由网络本身并无特殊网络结构限制，具备大规模扩展能力，并且对设备本身无特殊要求，以高性能路由转发为佳。同时，路由网络本身具备很强的故障自愈能力、负载均衡能力。采用网络叠加技术后，企业部署的现有网络便可用于支撑新的云计算业务，改造难度极低（除了性能可能是考量因素外，技术上对承载网络并无新的要求）。

（2）虚拟机规模受网络规格限制的问题。虚拟机数据封装在 IP 数据包中后，对网络只表现为封装后的网络参数，即隧道端点的地址，因此，对于承载网络（特别是接入交换机）而言，MAC 地址规格需求极大降低，最低规格也就是几十个（每个端口一台物理服务器的隧道端点 MAC）。当然，对核心网关处的设备表项（MAC/ARP）要求依然极高，当前的解决方案仍然是采用分散方式，通过多个核心网关设备来分散表项的处理压力。

（3）网络隔离/分离能力限制的问题。针对 VLAN 数量在 4 096 以内的限制，网络叠加技术中引入了类似于 VLAN ID 的用户标识，支持千万级以上的用户标识，并且在 Overlay 中沿袭了云计算“租户”的概念，称之为租户标识，其长度为 24 bit 或 64 bit。

在网络叠加技术领域，IETF 目前主要有以下三大类技术路线，它们的比较见表 3-8。

（1）虚拟扩展局域网 VXLAN。

（2）使用通用路由封装网络虚拟化（Network Virtualization Using Generic Routing Encapsulation，NVGRE）。

（3）无状态传输隧道（Stateless Transport Tunneling，STT）。

以上 3 种二层网络叠加技术的大体思路均是将以太网报文承载到某种隧道层面，差异性在于选择和构造隧道的不同，而底层均是 IP 转发。对于现网设备而言，VXLAN 和 STT

1　GRE：Generic Route Encapsulation，通用路由封装。

对流量均衡要求较低，即负载链路负载分担适应性好，一般的网络设备都能对 L2（第二层）~L4（第四层）的数据内容参数进行链路聚合或等价路由的流量均衡，NVGRE 则需要网络设备对 GRE 扩展头感知并对 flow ID 进行 Hash，并需要硬件升级；STT 对 TCP 有较大修改，隧道模式接近 UDP 性质，隧道构造技术属于革新性的，且复杂度较高。VXLAN 则利用了现有通用的 UDP 传输，成熟性极高。总体比较，VXLAN 技术相对另外两种技术具有一定优势。

表 3-8　IETF 三大类技术路线比较

技术路线	主要支持者（公司）	支持方式	网络虚拟化方式	数据新增包头长度	链路 Hash 能力
VXLAN	思科、VMware、美国思杰（Citrix）、红帽（RedHat）、博通（Broadcom）	L2 over UDP	VXLAN 报头 24 bit VNI	50+ B 原数据	现有网络可进行 L2～L4 Hash
NVGRE	惠普、微软、戴尔、英特尔、Emulex、博通（Broadcom）	L2 over GRE	NVGRE 报头 24 bit VSI	42+ B 原数据	GRE 头的 Hash，需要网络升级
STT	VMware（Nicira）	L2oTCP（无状态 TCP，即 L2 在类似TCP的传输层）	STT 报头 64 bit Context ID	58~76 B 原数据	现有网络可进行 L2～L4 Hash

软件定义网络将网络的边缘从硬件交换机推进到了服务器里面，将服务器和虚拟机的所有部署、管理的职能从原来的系统管理员+网络管理员的模式变成了纯系统管理员的模式，让服务器的业务部署变得简单，不再依赖于形态和功能各异的硬件交换机，一切归软件控制，从而实现自动化部署。这就是网络虚拟化在数据中心中最大的价值所在，也是大家明知商品现货服务器的性能远远比不上专用硬件交换机，但还是使用网络虚拟化技术的根本原因。甚至可以说软件定义网络概念的提出，在很大程度上是为了解决数据中心里面虚拟机部署复杂的问题。云计算是软件定义网络发展的第一推动力，而软件定义网络为网络虚拟化、软件定义和云计算提供了强有力的自动化手段。

网络叠加技术作为软件定义网络在数据平面的实现手段，解决了虚拟机迁移范围受网络架构限制、虚拟机规模受网络规格限制、网络隔离/分离能力限制等问题。同时，各种支持网络叠加的协议、技术正不断演进，VXLAN 作为一种典型的叠加协议，最具有代表性，而且 Linux 内核 3.7 已经加入了对 VXLAN 协议的支持。另外，除了本小节介绍的 VXLAN、NVGRE、STT，一个由 IETF 提交的网络虚拟化叠加（NVo3[1]）草案也在讨论之中；各大硬件厂商都在积极参与标准的制定，研发支持网络叠加协议的网络产品，这些都在推动着软件定义网络技术的进步。

1　NVo3：Network Virtualization over Layer 3，三层网络虚拟化。NVo3 主要面向数据中心网络虚拟化的场景。

3.2.6　资源管理、高可用与自动化

当服务器、存储和网络已经被抽象成虚拟机（含容器）、虚拟存储对象（块设备、文件系统、对象存储）、虚拟网络时，这些虚拟化资源从数量和表现形式上都与硬件有了明显的区别。这个时候，数据中心至多可以被称为“软件抽象”的数据中心，但还不是软件定义的数据中心。因为各种资源现在还无法建立起有效的联系，要统一管理虚拟化之后的资源，不仅仅是将状态信息汇总、显示在同一个界面，更需要能够进一步用一套统一的接口集中管理这些资源。例如 VMware 公司的 vCenter 和 vCloud Director 系列产品或 Amazon AWS 的 Management Console 能够让用户对其数据中心或云计算基础架构中的计算、存储、网络等资源进行集中管理，并能提供访问权限控制、数据备份、高可靠性等额外功能的支持。

软件定义数据中心中所有资源作为一个整体，根据用户的服务请求来提供可靠、安全、灵活、弹性以及自助控制（自动化）的管理。表 3-9 中列出了软件定义数据中心资源管理评价指标与实现策略。

表 3-9　软件定义数据中心资源管理评价指标与实现策略

指标	说明	标准	策略
可靠性	数据中心的基础设施不会中断服务，包括硬件的正确性、性能等。数据中心的数据访问要保证正确性、可用性（完整性）	服务的连续性（基本不中断）、响应时间（符合 SLA）、服务完成的结果（正确）、支持多租户	高可用群集、快照和恢复、多租户
安全性	数据中心的基础设施要保证服务的隔离性，不会受到攻击的影响；数据不发生泄露、错误、丢失等	基础设施访问控制强，数据存取访问控制强，且不泄露	架构安全、安全保护、数据隐私保护
灵活性	数据中心的基础设施根据服务的要求灵活调整，并且调度好数据的迁移、存取、备份等	基础设施可以动态分配和协调，数据具有良好的迁移、存储、备份能力	精简配置、在线迁移、负载均衡
弹性	数据中心的基础设施可以动态扩展，并且根据服务的需求，对数据可以进行海量存储和计算	基础设施可动态扩展，数据可海量存储和计算	海量数据的存储与计算、实时扩展性
自动化	数据中心的基础设施可以自动接入并管理，控制与数据管理分离，可自动化定制数据计算和保护策略，而数据的存储可以跨平台	硬件资源自动接入，卸载和监控，数据计算、保护、存储透明	监控、审计、资源感知

我们在这里简要论述一下表 3-9 中列出的部分资源管理策略。

（1）资源感知。当某个物理设备接入软件定义数据中心时，它需要被数据中心感知，资源感知采用的是物理资源服务器与设备驱动交互的方式。某个物理资源的加载或者卸载分为以下几步：①设备驱动将指令、设备信息以及策略信息通过高速消息总线传给资源服

务器；②资源服务器检查指令（加载/卸载），并将设备信息以及策略信息添加或删除；③资源服务器定期轮询设备的资源使用情况，并提供API供上层对自己进行调用。

（2）监控。监控包括资源监控、安全监控、性能监控及数据监控。资源监控是指对所管理的硬件资源进行监控，其中包括计算、网络、存储等。监控的内容几乎包含了服务所关心的重要流程：消息管理、访问管理、分配管理、用户管理、业务管理、故障管理等。不同的软件定义数据中心所采用的方法和模块工具不尽相同，以OpenStack为例，资源管理监控模块为Horizon。Horizon是一个基于Web接口的监控模块，它连接了计算管理模块Nova、存储管理模块Cinder、网络模块Quantum，以及访问控制模块KeyStone，提供了API供用户监控资源时使用。这样客户可以基于这些API对资源进行监控。

（3）审计。审计是在资源监控的基础上，对资源和数据的使用状况及其状态进行汇总和记录，并产生报表，以供用户日后进行故障排除，以及动态性能调整时使用。常见的审计对象为数据信息和数据中心架构。数据信息的审计方法有：① 数据的有效性，数据产生的类型和质量及其产生的数据流依赖关系；② 数据风险，根据数据管理的函数或结构类型，对数据的操作进行分析；③ 数据访问及重用，对数据访问进行记录，并分析可重用数据。数据中心架构的审计方法有：① 系统日志，记录系统运行日志；② 环境配置，记录环境配置信息；③ 访问控制，对用户登录和资源的使用进行访问控制。

（4）高可用集群。高可用集群的主要目标是防止服务器设备出现故障（如网络、存储连接断开），在数据中心里增加一个备用节点，当主用节点突然出现故障，可使用备用节点保证数据服务的连续性。在正常服务处理客户请求时，仅有一台服务器处于激活状态。高可用集群的实现方法可以不同，例如，根据存储设备共享方式的不同，可以分为以下3种。

① 使用镜像存储的集群。在集群中创建镜像存储，每个节点不仅在其对应的存储上执行写操作，还在其他节点的镜像存储上执行写操作。

② 不共享的集群，在任意时刻，仅有一个节点拥有存储。当前节点出现故障时，另一个节点开始使用存储，典型的例子包括IBM HACMP（High Availability Cluster Multiprocessing，高可用集群多处理）以及微软集群服务器（Microsoft Cluster Server，MSCS）。

③ 共享存储。所有的节点访问相同的存储，建立锁机制来保护竞争条件以防止数据损坏，典型的例子包括IBM Mainframe Sysplex Techology和Oracle Real Application Cluster。

（5）快照和恢复。软件定义数据中心利用虚拟化的资源提供服务，而快照信息可以帮助记录节点的状态。当节点发生故障时，工作人员可以利用先前保存的快照，选择回退点来恢复到之前的正确状态。保存快照的对象既可以是计算节点，也可以是网络设备或存储节点。由于在软件定义数据中心所有的对象都是虚拟对象，因此大部分的对象快照可以是虚拟机快照（计算虚拟机、存储虚拟机、网络设备虚拟机）。软件定义数据中心可以设定快照的间隔时间，连续保存快照，以当发生错误时，选择合适的快照进行恢复。常见的虚拟机平台 Xen、KVM、VMware 都有快照功能。而选择合适的回退点是一个较难的问题，选择的回退点不能离故障点太远，又要能保证恢复后状态正确。

（6）安全保护与数据隐私保护。计算节点的安全保护包括系统安全和软件安全，进一步又分为漏洞攻击防御和恶意代码阻止；网络安全包括网络协议安全性，如安全套接字层（Secure Socket Layer，SSL）密钥保护、网络包重放攻击防御、拒绝服务攻击防御等。在软件定义网络中，控制节点定义的规则及策略的完整性保护是一个新问题；存储安全包括存储系统的安全、连接安全以及数据安全。在软件定义数据中心中，用户的数据都被存储在云端，如何保证用户数据的隐私也是一个重要问题。越来越多的厂商开始关注这个问题，然而目前还没有一个全面的解决办法，已有的方法包括数字水印、数据模糊（加噪声）、数据加密等。

（7）负载均衡。目前常见的负载均衡策略有 3 种：①循环轮替域名系统（Domain Name System，DNS），令同一个域名对应不同的 IP，在客户端实现 IP 轮换，当访问某个 DNS 时，选择排在第一位的 IP 进行访问；②软件负载平衡，如 Apache/Nginx、Linux 虚拟服务器（Linux Virtual Server，LVS）等；③弹性负载平衡，其特点是可实现跨区域的负载平衡（例如，美国的东西海岸、中国的北方/南方）。

（8）精简配置。精简配置主要用于软件定义数据中心的存储资源分配，利用虚拟化、容器等技术，对用户服务所需要的存储物理资源进行分配，提供刚好满足用户服务所需的存储资源，而实际分配的资源等于用户服务实际使用的资源。例如提供给用户服务 150 GB 的存储，而用户当前实际使用了 10 GB，那么精简配置会按用户实际的使用情况来真实地分配资源。精简配置的优势是按需动态分配资源，可以最大化利用存储资源。特别是当软件定义数据中心集中管理存储资源时，精简配置可以帮助管理者有效管理有限的资源且提供良好的资源扩展性。目前一些虚拟化平台（如 VMware 公司的 vsphere）已经提供了相关的技术实现。

（9）在线迁移。在线迁移主要用于软件定义数据中心的计算资源和存储资源。在线迁移的对象包括虚拟机和存储的数据，一般出于性能或安全性考虑，例如负载均衡、灾备等。在线迁移已经被一些常见的虚拟化平台使用，包括 VMware 公司的 vMotion、KVM 公司的 Live Migration。在线迁移有两种技术：前复制和后复制。前复制技术的原理是将虚拟机或者数据当前的快照全部从源端复制到目的端，再利用写时拷贝（Copy-On-Write，COW）技术将更新的数据复制到目的端。后复制技术的原理是将虚拟机或者数据主要部分（保证服务正常运行）先从源端复制到目的端，在目的端使用数据时，向源端索要未传递的数据。前复制的优势是速度较快，但在一开始快照传输时对服务暂停操作时间较长；而后复制的优势是一开始主要数据传输对服务暂停操作时间较短，但整体速度较慢，因为后续使用数据时要向源端索要缺失的数据。

比资源管理更贴近最终用户的是一系列的服务，正如软件定义数据中心分层模型（见图 3-25）所示，这些服务可以是普通的邮件服务、文件服务、数据库服务，也可以是针对大数据分析的Hadoop集群等服务。对于配置这些服务来说，软件定义数据中心的独特优势是自动化。例如VMware公司的vCAC（vCloud Automation Center）就可以按照管理员预先设定的步骤，自动部署任何传统服务，如从数据库到文件服务器。绝大多数的部署细节是预先定义的，管理员只需要调整几个参数就能完成配置。即使有个别特殊服务，例如用户自己开发的服务，管理员没有事先定义的部署流程，也可以通过图形化的工具编辑工作流程，并且在以后反复使用。

从底层硬件到提供服务给用户，资源经过了分割（虚拟化）、重组（资源池）、再分配（服务）的过程，看似增加了许多额外的层次，但从这个角度看，软件定义不是免费的，但层次化的设计有利于各种技术并行发展和协同工作，这与网络协议的发展非常类似。TCP/IP协议簇正是因为清晰地定义了各协议层次的职责和互相的接口，才能够使参与的各方协同发展。研究以太网的专家可以关注提高传输速度和链路状态的维护，研究IP层的专家则可以只关心与IP路由相关的问题，让专家去解决各自领域内的专业问题，这无疑是效率最高的。

软件定义数据中心的每一个层次涉及许多关键技术。有些技术由来已久，但是被重新定义和发展，例如软件定义计算、统一的资源管理、安全计算和高可靠等；有些技术则是全新的，并仍在迅速发展，例如软件定义存储、软件定义网络、自动化的流程控制。这些技术是软件定义数据中心赖以运转的关键，也是软件定义数据中心的核心优势。

高可用性指的是一个系统在约定的时间段内能够为用户提供的服务满足或超过约定的服务级别，如访问接入、任务调度、任务执行、结果反馈、状态查询等。而服务级别通常表述为系统不可用的时间低于某个阈值。如果任何一个关键环节出错或停止响应，则称目前系统状态为不可用。人们通常将系统处于不可用状态的时间称为停机时间（死机时间）。

可用性的量化衡量：可用性通常表述为系统可用时间占衡量时间段的百分比，通常可以采用一年或一个月作为衡量时间段，具体选择取决于服务合约、计量收费等实际需求。表3-10中给出了不同的可用性指标。由表3-10可见，宣称达到11个9的系统每年的死机时间降低到0.3 ms，殊为惊人。业界通常将5个9以上的系统称为零死机时间系统——颇具讽刺意味的是，某公有云厂商动辄鼓吹自己的系统和服务达到11个9的可用性，但是一根光纤断了、一个服务接口的故障就可以导致整个机房下线数天。不知道这种可用性是怎么计算出来的。

表3-10　不同的可用性指标

可用性	一年内的停机时间	一个月内的停机时间	一天内的停机时间
90%	36.5 d	72 h	16.8 h
95%	18.25 d	36 h	8.4 h
99%（2个9）	3.65 d	7.2 h	1.68 h

续表

可用性	一年内的停机时间	一个月内的停机时间	一天内的停机时间
99.9%（3 个 9）	8.76 h	43.8 min	10.1 min
99.99%（4 个 9）	52.6 min	4.3 min	1.0 min
99.999%（5 个 9）	5.26 min	25.9 s	6.05 s
99.9999%（6 个 9）	31.5 s	2.59 s	0.605 s
……	……	……	……
99.999999999%	0.3 ms	25 μs	小于 1 μs

零死机时间系统设计意味着一个系统的平均失效间隔时间大大超过了系统的维护周期（死机时间）。在这样的系统中，平均失效间隔时间是通过合理的建模与模拟执行计算得到的。零死机时间系统通常需要大规模的组件冗余，在软件、硬件、工程领域屡见不鲜。例如，我们熟知的 GPS 通常使用 5 颗及以上数量的卫星来实现定位、时间与系统冗余，还有悬索桥的多根竖索就是典型的高冗余设计。

高可用系统通常致力于最小化两个指标：系统死机时间与数据丢失。高可用系统至少需要保证在单个节点失效/死机的情况下，能够保持足够短的死机时间和最少量的数据丢失；同时在下一个可能的单节点失效出现之前，利用热备节点修复集群，将系统恢复到高可用状态。

单点失效（单点瓶颈），即系统中任何一个独立的硬件或软件出现问题，会导致不可控的系统死机或者数据丢失。高可用系统一个关键的职责就是要避免出现单点失效。为此，系统中的所有组件要保证足够的冗余率，包括存储、网络、服务器、电源供应、应用程序等。在更复杂的情况下，系统可能会出现多点失效，即系统中出现超过两个节点同时失效（失效时间段重叠，且互相独立）。很多高可用系统在这种情况下无法幸存；当问题出现的时候，通常避免数据丢失具有更高的优先级，这是相对于系统死机时间而言的。

为了达到 99%甚至更高的可用性，高可用系统需要一个快速的错误检测机制，以及保证相对很短的恢复时间。当然尽量长的平均失效间隔时间对保证高可用性来说也是至关重要的。简言之，尽量减少出错的次数，出错后快速检测，检测到后尽快修复。

最常见的高可用集群是两节点的集群，包括主节点与冗余节点各一个，也就是 100%的冗余率，这也是集群构建的最小规模。主节点与冗余节点可以采用单活机制，也可以采用双活机制，具体取决于应用程序的特性与性能需求。也有其他很多的集群采用了多节点的设计，有时规模达到几十甚至上百个节点；多节点的集群设计起来相对复杂。常见的高可用集群配置大致有以下几种。

（1）单活：冗余节点平时处于备用状态，并不对外提供服务。一旦主节点发生故障，冗余节点在最短的时间内上线并接管余下的任务。这种配置需要较高的设备冗余率，通常见于两节点集群。常见的备用方式有热备和冷备两种。以 Hadoop 系统的 NameNode 为例，它采用的就是典型的单活策略——两个 NameNode，主节点处于活跃状态，备用节点处于热备状态。

（2）双活或多活：负载被复制或分发到所有的节点上；所有的节点都是活跃节点（或主节点）。对于完全复制的模式来说需要的节点相对较少，当运行结果出现不一致时，可以采用多数投票生出原则。任何一个节点的失效都不会引起性能下降。此种模式也兼顾了负载均衡的考虑，当某个节点失效时，任务会被重新分配到其他活跃节点上。节点失效可能会带来一定的系统性能损失，具体比例则取决于死机节点的数量，但不会引起全部节点死机。以存储系统为例，EMC 公司的 VPLEX 与 NetApp MetroCluster 都实现的是双活或多活高可用性。VPLEX 甚至支持 3 种不同模式：数据中心内的跨存储设备、跨数据中心同步以及跨数据中心异步的双活/多活、高可用与数据移动。

（3）单节点冗余（N+1）：类似于单活机制，提供一个处于备用状态的冗余节点。不同的是，主节点可能有多个；一旦某个主节点发生故障，冗余节点马上上线替换。这种模式多用于某些服务本来就需要多实例运行的用户系统。前面的单活模式实际上是这种模式的一种特例。

（4）多节点冗余（N+M）：作为对单节点冗余机制的一种扩展，提供多个处于备用状态的冗余节点。这种模式适用于包含多种（多实例运行的）服务的用户系统。具体的冗余节点数取决于成本与系统可用性的权衡。

理论上还有其他一些设计模式，例如双活或多活与单/多节点冗余的结合，这种模式主要是基于冗余率与性能保障的双重考虑。然而正如前文提到过的，增加冗余组件以及采用更复杂的系统设计，对整体系统的可用性来说未必是个好消息，某些时候负面效应甚至是主导的，因此在设计高可靠性系统时，还是要多遵循简单性原则。

在软件定义的云计算中心中，计算、网络、存储的实现都演化为面向服务（一切即服务）的模型。各个模块的集中控制器向外提供 API，使模块具备了可编程能力，而且控制器使各个模块具备了中央控制的功能，让自动化的工作流能够集中部署、集中控制。此外，随着各个模块控制器的控制接口向开放性、灵活性和标准化方向发展，自动化工作流也会朝着标准化方向发展，使工作流能够实现跨平台、跨厂商使用。以软件定义存储解决方案 Ceph 与 ViPR/CoprHD 为例，这两者都是以标准化的方式允许第三方存储系统接入，从而为用户提供一个统一的软件定义存储管理平台。

通过对数据中心的硬件、软件和流程协调与组合，数据中心建立自定义的工作流程，跨越多个模块帮助自动完成 IT 系统管理流程，提高 IT 运营水平。数据中心的自动化消除了绝大多数手工操作流程，帮助 IT 操作和 IT 服务管理队伍提供从设计到运行与维护的服务。数据中心的自动化运维如图 3-42 所示。

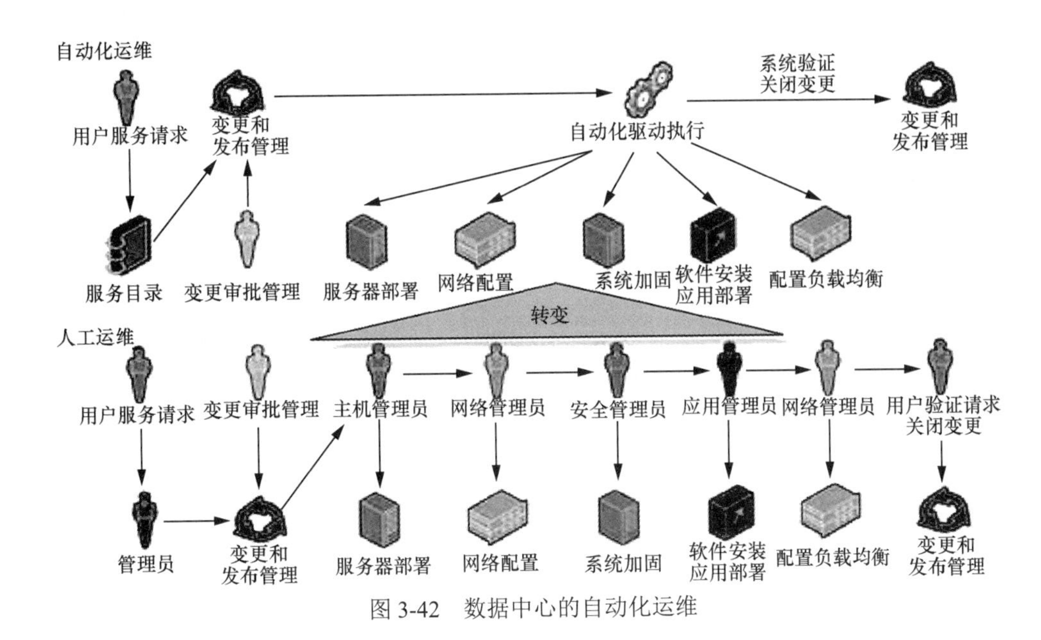

图 3-42　数据中心的自动化运维

数据中心的自动化（工作流）可以实现跨多模块、多服务的部署和实施，在当前的数据中心中，可以对计算、网络、存储、安全、管理与编排等方面实施自动化。

（1）软件安装：集中管理服务器操作系统和安装脚本，批量安装多种操作系统，包括 Windows、Linux、Solaris、AIX、ESX 等。可实现跨越操作系统的统一服务器管理，为物理、虚拟和公共云基础设施提供统一的支持，其中包括裸机安装、应用程序部署和系统配置的即开即用能力。借助软件打包和操作系统安装管理功能，IT 团队能够实现服务部署任务标准化，并提高一致性，缩短供给周期。

（2）补丁管理：集中管理服务器补丁，对当前的补丁列表进行分析，提供需安装的补丁建议，并批量下发补丁。

（3）配置自动化：一般具有变更检测和配置合规检查的功能。用户可以创建配置基线，利用它对服务器进行比较。配置基线是管理员规定的适用于特定环境的正确配置与设置信息。一台服务器可以有多个配置基线。用户指定配置基线之后，可以利用这个配置基线来比较服务器之间的区别，并查看比较结果。比较结果将给出每台服务器所安装的组件以及两个服务器之间的区别。

（4）系统配置与拓扑发现：在各种操作系统批量地、自动化地进行参数调整，例如，网络策略配置可自动地批量下发路由表和防火墙策略。数据中心自动化可实现自动发现和采集网络设备的配置，比如设备类型、设备型号、硬件信息、操作系统版本、Startup Config、Running Config、VLAN 等，以及跟踪它们的变化。

（5）操作审计：自动记录所有对网络设备执行的变更，并提供回退机制。

（6）自动巡检：可自动收集各种软硬件信息并生成报表，包括服务器的制造商/型号、BIOS、板卡、存储、操作系统版本、软件列表、补丁列表、安全设置、网络设备的型号、模块、版本、启动配置、运行配置等。

（7）虚拟机、容器操作：可以自动化虚拟机的创建、配置、删除、迁移等。

（8）巡检和合规检查：可通过内置的合规性检查策略，针对全面内网安全（Comprehensive Intranet Security，CIS）、防御信息系统机构（Defense Information System Agency，DISA）、非独立组网（NSA），对系统、设备等进行自动化的合规检查，并给出检查报告。同时用户也可以定义自己的合规策略。

通过数据中心自动化的技术，我们把管理物理基础架构与应用程序这些烦琐的工作以分层的方式封装到 IaaS 与 PaaS 系统中，从而能够专注于创新和为企业提供价值。

在本章的最后，我们来回顾一下云计算与大数据时代 IT 体系架构的主要趋势、主要特点及核心组件。

（1）主要趋势

软件定义数据中心、基于服务的架构（SoA）。

（2）主要特点

① 自动化（流程与资源管理）。

② 高可用性。

③ 弹性+敏捷性。

④ 精细化管理（监控、计费、多租户支持等）。

（3）核心组件

软件定义数据中心的分层服务架构与核心组件如图 3-43 所示，具体核心组件如下。

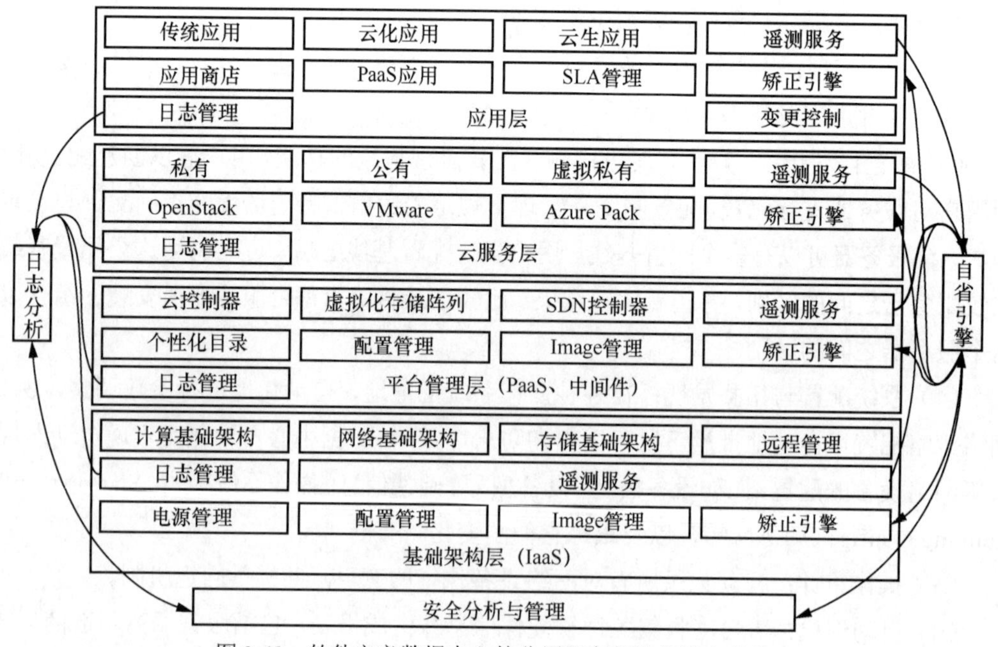

图 3-43 软件定义数据中心的分层服务架构与核心组件

① 软件定义计算。

② 软件定义存储。

③ 软件定义网络。

④ 软件定义数据中心安全。

⑤ 软件定义数据中心管理与编排。

上述这 5 个核心组件与图 3-43（以及图 3-38）中所示的技术栈各层存在着如下对应关系。

① IaaS：接入计算、存储、网络硬件设备，并经过虚拟化、抽象化把软件、可编程接口向上提供。

② PaaS（平台管理层+云服务层）：对上层（应用、用户）提供各种弹性服务接口；对下层（基础设施）实施自动部署与运维。

③ 应用层：调用底层提供的服务、编程接口，面向各级管理员与用户的管理中心（Control Center、Management Console）。

在后续的章节中，我们会就如何构建可扩展的、服务驱动的大数据与云平台展开论述。

第4章 云计算与大数据进阶

在进入本章正题之前，让我们先回顾一下云计算与大数据系统的基本设计原则，总结起来有如下几条。

（1）基础架构：更多采用商品现货硬件（如 PC 架构），而很少使用定制化高端（如小型主机）硬件。

（2）扩展性：追求动态扩展、横向扩展，而非静态扩展、垂直扩展。需要指出的是，系统扩展性不能是以牺牲性能为前提的，如我们在前一章中讨论过的，横向扩展的系统在简单、浅层查询的高并发场景中有优势，但是在复杂、深层查询的场景中，垂直扩展的系统更具优势，因此，系统扩展过程中通常是纵向扩展与横向扩展兼而有之的。

（3）可用性：追求弹性而非零故障（取决于商品现货硬件）。

（4）高性能：通过分解与分布而非压迫来实现。

（5）可用性：更多地关注平均故障恢复时间而非平均故障间隔时间，这一点是使用了商品现货硬件后做出的改变。

（6）容量规划：相对于第二平台架构设计中的最差情形规划（即导致大量资源被浪费的最大负载规划），第三平台（云计算与大数据）的规划精细度要高得多，多采用细颗粒度。

（7）期望失败：可以容忍部分系统组件的失败，以此来换取整个系统的持续在线。微服务架构与面向灾难（失败或死机）的系统架构、服务与测试设计框架可以说都是在期望失败思路的指导下诞生的。

基于这些基本设计原则，我们来逐一分析可扩展系统构建、开源开发与商业模式，以及从服务驱动的体系架构到微服务架构这 3 个方面。

4.1 可扩展系统构建

构建可扩展系统的目的是实现可扩展的应用与服务。我们首先了解一下可扩展应用与服务的九大误区。

① 完全依赖本地资源：数据没有实现云（网络）存储。

② 服务采用强依赖性：服务的强依赖性指的是 B 服务依赖于 A 服务，而 A 服务下线后将直接导致 B 服务的下线。在第三平台的架构设计中，我们应把 B 服务设计为当 A 服务不可用时，采用其他渠道继续提供服务，例如从内容分发服务（Content Delivery Network，CDN）或缓存区中保存的数据继续提供服务，以此来提高用户体验，同时在后台通知 DevOps 团队修复故障服务。

③ CDN 无用论：CDN 的最大价值在于降低服务器和网络的压力，以及提升用户体验。除非自建 CDN，否则利用现有 CDN 服务提供商网络不失为上策（规模经济效应）。

④ 缓存无用论：缓存是提供系统整体效能加速的一把双刃剑，好的设计原则会让系统事半功倍，坏的设计原则可能让用户总是得到过期的数据。在后文中我们会介绍正确使用缓存的方法。

⑤ 纵向扩展而非横向扩展：纵向扩展的最大问题是如果系统是单机系统，就会出现因系统升级或硬件故障而下线。此外，还有一个问题是基于纵向扩展设计的系统的瓶颈性显而易见，因此纵向扩展的扩展性能甚为堪忧。但是，这并不说明纵向扩展不再有价值，实际上，在真正的商业环境中，很多高可用系统的架构都采用主从热备份、多机互为热备份、分布式共识等架构，它们往往比单纯的横向扩展系统有更为简捷的架构逻辑，更易于维护，性价比也更高，甚至有更高的系统算力——是的，你没有看错，很多所谓的“水平分布式系统”的算力都非常糟糕。其中最核心的逻辑在于，在一个实例的 CPU 并发能力都没有得到充分利用的前提下就贸然地堆叠更多的实例，并不能获得更高的并发算力，因为多实例间的网络通信会让系统性能呈指数级下降。构建分布式系统的第一原则就是：先纵向扩展，再横向扩展。这个和先学会走再学习跑是一个道理。纵向扩展与横向扩展之间的关系并非是从 0 到 1 的关系，它们之间还有 0.5、0.25、0.75。打个具体的比方，单机系统可以升级为多机热备份系统，多机热备份可以升级为分布式共识系统，分布式共识系统再继续扩展为多级分布式共识系统，直至在可行的条件下拓展为大规模水平分布式系统。而在真正的商业环境下，大规模水平分布式系统不但极为少见，而且系统效率往往并不高。在全球范围内，只有在极为特殊的情境下，大规模水平分布式系统才能物尽其用。换而言之，为了追求“水平”分布式而部署水平分布式是盲目且没有价值的行为。

⑥ 单点失效是可以容忍的：可扩展系统构建中应避免任何可能出现的单点故障。从

存储、网络、计算的 IaaS 层一直到应用层，应当尽可能全部实现高可用性。

⑦ 无状态与解耦合无关紧要：无状态是架构与服务解耦的先决条件。典型的有状态服务是传统的数据库服务，每一笔交易会有多次操作，前后之间存在状态依赖性，以实现数据的一致性。而无状态服务没有这种强一致性和依赖性要求，因而可以更容易实现分布式处理和并行处理。无状态+解耦合是微服务架构的核心理念——构建云计算或大数据服务的主要原则。

⑧ 只要关系数据库：与这个观点相对应的一个极端是 RDBMS 彻底无用论。此二者都是非此即彼，尤其在大数据时代，RDBMS 独立难支，但是没有 RDBMS 也是有失偏颇的。除了少数非常专一的应用与服务只需要某种单一数据库——例如键值数据库 NoSQL，多数系统需要两种或多种数据库来丰富数据处理能力。

⑨ 数据复制无用论：这个误区呼应第一个误区。可扩展应用及基础架构中解决的最核心的问题是数据的高可用性和可扩展性，这两者主要是通过数据复制来实现的，例如数据库系统中的读复制以及分片处理技术。

要衡量一个系统的可扩展性，通常可以从以下 5 个维度来进行。

① 负载：负载可扩展性是衡量分布式系统能力最主要的指标，它主要关注系统随着负载增/减的可伸缩性（弹性）。在第一、第二平台时代，分布式系统的主要方式是纵向扩展；在第三平台时代，分布式系统的主要方式是横向扩展。

② 功能：系统实现并提供新功能的代价与便捷性。

③ 跨区域：系统支持广泛区域用户与负载的能力。例如，从一个区域的数据中心延展到另一个或多个区域的数据中心，以更好就近支持本地负载的这种能力。

④ 管理：系统管理的安全性与便捷性，以及支持新客户的能力。例如，对多租户环境的支持，如何在同一物理架构上实现良好的数据安全性与一致性支持等。

⑤ 异构：异构可扩展性主要是指对不同硬件配置的支持性，其中包括系统硬件升级、对不同供应商硬件的无缝继承等。

如果从数学（算法）角度来衡量可扩展系统，那么我们通常采用的是时间复杂度。如果一个系统对资源（计算、网络、存储等）的需求与输入（服务的节点、用户数等）的关系符合 $O(\lg N)$，则我们认为该系统具有可扩展性；反之如果是 $O(N^2)$或更高阶的关系，则该系统不具有可扩展性。

在网络领域（如路由协议），当路由器节点增加时，路由列表长度（内存资源）与路由节点之间的关系是 $O(\lg N)$，即随着路由节点的增加，路由列表增长趋缓（增长曲线趋平），则该路由协议具有可扩展性。

以点对点文件分享网络（服务）的发展为例，最早的内容分享系统 Napster 的设计架构是一台中央索引服务器，该服务器负责收集每个加入节点的可分享文件列表，这样的设计导致系统存在单一故障点，也容易被黑客攻击或招来法律诉讼。有鉴于 Napster 的法律诉讼败诉，随后出现的 Gnutella 解决了 Napster 的单点失效问题，推出了纯分布式点对点文件分享服务。在早期阶段，Gnutella 的在线文件查询设计采用泛洪查询模式，即一个节点发出的文件搜索请求会分发给网络内其他所有节点，从而导致在整个网络规模超过一定规模后多数查询会因超时而失败（这种扩展性改革虽然避免了单点失效，但系统效率被降低了）。后来 Gnutella 采用了分布式哈希表，它的设计原则是网络中每个节点只需要与另外的 lg$N$ 个节点互动来生成分布式哈希表中的键值，因此系统可扩展到容纳数以百万计的节点的这种方案才解决了文件查询可扩展性的问题。当然，在纯分布式 P2P 系统中，分布式哈希表所面临的问题是查询关键字只支持完全匹配，不支持模糊匹配、模式查询。这一问题在混合式 P2P 系统中得到了解决，例如 Skype 音视频服务系统采用的是两级用户架构——超级节点+普通节点，其中超级节点负责建立查询索引与普通节点间路由，普通节点则是用户终端。图 4-1 展示的是 Skype 的混合 P2P 架构。混合 P2P 架构在实践中既解决了可扩展性不足（存在单点失效）的问题，也解决了纯分布式系统的信息索引与查询困难的问题。

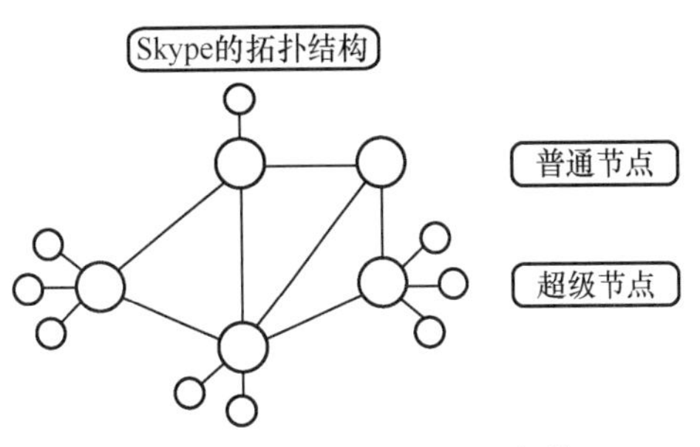

图 4-1 Skype 的混合 P2P 架构

一套完整的云应用/服务架构通常可以被分为负载均衡层、应用服务层、缓存服务层、数据库服务层以及云存储层。云应用/服务的 5 层架构如图 4-2 所示。

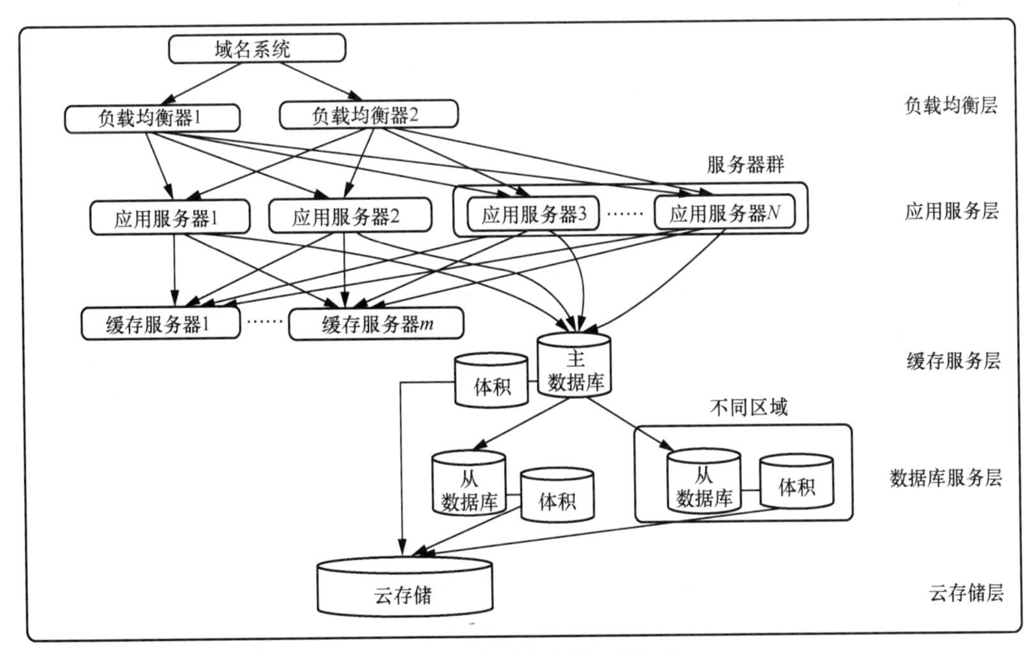

图 4-2 云应用/服务的 5 层架构

下面我们主要介绍负载均衡层、应用服务层和缓存服务层。

（1）负载均衡层

负载均衡层是5层架构中最先面对用户的，也是相对容易实现的。通常为了避免单点失效，至少设置两台负载均衡服务器（通常在两台物理主机之上，以避免单机硬件故障导致的单点失效）。整个扩展设置过程通常可以完全自动化，例如通过DNS API来配置新增或删除负载均衡节点。常见的负载均衡解决方案有HAProxy和Nginx，它们通常可以支持跨云平台的负载均衡，即服务器及其他层跨云。当然这种架构的设计与实现复杂度会急剧增高，云爆发就是典型的跨云基础架构模式。智能的负载均衡层能做到根据应用服务器层的健康状态和负载状态动态引流，以确保系统真正实现均衡的负载。

云服务提供商通常会提供现成的负载均衡服务，例如AWS的ELB、RackSpace的CLB，还有VMware vCloud Air Gateway Services，它们都提供强大的负载均衡服务。

（2）应用服务层

负载均衡层之下就是应用服务层，它负责处理负载均衡层转发的用户请求，并返回相应的数据集。通常数据集分为静态数据与动态数据，前者大抵可以被保留在缓存服务层，以降低应用服务器及数据库服务器的负载（见图4-2），并加快客户端获得返回数据的速度；后者通常需要数据库服务层的配合来动态生成所需数据集。本层的扩展经常通过对现有服务器的负载进行监控（主要是CPU，其次为内存、网络、存储空间），并根据需要进行横向扩展（即水平扩展）或纵向扩展（即垂直扩展）来实现。横向扩展通常是上线同构的服务器（物理机或虚拟机），以降低现有服务器或服务器集群负载；纵向扩展则对CPU、内存、网络、存储空间等进行升级。横向扩展通常不需要系统下线，但是纵向扩展要求被升级的主机（可能是虚拟机或容器）重启。

应用服务层涉及应用服务逻辑，因而当多台服务器协同工作时，还需要确保它们之上所运行服务的一致性。DevOps通常作为PaaS层一部分任务或数据中心的管理与编排组件，实现一致化的应用升级和部署。

（3）缓存服务层

缓存服务层既可能存在于应用服务器层与数据库服务器层之间，也可能在应用服务器层之上，前者可以被用来降低数据库服务器的重复计算量与网络负载，后者则被用来降低应用服务器负载与网络带宽消耗。缓存技术的应用范围极广，从Web服务器到中间件再到数据库都大量使用缓存，以降低不必要的重复计算，进而提高系统的综合性能。

缓存服务层的扩展性实现在避免出现单点失效的基础之上，单个节点的缓存服务器/应用服务器共享节点的方式在生产环境中都是不可取的，主要问题是如何实现多缓存节点间的负载均衡。常见的分布式简单缓存实现是Memcached（全球较为繁忙的20个网站中有18个使用了Memcached），多台Memcached服务器间形成了一张哈希表，当有新的缓存节点加入或旧的节点被删除（或下线）时，现有节点并不需要全部进行大规模改动来生成新的哈希表（这种方法被称作一致性哈希算法）。对于哈希表中数据的替换与更新，Memcached 采用的是生存时间值（Time to Live，TTL）与最近最少使用（Least Recently Used，LRU）模式。对于更复杂的高扩展性缓存系统的设计来说，属于 NoSQL 类的 CouchBase 数据库提供了更为健全的企业级缓存功能的实现方式，例如数据常存、自动负载均衡、多租户支持等。

4.1.1　可扩展数据库

数据库服务层是云应用/服务的 5 层架构中的第 4 层，也是最复杂的一层。有人认为可扩展存储系统更为复杂，我们以为这取决于业务应用模式。对于存在复杂交易处理类型的应用而言，其数据库服务层实现面临的挑战难度显然更高；而对于单纯的海量数据简单事件处理型应用而言，数据库服务层甚至不需要存在，而云存储层的实现更为复杂。

数据库扩展大体有纵向扩展、主仆读代理模式、主–主模式、分区模式和分布式共识模式 5 类解决方案。

（1）纵向扩展

纵向扩展除了通过升级硬件配置让数据库系统的吞吐量更高外，还在软件层面上优化表结构，例如合理使用索引，避免多表间关联查询（如多表 join）。此类方法被看作第二平台应用的典型扩展模式。在第三平台云应用中，这种做法显然不能实现足够高的可扩展性。

（2）主仆读代理模式

数据库服务层的横向扩展方法有多种，其中最基础（简洁）的是主–仆模式，如图 4-3 所示。主–仆模式通常由一个 Master（主）节点负责读写操作，而由一个或多个 Slave（仆）节点负责只读操作。这样的设计相当于数据的读性能得到了数倍提高，而写性能因 Master 节点的负载相对下降而得到了相应提高。我们知道大多数数据库系统读操作的数量远远超过写操作（如更改、删除、添加）的数量，因此读操作的加快能有效解决这类系统的效能瓶颈。

主–仆数据库设计的一个要点是只有单一节点执行写操作，这样的设计可以避免出现多点写数据所造成的数据同步/复制的复杂性。当然，Master 节点依然需要负责把更新的数据集同步/复制到所有的只读节点上去，因此，在 Master–Slave 节点间通常要求高带宽、低时延，以避免出现数据复制不够及时所造成的数据读写不一致。

通常，在主–仆数据库架构中我们需要加入负载均衡组件，确保应用服务层能充分利用 Slave 节点提升读操作效率。需要指出的是，这一层的负载均衡操作通常被执行在 TCP/UDP 层，并且多为定制数据库操作通信协议，而非应用服务层之上的负载均衡层的标准 HTTP(S)。

（3）主–主模式

前面的主–仆模式解决了系统读操作可扩展问题，那么有没有可以解决写操作可扩展性的方法呢？答案是确切的——有，但是复杂度会高很多。回顾之前的章节中我们讨论过的 CAP 理论，强一致性的数据库系统（ACID 系统）强调 CAP 中的数据一致性，而多节点同时支持并发读写操作极易造成节点间出现数据非一致性，因此，这类系统最大的挑战是如何保证各节点间所采用的架构能实现数据一致性。

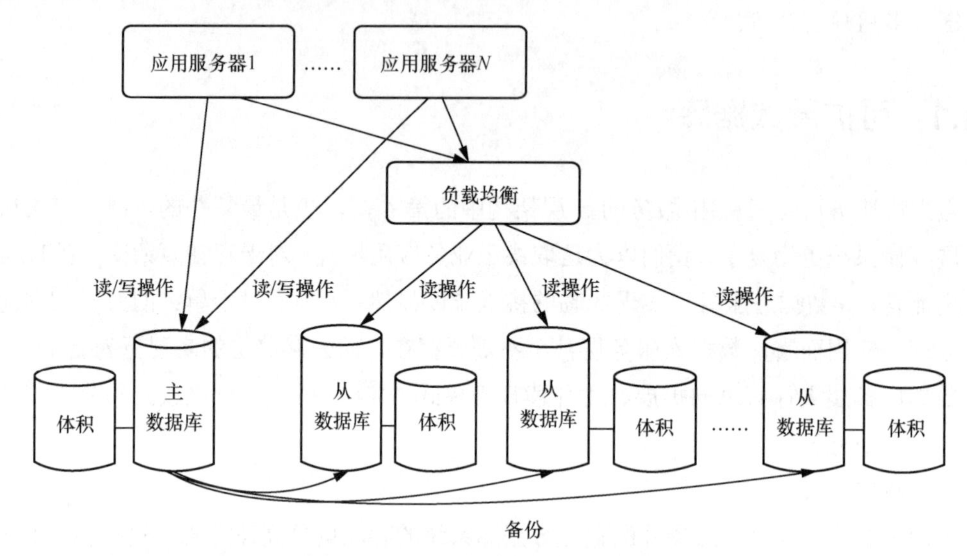

图 4-3　数据库横向扩展之主–仆模式

以图 4-4 为例，MySQL 数据库支持多个 Master 节点模式，它们之间的数据同步方式是环状复制。在 3 个数据库服务器集群中，第一集群的 Master 节点向第二集群的对应节点（Slave）同步数据，第二集群的该节点再以 Master 节点的身份向第三集群的 Slave 节点同步数据，第三集群的该节点再向第一集群的同一节点同步数据。这样设计的目的是避免发生时序冲突，主要是因为当两个或更多的节点同时向另外一个节点发送更新数据集，且数据集存在交集时，极易造成最终的数据不一致。

避免在多 Master 节点数据库系统中发生数据一致性冲突的解决方法有以下 4 种。

① 彻底避免多节点写操作（这样又回到了主–仆模式）。

② 在应用服务层逻辑上严格区分不同 Master 节点的写入区域，确保它们之间无交集（如不出现同时间内更改同一行数据的操作）。

③ 保证不同 Master 节点在不重叠的时间段内对同一区域进行操作。

④ 同步复制，所有节点会同时进行写操作，且当所有节点完成后，整个操作才会返回。这种模式显然对网络带宽的要求极高，并且为了满足数据的一致性而牺牲了可用性。

以图 4-5 所示的分布式数据库为例，我们可以按表 4-1 设计数据库 CS 中的表，以确保位于旧金山、纽约和达拉斯的 Master 节点可以同时完成写操作，并且不会出现冲突。

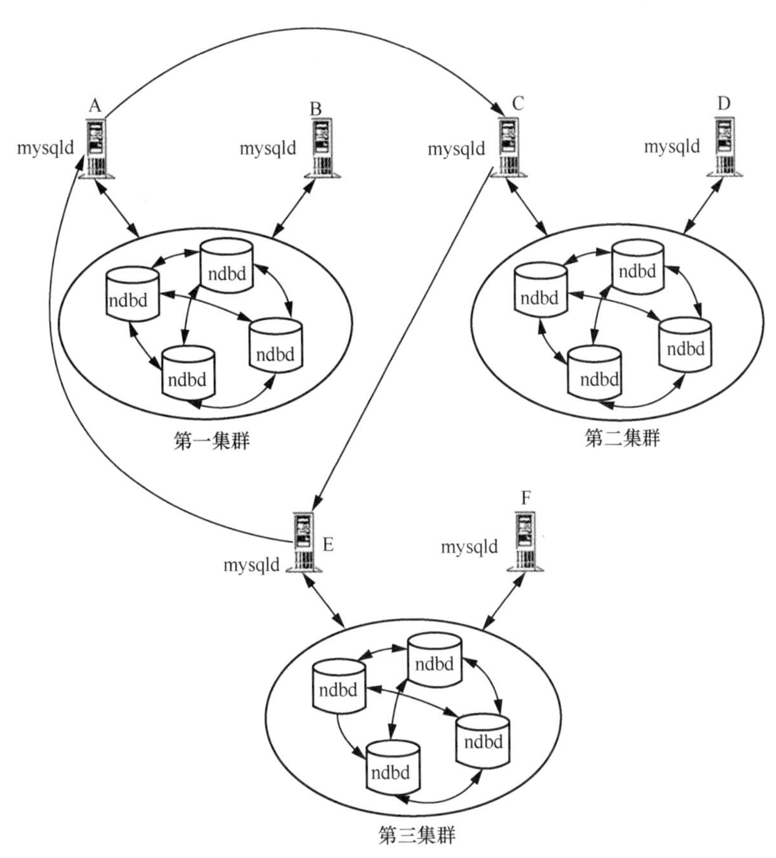

图 4-4　环状复制的数据同步方式

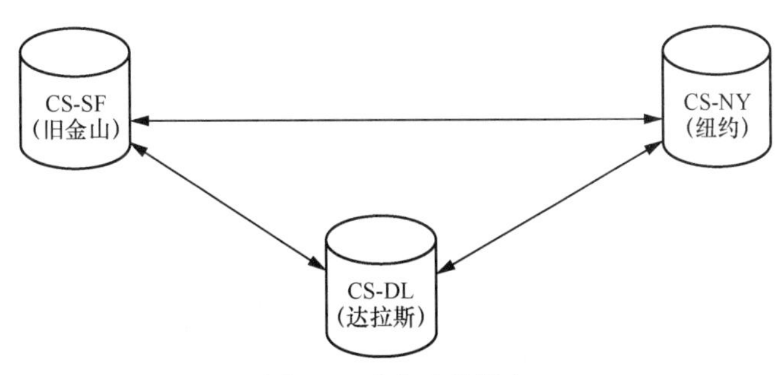

图 4-5　分布式数据库

表 4-1　3 个 Master 节点避免写入区域重叠的设计方法

参数	起始 ID（如主键）	步长	可能值
旧金山 Master 节点	1	10	1、11、21、31、41……
纽约 Master 节点	2	10	2、12、22、32……
达拉斯 Master 节点	3	10	3、13、23、33……

（4）分区模式

数据库分区通常有两种模式：水平分区和垂直分区。

水平分区常被称作分表，是谷歌公司的工程师最早在 BigTable 项目中使用的技术。简单而言，分表的主旨就是按照一定的规则把一张表中的行水平切分放置到多个表中，而这些新表被水平地放置到不同的物理节点上，以此实现提高 I/O 速率的目标。

垂直分区则是按照列来切分一张表，分区后的每张表通常列数较少。值得指出的是，垂直分区有些类似于数据库正则化操作，但不同的是，即便是已经正则化的表依然可以在其上进行垂直分区，以实现横向扩展来提高系统综合性能。因此，我们通常也把垂直分区叫作行分操作。

数据库分区一般遵循简单的逻辑规则，其总结如下。

① 范围分区

范围分区比较容易理解。例如电商数据库中按照商品的销售价格范围来分区：0～<10 元，10～<25 元，25～<50 元，50～<100 元，100～<250 元，250～<500 元，500～<1 000 元，1 000 元以上。原表可以以商品价格为 key 被分成 8 张表。

② 列表分区

列表分区非常简便。例如在微信数据库后台，如果按照注册用户所在省或直辖市信息（该数据既可以通过注册信息来提取，也可以通过对注册 IP 地址的自动分析来获取）分表，可以分成北京、上海、广东等几十张表。

③ 哈希分区

哈希分区通常对某个表中的主键进行哈希（或取余）运算后再对表进行分区，参考图 4-6 展示的 3 张表——用户、群聊信息与照片相册都采用了哈希运算，被水平分为 *n* 张表。图 4-6 展示的第 4 张表事件则采用的是典型的范围分区方式。

④ 组合分区

组合分区是以上 3 种方法组合而成的复合分表方法。

图 4-6 展示了垂直分区与水平分区如何协同工作。应用服务器访问的数据库 Single 先被垂直分区，每个表形成了一个独立的数据库逻辑节点，每个节点之上又可以通过水平分区继续形成多个细分逻辑节点。这样二层（甚至更多层）分区可以对数据库层系统实现充分的水平扩展，以获取更高的系统并发性能。

分区之后，数据库系统的物理与逻辑构造会因高度分布性而变得复杂，但是从 SQL 及编程访问 API 的角度来看，并没有（也不应该）发生任何变化，这就保证了系统在内核经过分区操作后的向后兼容性。在实现方法上，应用服务层所看到的数据库依然可以是一个完整的数据库及表，但是这只是逻辑上的完整，数据库系统内核要负责实现对分区节点的并发访问。

分区的实现方法较之前的主-仆模式或主-主模式具有一个明显的优势，那就是不同层之间交互的复杂度大大降低。在主-仆/主-主模式中，应用服务层通常需要有明确的逻辑判断来确保写与读面向哪个节点，而分区实现方法则对应用服务层逻辑可以完全透明。

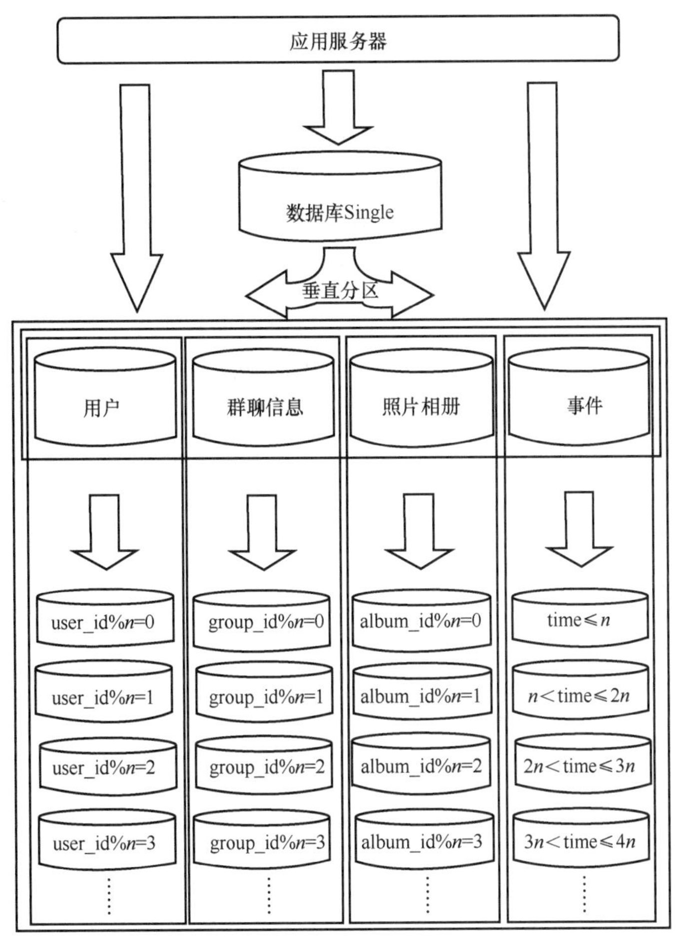

图 4-6　组合分区

（5）分布式共识模式

我们在前文中提到了即便在最简单的主备系统架构中也可能会出现系统内无法保证一致性的问题，这是因为任何分布式系统在本质上都是由“异步分布式”造成的。所有的操作（如网络传输、数据处理、发送回执、信息同步、程序启动或重启等）都需要时间来完成，因此，任何交易、任何事物处理，即便在一个实例内都是异步的，而多实例之间的这种异步性会被放大很多倍。分布式系统设计中非常重要的一个原则就是：与异步性共存，不要追求完美的一致性，但是，可以假设整个系统在大部分的时间内是可以正常工作的，即便部分进程或网络出现问题，整个系统依然可以对外提供服务。

分布式共识系统中最核心的部分是分布式共识算法，它被用来保证即使在分布式系统中出现了各种各样的问题，整体服务也依然可以保持在线。分布式共识算法的核心特性有：合法有效、达成一致、快速终止。

合法有效指的是进程间指令信息的传播需要基于合理有效的数据，且能让有效的进程集合达成一致，并且这个最终形成共识进而终止同步的过程的时耗需要合理且较短。例如，这个过程在高性能分布式系统中的时耗是毫秒级，但在较大规模跨地域的分布式共识系统中，时耗可能会是秒级甚至需要人工介入的分钟级。

达成一致=形成共识，类似于多个进程间的民主选举，一旦它们形成了共识，任何参与了选举的进程都不再允许对结果产生异议或按照与结果不符的方式或内容执行任务——这种情况就是分布式系统无法解决的“两军通信问题”“拜占庭将军问题”。

在图 4-7 中展示了多任务间形成共识的过程，这一过程与我们日常生活中的行为并无本质上的不同。A、B、C、D 这 4 个人在一起讨论晚上去哪里，一开始 A 提议去看电影，得到了 B 的认同，但是 C 很快提出了去吃饭，D 赞同 C 的提议，随后 B 改口赞同 C 的提议，最终 A 也改为同意 C 的提议。此时，这 4 人达成了晚上去吃饭的共识。这就是多任务形成共识最简单的样子。实际的分布式算法中还会引入例如角色、阶段、如何终止共识等问题，我们会在后文中逐一介绍。

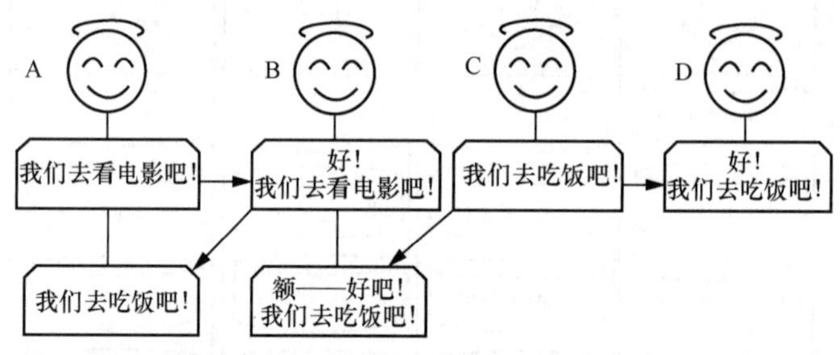

图 4-7　多任务间形成共识的过程

形成共识的过程需要有明确的终止算法，否则就会出现悬而不决、无限等待的问题。例如当某个实例（进程）下线后，剩余进程如果无限等待其重新上线，抑或是图 4-7 中的 4 个人层出不穷地提出新方案，那么会导致各方永远无法达成共识。共识算法需要考虑这些因素，并规避其发生。本质上，无论是用何种跨进程的集群内通信方式，算法需要尽可能简洁，让共识的达成（进而终止）代价越低越好。

那么，分布式共识系统应该采用何种通信手段呢？前文中我们提到过网络系统的 3 种通信方式（中心化=广播式、去中心化=分层区域广播或多播式，以及点对点分布式），对于小型分布式系统而言，最简单和最直接的方式是广播式，但是这其中存在很多细节，因为广播发起者与信息接收者之间的互动逻辑决定了这个交互过程是属于“尽人事听天命”类型的单向一次性传送模式，还是更为可靠的交互模式。要理解这个过程，就需要我们考虑一种可能发生的情况，即如果提议者 A 在给 B、C 发出请求后下线，并没有向 D 发送请求，那么广播算法中就需要考虑加上 B、C 可以分别向 D 继续广播的逻辑。从通信的复杂度角度看，这样的实现就是一种可靠广播模式，在有 N 个实例的分布式系统中，其复杂度为 $O(N^2)$。显然，这样的泛洪通信模式对于大型的分布式系统是不合时宜的，但是它已经具备了通过冗余通信实现系统完整性、一致性的特征。

下面，我们分析如何在分布式共识通信的过程中保证消息的有序性，即至少需要实现两个特征：多消息的事务性（原子型和不可分割性）、序列性保持。一种比较简单的原子型广播算法是分布式键值（Key Value，KV）项目 Apache ZooKeeper 中的 ZAB 协议，它把 ZooKeeper 集群内的所有进程分为领导者和跟随者两个角色；3 种状态：跟随、领导或选举。它的通信协议分为 4 个阶段：启动选举阶段、发现阶段、同步阶段、广播阶段。

在启动选举阶段，某个进程在选举状态中开始执行启动选举算法，以找到集群内的某个进程，并通过投票使其成为领导者。在发现阶段，进程检查选票并判断是否要成为两个角色之一，被选举为潜在领导者的进程被称作意向领导，之后该进程会通过与其他跟随进程通信来发现最新的被接受的事务执行顺序。

在同步阶段，发现过程被终止，跟随进程会通过意向领导更新的历史记录。如果跟随进程自身的历史略后于意向领导的历史，那么它会向意向领导进程发送确认信息。当意向领导得到了主体选举人的确认后，它会发送确认信息。从此刻开始，意向领导成为确认领导。

在广播阶段，如果没有新的死机类问题发生，那么集群会一直保持在该阶段。在此阶段，不会出现两个领导进程，当前领导进程会允许新的跟随者加入，并接受事务广播信息的同步。

ZAB 的阶段 1 到阶段 3 都采用异步的方式，并通过定期的跟随进程与领导进程间的心跳信息来探测是否出现故障。如果领导进程在预设定的过期时间内没有收到心跳信息，它会将状态切换至选举状态，并进入阶段 0。反之，跟随进程在过期时间内没有收到领导进程心跳信息，也是可以进入阶段 0 的。

在 ZAB 具体的实现逻辑中，领导进程的选举是最为核心的部分。ZAB 采用了一个简化但优化的策略，即拥有最新历史记录的进程会被选举为领导，并且假设拥有全部已提交事务的进程同样拥有最新的已提议事务——当然，这个假设的前提是集群内 ID 的序列化及顺序增长。这一假设让领导进程的选举逻辑得到了大幅简化，也因此被称为快速领导选举。即便如此，FLE（Fast Leader Election）算法过程中的判断逻辑，特别是各种边界情况的考量依然很多。

ZooKeeper 和 ZAB 早期是作为雅虎公司内部的 Hadoop 项目的一个子项目，后来被独立出来作为一个分布式服务器间进程通信及同步框架，并在 2010 年后成为 Apache 开源社区中的一个顶级项目。从上面的介绍中就可以看出 ZAB 所采用的算法逻辑和通信步骤较为复杂。类似地，Paxos 类算法的实现因为对跨地理区域的系统实例间的时钟同步有着严苛的要求，且算法逻辑复杂不易于理解，即便是谷歌公司在其 Spanner 系统中通过原子钟的帮助实现了基于 Paxos 的大规模分布式共识系统，但是对于缺少同等系统架构把控能力的企业而言，Paxos 就显得门槛过高了。

在 2013 年之后，一种更为简单、可解释的分布式共识算法 RAFT 应运而生，其中较为知名的是迭戈 • 温加罗（Diego Ongaro）在 2014 年的博士答辩论文中提出的 RAFT 算法以及一种被称作 LogCabin 的代码。

在 RAFT 算法中，集群内的每个共识算法参与进程的角色有 3 种：候选者、领导者、跟随者。

与 Paxos 中通过时钟同步来保证数据（事务）全局顺序一致不同，但是类似于 ZAB，RAFT 算法中通过把时间块切分为 Term（可以翻译为选举任期，类似于 ZAB 中的 Epoch），在每个任期期间（系统采用唯一的 ID 来标识每个选举任期，以保证不会出现任期冲突），领导者具有唯一性和稳定性。

RAFT 算法中有 3 个主要组件（或阶段）：选举阶段、定期心跳阶段、广播及日志复制阶段。

图 4-8 中展示了在一个有 3 个节点的 RAFT 集群中客户端与服务器集群的互动。整个流程围绕着领导角色进程展开，可被分解为 10 步，而这只是覆盖了上面提到的 RAFT 算法的广播及日志传播阶段。

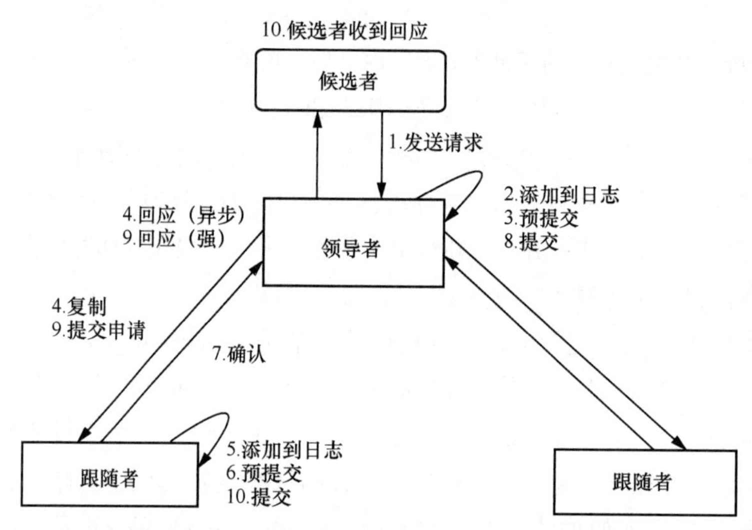

图 4-8　RAFT 集群中客户端与服务器集群的互动

如图 4-8 所示，3 种角色及其所负责的任务内容如下。

① 跟随者，不会主动发起任何通信，只被动接收远程过程调用（Remote Procedure Call，RPC）。

② 候选者，会发起新的选举，对选举任期进行增量控制，发出选票，或重启以上任务。在该过程中，只有含有全部已提交命令的候选者会成为领导者，并会通过 RPC 调用的方式通知其他候选者选举结果，并避免出现平票的问题[1]。另外，每个进程都维护了自己的一套日志，这在原生的 RAFT 算法实现中被称为 LogCabin。

③ 领导者，会定期向所有跟随者发送心跳 RPC，以防止因为过长的空闲时间而导致

1　RAFT 算法中通过随机选举超时，例如在 0.15～0.3 s 之间随机制造超时来避免两个实例上的候选进程同时发出所导致的选票计数出现平票的结果。

过期（和重新选举）。领导者通常最先面向客户端进程请求，对日志进程添加处理以及发起复制、提交并更改自身的状态机，并向所有跟随者同步。RAFT 共识算法集群进程间的角色转换关系如图 4-9 所示。

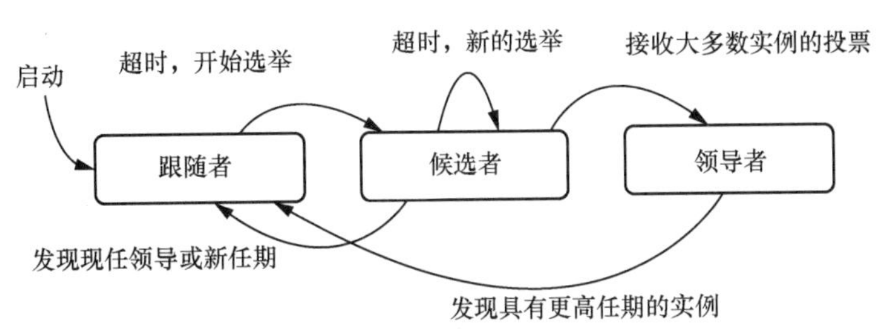

图 4-9　RAFT 共识算法集群进程间的角色转换关系

RAFT 描述的是一种通用的算法逻辑，它的具体实现有很多种，并且有很大调整和调优的空间。例如，原始的 RAFT 算法和一主多备份的架构类似，任何时候只有一个实例在服务客户端请求。如果我们结合图数据库可能的查询请求场景，完全可以分阶段地改造为（难度从低到高）以下几种情况。

① 多实例同时接收读请求负载：写入依然通过领导者节点实现，读负载全部在在线节点间均衡。

② 多实例同时接收先读再写类请求负载：典型的如需回写类的图算法，全部节点都可以承载图算法，在回写部分先进行本地回写，再异步同步给其他节点。

③ 多实例同时接收更新请求负载并转发：写入请求可以发送给任意集群内节点，但是跟随者会转发给领导者节点处理。

④ 多实例同时处理更新请求：这是最复杂的一种情况，取决于隔离层级的需求。如果多个请求同时在多个实例上更改同一段数据，并且有不同的赋值，将会造成数据的不一致性。在这种情况下，实现一致性的最可靠途径就是对关键区域采用序列化访问。这也是我们在本章中反复提到的，任何分布式系统在最底层、最细节、最关键的部分，一定要考虑到有需要串行处理的情形。

目前我们已知的 RAFT 算法具体实现可能远超 100 种，例如 ETCD、HazelCast、Hashicorp、TiKV、CockrochDB、Neo4j、Ultipa Graph 等，并且采用各种编程语言，如 C、C++、Java、Rust、Python、Erlang、Golang、C#、Scala、Ruby 等。这足以体现分布式共识算法及系统的生命力。

在基于共识算法的高可用分布式系统架构中，我们做了一个比较重要的假设，那就是在大多数的时候，系统的每个实例上都存有全量的数据。注意，我们限定的是“大多数时候”，言下之意是在某个时间点或切片下，多个实例间可能存在数据或状态的不一致，因此需要在分布式系统内通过共识算法来实现数据的同步，以形成最终的数据一致。我们不应该在存在网络通信时延或系统进程处理时耗的条件下，假设任何需要多进程并发操作的系统中的数据可以保持100%的强一致性。

4.1.2 可扩展存储系统

存储作为数据中心的重要组成部分之一，由于相关硬件组件与存储操作系统的多样性和复杂性，如何在保证存储稳定、安全、可靠的同时，实现灵活扩展和自服务，一直是困扰数据中心全面云化的难题。

如图 4-10 所示，常见的存储系统通常可分为直连存储（DAS）系统、网络附接存储（NAS）系统与存储区域网（SAN）系统三大类。

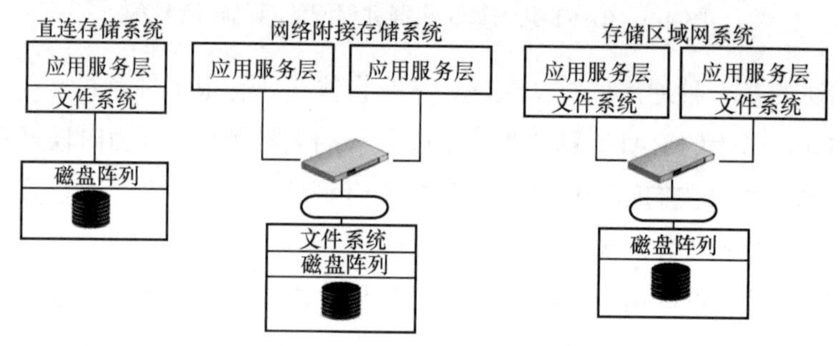

图 4-10 存储系统的三大类

这 3 类存储系统实现扩展的方式各不相同，我们在后文中分别讨论如何对它们实现可扩展性。

（1）DAS 系统的扩展性

DAS 系统的扩展性通常通过软件的方式来实现，确切地说是应用逻辑在控制数据的分布式存储访问。最典型的例子是 Hadoop 的 HDFS，Hadoop 类系统并不追求硬件的低故障率，甚至在每个节点上（NameNode+ComputeNode 存算一体化）的硬盘接口连 RAID 硬件都不需要。Hadoop 原生系统架构（DAS 架构）如图 4-11 所示，在软件逻辑层面，HDFS 负责在出现硬盘故障（或增加新节点）时对数据进行自动重新平衡（具体的讨论可参考揭秘大数据一章）。

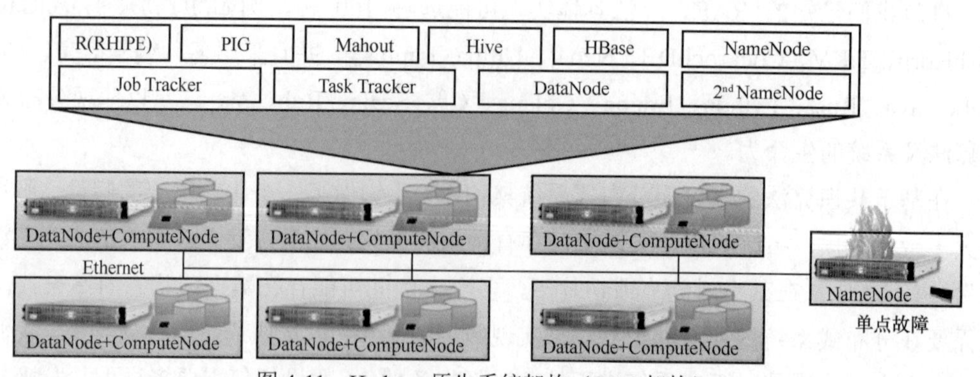

图 4-11 Hadoop 原生系统架构（DAS 架构）

类似的数字计算中心（Digital Computing Appliance，DCA）或超融合架构解决方案中也主要是通过软件系统来实现基于 DAS 的可扩展存储系统，比较典型的两个例子是 VMware 公司的 Virtual SAN 与 EMC 公司的 ScaleIO。

Virtual SAN 与 ScaleIO 都是在 DAS 架构上提供的可扩展的软件定义存储服务，无独有偶，它们的存储服务接口都是块存储。不同的是，Virtual SAN 与 VMware 公司的虚拟化平台 vSphere 高度绑定（内置于 vSphere 内核中），而且它的扩展性只能支持 64 台主机（Virtual SAN 的早期版本只能支持 32 个节点）。图 4-12 展示了 Virtual SAN 的逻辑架构。

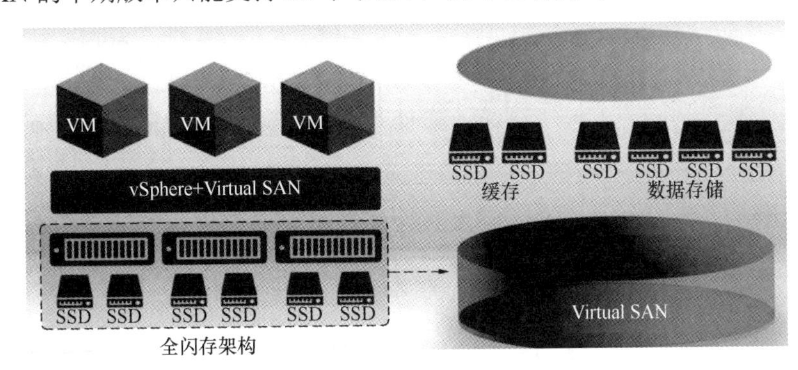

图 4-12 Virtual SAN 的逻辑架构

ScaleIO 的特点是可以在大多数 Linux 类型操作系统或虚拟化平台上运行，而且它的水平可扩展性支持上千个节点，系统吞吐量随节点数的增加呈线性增长。在下一章中，我们会对 ScaleIO 系统进行深入剖析。

（2）NAS 系统的扩展性

NAS 系统是基于 IP 的高性能文件共享存储系统。专用的 NAS 存储设备通常由 NAS 控制器（机头）与底层的存储阵列构成，如图 4-13 所示。NAS 控制器主要提供与客户端网络连接、NAS 管理功能，例如，可将文件级请求转换为数据块存储请求，以及将数据块级的数据进一步转换为文件数据。存储阵列则可以独立于 NAS 控制器，并可与其他主机共享（例如服务其他存储接口类型）。

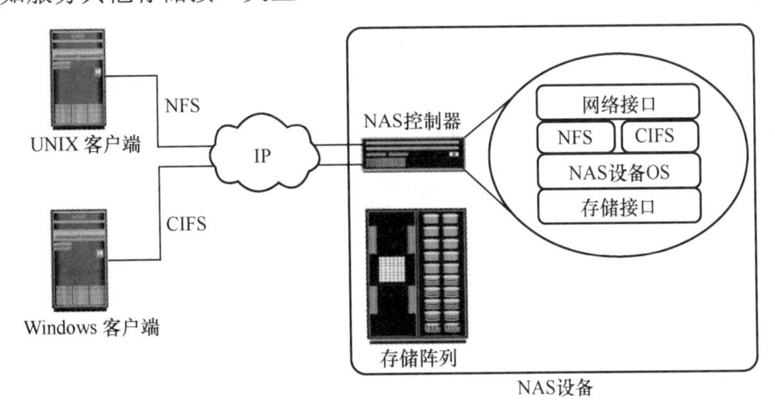

图 4-13 NAS 存储设备的构成

NAS系统扩展最典型的例子是EMC公司的Isilon产品，除了为业界所熟知的OneFS文件系统（在一个逻辑文件系统内可以管理超过50 PB的巨大容量以及支持高达375万的IOPS），它对Hadoop系统的优化也值得业界借鉴。Isilon对Hadoop系统的优化主要集中在两方面，如图4-14所示，具体如下。

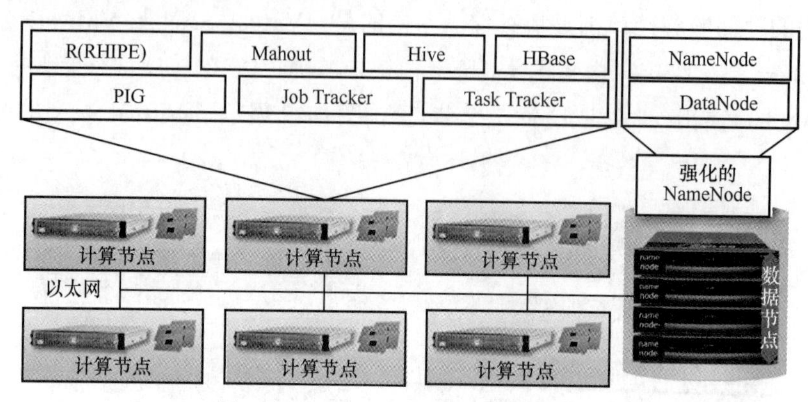

图4-14　Isilon对Hadoop架构的优化

① 把计算与存储节点分离（解耦），这样计算能力（MapReduce）与存储能力（HDFS over Isilon节点）可以独立地根据需要自由扩展，并且通过强化NameNode来避免单点失效。

② 相比于原生Hadoop默认的3倍镜像（3份副本），OneFS上只需要1.3倍镜像，因此，Isilon系统反而实现了比基于商品现货搭建的Hadoop系统更高的ROI。

Isilon是如何实现高度可扩展性的呢？这里要引入一个概念：横向扩展的NAS。横向扩展NAS集群分别使用独立的内部网络和外部网络进行前端和后端连接，其中内部网络提供用于群集内通信的连接，外部网络的连接使客户端能够访问和共享文件数据。群集中的每个节点均连接到内部网络。内部网络可提供高吞吐量和低时延，且使用高速网络技术，例如InfiniBand或千兆乃至万兆以太网。若要使客户端能够访问某节点，则该节点必须连接到外部以太网网络，可以使用冗余的内部或外部网络以获得高可用性。

InfiniBand可提供主机与外围设备之间低时延、高带宽的通信链路；可提供串行连接，且常用于高性能计算环境中服务器间的通信。InfiniBand支持远程直接存储器访问（Remote Direct Memory Access，RDMA），使设备（主机或外围设备）能够直接从远程设备的内存中访问数据。InfiniBand还支持单一物理链路使用多路复用技术同时传输多个通道的数据。

由以上描述可知，NAS系统的可扩展性以及高可用性在很大程度上是依赖于网络设备的，特别是高带宽路由器解决方案，以确保分布式的存储系统中的各节点间的高数据吞吐量。以Hadoop over Isilon为例，OneFS的并发数据吞吐量可高达100 GB/s。图4-15展示了NAS系统的横向扩展。

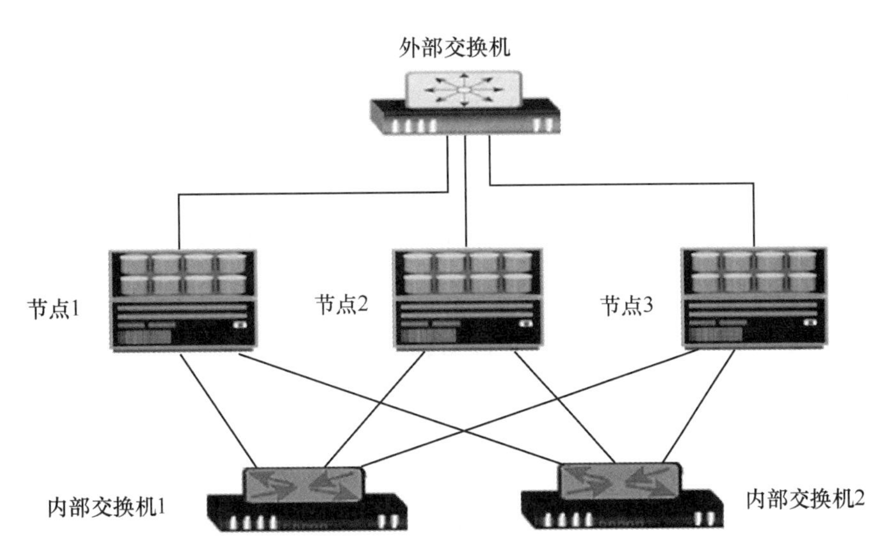

图 4-15　NAS 系统的横向扩展

（3）SAN 系统的扩展性

SAN 系统与 NAS 系统的主要区别并不在底层存储阵列上，而是在与服务器的网络连接方式与默认通信协议支持上。SAN 系统一般支持 iSCSI、Fibre-Channel、Fiber-Channel-over-Ethernet 等主流通信协议，NAS 系统则主要支持 NFS、CIFS 等协议。

以图 4-16 为例，统一 NAS（Unified NAS）的存储阵列中的每个 NAS 机头具有连接到 IP 网络的前端端口（以太网端口）。前端端口提供客户端连接并服务于文件 I/O 请求。每个 NAS 机头都有后端端口，可提供存储控制器连接。存储控制器的 iSCSI 端口和 FC 端口使主机能够直接或通过存储网络访问存储数据块级数据。

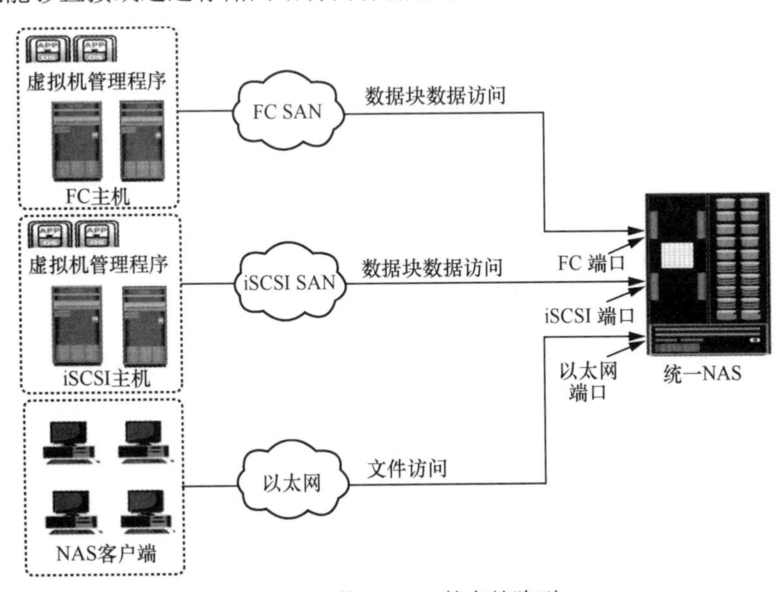

图 4-16　统一 NAS 的存储阵列

另一类基于 SAN 的存储阵列的可扩展性方案引入了 NAS 网关设备，NAS 网关存储阵列如图 4-17 所示。在网关解决方案中，NAS 网关和存储系统之间的通信通过传统的 FC SAN 来实现；在系统扩展性上，NAS 网关提供给每个客户端的接口是一个单文件夹接口，而树状文件系统接口的最大特点是可以几乎无限制地扩展存储阵列。当然，文件系统过于庞大会造成系统性能的下降。由此可知，要部署 NAS 网关解决方案，就必须考虑多个数据路径、冗余结构和负载分布等因素。

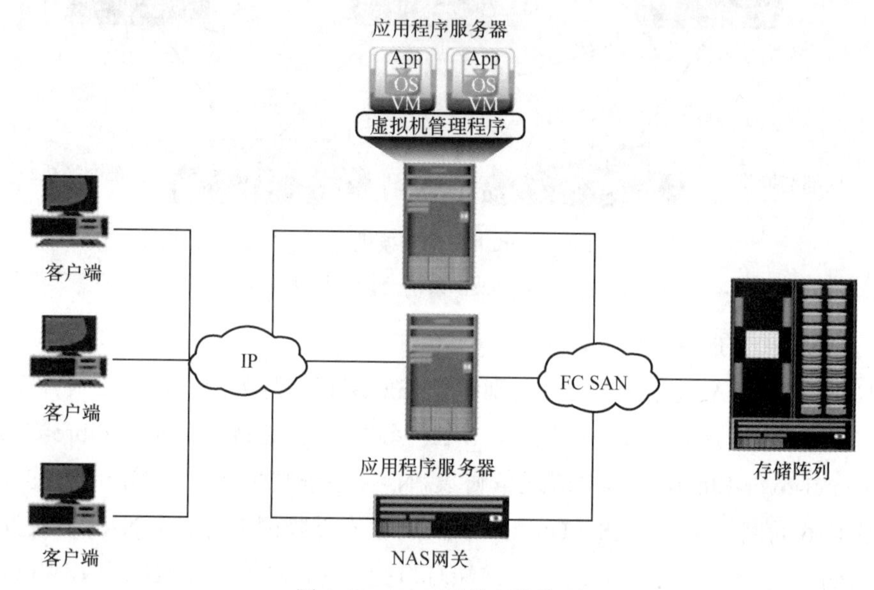

图 4-17　NAS 网关存储阵列

基于 SAN 的存储阵列的可扩展实现是通过一种叫作核心–边缘网络连接结构（简称核心–边缘结构，见图 4-18）实现的，核心–边缘结构具有两种类型的交换机层——核心层和边缘层。边缘层通常包括交换机，提供一种向拓扑结构中添加更多主机的廉价方案。边缘层的每个 FC 交换机通过网络交换机间链接（Inter Switch Link，ISL）连接到核心层的 FC 控制器（高速交换机）。核心层通常包括用于确保连接结构高可用性的控制器，通常情况下，所有通信必须遍历这一层或在这一层终止。在此配置中，所有存储设备被连接到核心层，使主机到存储的通信能够仅遍历一个 ISL。需要高性能的主机可直接连接到核心层，从而避免 ISL 时延。

在核心–边缘结构中，边缘层交换机彼此不相连。核心–边缘结构提高了 SAN 内的连接性，同时保证了总体的端口利用率。如果需要扩展连接结构，则可以再向核心交换机连接额外的边缘交换机，还可通过在核心层添加多个交换机或控制器来扩展。根据核心层交换机的数目，此结构具有不同的形式，如单核拓扑和双核拓扑。为了将单核拓扑转换为双核拓扑，可以创建新的 ISL，以便将每个边缘交换机连接到结构新的核心交换机上。

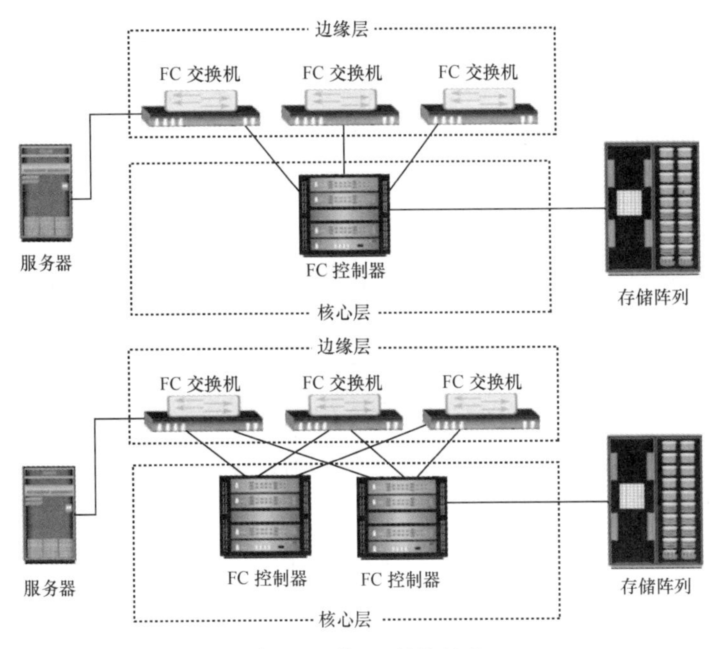

图 4-18　核心-边缘结构

（4）统一存储系统的扩展性

统一存储系统指的是一个存储控制器可以应对不同类型的存储需求。在统一存储系统中，对存储的数据块、文件和对象等的 I/O 请求通过不同的 I/O 路径传输。统一存储系统如图 4-19 所示。

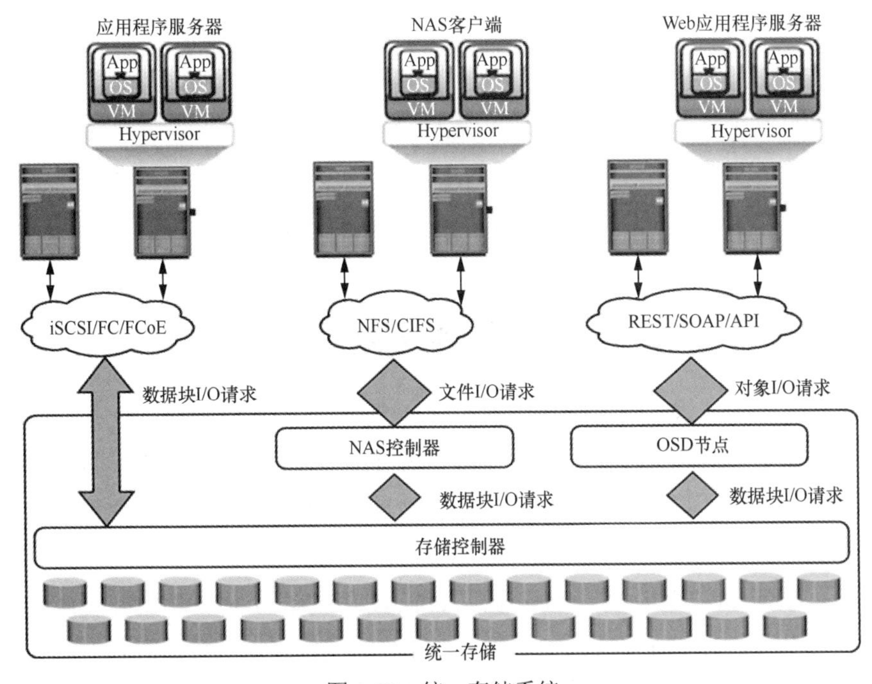

图 4-19　统一存储系统

①数据块 I/O 请求：应用程序服务器连接到存储控制器的 iSCSI、FC 或 FCoE 端口上，服务器通过 iSCSI、FC 或 FCoE 连接发送数据块 I/O 请求。存储控制器可处理数据块 I/O 请求，并响应应用程序服务器。

②文件 I/O 请求：NAS 客户端（装载或映射 NAS 共享的位置）使用 NFS 或 CIFS 协议向 NAS 控制器发送文件 I/O 请求。NAS 控制器会接收请求，将其转换为数据块 I/O 请求，并将其转发到存储控制器。接收到存储控制器的数据块数据后，NAS 控制器会再次将数据块 I/O 请求转换为文件 I/O 请求，并将数据发送到 NAS 客户端。

③对象 I/O 请求：Web 应用程序服务器通常使用 REST、SOAP 或 API 将对象 I/O 请求发送到 OSD（Object Storage Device，对象存储设备）节点。OSD 节点会接收请求，将其转换为数据块 I/O 请求，并发送给存储控制器。存储控制器会处理数据块 I/O 请求并响应 OSD 节点，将请求的对象提供给 Web 应用程序服务器。

统一存储系统奠定了存储云平台的基础，它屏蔽了底层异构存储的复杂性，将现有的异构物理存储（不同类型的存储设备、不同厂家的产品）转变为简单的、可扩展的开放式云存储平台。同时该系统还可以为数据中心中的其他层（如 IaaS、PaaS、SaaS 等平台）提供简单、高效、开放、可扩展的 API，为实现全数据中心云化打下坚实的基础。

为了保证存储云平台的扩展性和开放性，存储云平台通过基于行业标准的存储管理接口标准（Storage Management Initiative Specification，SMI-S）接口或接入软件存储平台（例如开源的 Ceph）实现底层物理存储设备的接入。存储云平台通常需要对外提供开放式 API，以便进行扩展和二次开发；采用集群部署架构，根据存储资源的规模进行横向扩展，以保证整个存储云平台具有良好的可扩展性。SMI-S 是存储网络工业协会（Storage Networking Industry Association，SNIA）制定的、符合 ISO 标准的异构存储间的互联互通协议，目前被用于超过 800 款硬件、75 款软件存储产品上。Ceph 是开源的免费软件存储平台，它虽然是基于对象存储，但是在结构层提供文件、数据块及对象存储 API。SMI-S 专注于异构存储间的互联互通，而 Ceph 专注于基于商品现货硬件平台搭建廉价的、可扩展的存储平台。

4.2 开源模式探讨

我们知道云计算与大数据的发展离不开开源 IT 的蓬勃发展。从 20 世纪 90 年代的 Linux 操作系统，到后来形成体系的基于 LAMP 的 IT 体系架构，再到今天形形色色的云计算平台与大数据处理框架，开源的身影随处可见。

开源不仅改变了很多大企业的业务与运营模式，也改变了很多初创的高科技公司进入市场的方式与节奏。对于程序员或用户而言，开源的时代既是最好的时代，也是最坏的时代。开源的盈利模式、开发风险等在业界属于尚无定论的议题，本节我们一起来探究一下这些议题。

在对开源的业务模式展开讨论之前，我们结合多年在开源和商业领域的经历与见闻，简要地分析开源项目与商业化解决方案的优势和劣势。

（1）成本

① 短期成本：开源项目的部署成本低，使用灵活，这可以算作其最大的优势。

② 中长期成本：开源项目组建的系统最终都需要大量的人力和资源来维护，其综合成本通常并不比商业化解决方案低。

（2）稳定性

① 除非是非常成熟的开源项目，否则其稳定性是未经考验的，这也是开源项目在真正进入持续商业化时所遇到的最大挑战。

② 像 MySQL、Redis 之类的这么稳定的项目并不常见，即便是像 MongoDB 这么宏大的开源项目，一旦进入大规模部署，对于任何中小型公司而言都是巨大的挑战。一旦无法应对，中小型公司会深陷泥潭难以自拔。

③ 国内市场上一度火爆的淘宝文件系统曾经受到很多程序员的追捧，但是很少有人仔细地分析淘宝文件系统的应用场景及其公司对该系统的支持力度。现在该系统已经寿终正寝（其公司不再维护该系统），而且其公司当时设计这个系统的目的是支持海量小文件，但有多少创业项目有和它一样的业务需求呢？很多人盲目地部署了淘宝文件系统，到头来发现系统稳定性很差且存在无数的问题，这些是小团队、二次开发能力并不强的团队可以承受得了的吗？

（3）效率

用性价比或投入产出比来评估效率是相对合理的方式。我们以为开源项目会让人们形成一种效率更高、性价比更高的认知，但这是有待商榷的。如前文中的稳定性和成本问题，开源或许能够实现较高的短期效率，但是随着业务规模的增长，商业化解决方案能更多地让开发者关注于业务本身，而不是花无数精力去研究和保障稳定性、性能、可扩展性等支撑性问题的解决方案。

（4）道德绑架

如果拿 Neo4j 在 2018 年年底宣布其图数据库的社区化版本与企业化版本“脱钩”来看，有太多程序员热衷于像水蛭一样地从开源项目中攫取私利，而不是用行动去回馈开源社区。长此以往，开源社区很难健康、可持续性地发展。但是，大多数程序员会对不懂技术的团队领导者或者是投资人宣称开源项目是如何高效可行，其结果是——尤其是在 BAT 式的互联网行业——很多人觉得开源项目可以取代一切商业化解决方案。如果一个项目没有采用开源解决方案，则会被道德绑架为没有前途或者没有能力，这显然是不切实际的，而且这种厚此薄彼、非黑即白、人云亦云的隧道式视角对于国内互联网以及 2B 市场的发展来说弊大于利。

4.2.1 开源商业模式

总体来看，开源的商业模式按照产品形态、运营与盈利模式进行划分，可以有几大类，见表 4-2。

表 4-2 开源的商业模式

模式	典型案例（产品/公司）
免费开源版本+付费企业版本	CentOS、RedHat Enterprise Linux
开源免费+服务付费	MySQL、MySQL 的专业服务
基于开源产品的发行商	Mirantis Fuel
开源广告+赞助	OpenStack 等绝大多数开源项目
开源结盟	Cloud Foundry、Kubernetes
开源+闭源组合	IBM Cloud、华为 FusionSphere

下面就这 6 类开源商业模式逐一展开论述。

（1）免费开源版本+付费企业版本模式

这是一种比较常见的开源商业模式，依托开源版本与开源社区来开发最新的功能，并让市场和用户可以尝鲜。并行地，通过企业研发资源来维护和打造稳定的、有客户支持的付费企业版本。

典型的案例有红帽公司推出的 3 款 Linux 操作系统：Fedora、RedHat Enterprise Linux 和 CentOS。它们的主要区别在于 Fedora 是通过开源社区的力量开发、快速迭代（每 6 个月更新一次主要版本）、具有新功能和特性的免费 Linux 版本；RedHat Enterprise Linux 则是强调稳定性与企业客户需求的付费企业版，可以认为 RedHat Enterprise Linux 的功能是经过 Fedora 社区验证才被审慎地引入的；CentOS 则是在 RedHat Enterprise Linux 基础上完全由社区维护的 Linux 版本（也就是说，没有客户支持，完全依赖开发者或社区的支持）。

（2）开源免费+服务付费模式

开源免费+服务付费模式，或开源+咨询、培训模式，或开源+有偿技术支持模式是非常常见的开源商业模式。这一模式的主要特点是用户可以免费使用开源项目的所有功能，但是很多用户由于自身缺乏对开源架构、功能的深刻理解，通常需要雇用第三方的商业团队进行技术支持，其中包括系统搭建、性能优化等。

最典型的案例是 MySQL，MySQL 几乎被超过一半的有数据库服务需求的公司使用，而数据库的管理、优化是经常困扰这些公司的难题。类似的开源数据库咨询、培训、有偿支持公司应运而生，例如 Percona、MariaDB 等都是提供相关服务的公司。

（3）基于开源产品的发行商模式

随着开源项目复杂度的逐年提高，近几年逐渐流行的开源商业模式是基于开源产品的发行商模式。这一模式的通用特点是通过对开源项目进行二次开发、定制、重新封装来提供具有特色的功能与服务（如性能、便捷性的提高等），并以新的开源或闭源的产品方式在市场上发行。

以 OpenStack 为例，OpenStack 的定位是一款开源的云计算管理平台。OpenStack 的核心组件有 Nova（计算组件）、Neutron（网络组件）、Swift（对象存储组件）、Cinder（块存储组件）、Keystone（验证组件）以及 Glance（镜像服务组件），而可选服务有 13 项之多，例如 Manila（共享文件系统）、Murano（应用目录服务）、Sahara（可伸缩 MapReduce）、Heat（编排）、Horizon（控制面板）等。以上每一个组件在开源社区都是一个独立的开发项目。面对这样一个庞然大物，它的开发与维护难度可想而知。正是基于此，业界涌现了一大批定制化 OpenStack，诸如 Ubuntu OpenStack、Mirantis（Mirantis Fuel 是其旗舰 OpenStack 增强版）、Cloudscaling、Piston Cloud Computing（2015 年被思科公司收购）、IBM Cloud Manager（对 OpenStack 的资源调度、自服务门户做了大规模优化）。

当然，还有很多厂家基于 OpenStack 来推出自己的私有云、公有云或混合云解决方案。开源商业模式经常会出现多重模式混合的现象，这通常可理解为企业在试图通过不同的渠道来实现盈利。

（4）开源广告+赞助模式

绝大多数开源项目的存活依赖于企业和个人的经济资助，而开源项目和绝大多数互联网营销（病毒传播）非常类似，靠口碑积累人气。开源软件可以被免费下载和使用，但作为回馈，用户需要为该软件免费做广告，这也是绝大多数开源项目主页的显著位置会列出其用户有哪些知名公司的原因。

这种免费的背书对于开源项目至关重要。著名开源运动活动家 RMS 曾经总结了开源项目背后的开发者最主要的诉求，那就是成就感。而让全世界知道有那么多知名企业、产品构建在他们创造的开源项目上是一种凌驾于物质（金钱）之上的更高层次的心理满足。

另外，开源项目也通过各种使用许可来规范、约束和引导它的用户正确使用以及传播或回馈开源社区。

（5）开源结盟模式

开源项目中的参与者形成联盟是业界常见的运营模式，有抱团取暖或众人拾柴火焰高之意。通常这种结盟模式是业界的一些巨头主导的工业联盟。

比较典型的案例是 PaaS 平台上的两大联盟，即 2014 年成立的云技术基金会（Cloud Foundry Foundation，CFF）与 2015 年成立的云原生计算基金会（Cloud Native Computing Foundation，CNCF）。前者是以 EMC+VMware+Pivotal（被称为 EMC 联邦的三大公司，分别侧重于 IT 基础设施、软件定义数据中心与大数据）为主体，联合业界其他友商来推广 Pivotal 公司开源的 PaaS 平台 Cloud Foundry；后者则是依托于谷歌公司从谷歌云平台

（Google Cloud Platform，GCP）上剥离出来的集群与容器管理组件 Kubernetes 而成立的 CaaS 平台。两大联盟都在争夺 PaaS/CaaS 乃至 ITaaS（把整个 IT 作为整体来服务化）市场。有趣的是这两大联盟里有很多公司（如 VMware、华为、英特尔、IBM 等）采用了左右手互搏的策略。换句话说，任何一个联盟的成功或失败都不至于让这些参与者一败涂地，因此，对于业界巨头而言，这种脚踩两条船的对冲策略应该是一种自我保护。

（6）开源+闭源组合模式

越来越多公司的产品研发策略已经调整为采用开源项目来构建通用组件，而通过内部闭源开发来实现那些独具特色的功能。这样做最大的优点在于利用开源社区的创造力与开发力量——确切地说是一种众包——极大地节省企业的资金，减少资源消耗。而作为回馈，这些公司通常会以赞助商、免费广告等方式来资助相关开源项目与社区。

这一模式较为典型的案例有 IBM Cloud 与华为公司的 FusionSphere。前者是基于 OpenStack 与 Cloud Foundry 搭建的混合云管理平台，IBM 公司在其上集成了超过 100 种移动、互联网与大数据领域的服务；后者同样将 OpenStack 与 Cloud Foundry 作为其 IaaS 与 PaaS 层的通用组件，但是在底层与上层分别接入了华为自己及第三方的硬件与软件产品，并进行了高度优化。类似的行业案例还有很多，这种开源+闭源的混搭模式对于企业而言，能够带来更高的 ROI 与资源池配比优化，这也是该模式能够在时下非常流行的原因。

以上数种模式有时也会融为一体，以追求最佳的市场切入。例如，DataStax 公司的产品 DataStax Enterprise（DSE）是基于开源 NoSQL 数据库 Apache Cassandra 搭建的。DSE 对 Cassandra 进行了诸多企业级需求强化（如安全、图形化管理、结合 Apache Spark 的内存计算、搜索、DevOps 支持等功能），并同时支持 Cassandra 开源社区版与企业级强化版，并且还提供 Cassandra 社区推广与支持服务 Planet Cassandra。如此看来，DSE 几乎包含了以上 6 种模式。然而，如果去深究 DataStax 公司的具体产品，商业模式是否用全与其产品是否能解决客户问题并不相关，毕竟如果把 Cassandra 作为其图数据库的底层架构，并且搭配 Gremlin 图查询语言，这可算是把开源拿来主义用到了极致，但是这种大杂烩式拼凑出来的系统的实战效果大体和 JanusGraph 在一个量级，即处于要算力没算力、要二次开发便捷性没有二次开发便捷性的尴尬境地。

4.2.2 大数据开源案例

在云计算与大数据处理领域，我们不可不谈谷歌公司。如果说第一代互联网公司是网景（Netscape）与雅虎（前者推出了开源浏览器 Netscape Browser，这是开源软件之鼻祖；后者则是 LAMP 阵营技术应用之集大成者），那么第二代互联网公司是谷歌与亚马逊，第三代互联网公司的典型代表有 Facebook、推特与国内的 BAT。第二代的承前启后作用不言而喻，亚马逊公司可以算是云计算之执牛耳者，而谷歌公司在大数据领域的作用与亚马逊公司可谓旗鼓相当。我们总结了过去十几年谷歌公司推出的大数据相关产品与开源技术，以及它们如何深入而广泛地影响了整个 IT 行业，并绘制了图 4-20 所示的后关系数据库开源演进之路。

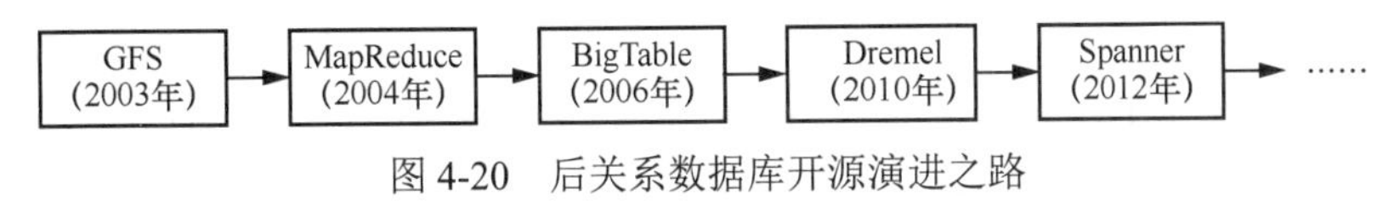

图 4-20　后关系数据库开源演进之路

图 4-20 中的大数据产品主线与衍生品可分作两大阵营：NoSQL 与 NewSQL，它们被统称为后关系数据库。需要反复澄清的是，后关系数据库并非意味着 RDBMS 已经过时、可以被弃之不用，而是指新型的数据库在关系型数据建模之上还需要支持更多、更丰富的数据建模（如 NoSQL），这也可以理解为在大规模分布式架构中依然要实现事件（交易）的强一致性与数据可用性（如 NewSQL）。

谷歌公司 2003 年公布的 GFS 以及 2004 年推出的分布式计算框架 MapReduce 直接催生了开源的 Apache Hadoop 系统，Hadoop 的两大核心组件 HDFS 与 Hadoop MapReduce 分别是 GFS 与 MapReduce 的开源实现。而 Hadoop 的分布式、分层设计理念则影响了后来的流数据实时处理系统，例如，Apache Storm 与 Apache Spark。

2006 年，谷歌公司公布了基于 GFS 的高性能数据存储系统实现 BigTable。BigTable 一经问世便立刻启蒙与激励了开源社区的一大批工程师，典型的当属 Facebook 公司贡献出来的宽表 NoSQL 数据库 Cassandra，以及借鉴与结合了 BigTable 与 Hadoop 的 Apache HBase 数据库（准确地说，HBase 是基于 HDFS 之上的 BigTable 的开源实现）。

在大数据发展过程中出现的形形色色的解决方案，无论是 NoSQL 还是 Hadoop 阵营，都意识到向 SQL 兼容的重要性，毕竟 SQL 有着查询人性化（便捷）、社区规模与开发力量大的优势。于是，两大阵营不约而同地推出了分布式大数据交互查询 SQL 引擎，谷歌公司依然是“敢为天下先”，率先推出了 Dremel。Dremel 项目在谷歌公司内部的实现是 GCP 上的 Google BigQuery，受其启发而开源的实现有 Apache Drill。

Spanner 是谷歌公司于 2012 年公诸于世的，一种在跨大洋的多数据中心之上实现的能满足事件强一致性的超大规模分布式 NewSQL 数据库。Spanner 的出现直接“颠覆”了 CAP 理论所定义的 C、A、P 三者在任何一个分布式系统中不能同时满足的论断，也开启了 NewSQL 数据库时代，也就是说在具有 NoSQL 数据库的扩展性的同时又能实现 RDBMS 的 ACID 特性，堪称完美。当然，NewSQL 数据库的实现相当复杂，但开源社区并未因此而退缩，很快由谷歌公司前工程师开发的开源 Spanner–CockroachDB 出现在 GitHub 上。

此外还有初创公司 FoundationDB，还没有正式发布其宣称的新一代 NewSQL 产品时，便被苹果公司纳入旗下。而在此之前，苹果公司为了能更好地支撑其规模不断扩大的各项业务，已经使用了多种类型的 NoSQL 数据库，诸如 MongoDB（服务于 iTunes

等在线业务)、Cassandra(服务于 Siri、广告、iCloud、地图等业务)、HBase(服务于 Siri、广告、地图、Hadoop 部署等业务)、CouchBase(服务于 iTunes 社交服务等)。

值得一提的是，作为 Cassandra 的原作者，Facebook 公司最早利用 Cassandra 实现了用户在其社交平台上的信息搜索功能。不过在 2010 年之后 Facebook 公司抛弃了 Cassandra 而改为使用 HBase，做过类似事情的还有推特等公司。去旧更新的原因主要有两点：① Cassandra 的最终一致性模式不能满足 Facebook 实时信息检索（结果一致性）的需求；② 开源的 Cassandra 的软件成熟度和架构设计依然存在很多欠缺，系统维护成本对于很多公司来说是很大的挑战。如果我们因此判定 Cassandra 不如 HBase，这个结论实在过于偏颇。Cassandra 在 Apache Software Foundation 开源社区接手之后发展势头迅猛，Cassandra 在非关系类数据库中仅次于 MongoDB，在宽列数据库排名中则位于第一，并且得分稳定地高于第二名的 HBase。宽列数据库排名趋势如图 4-21 所示。

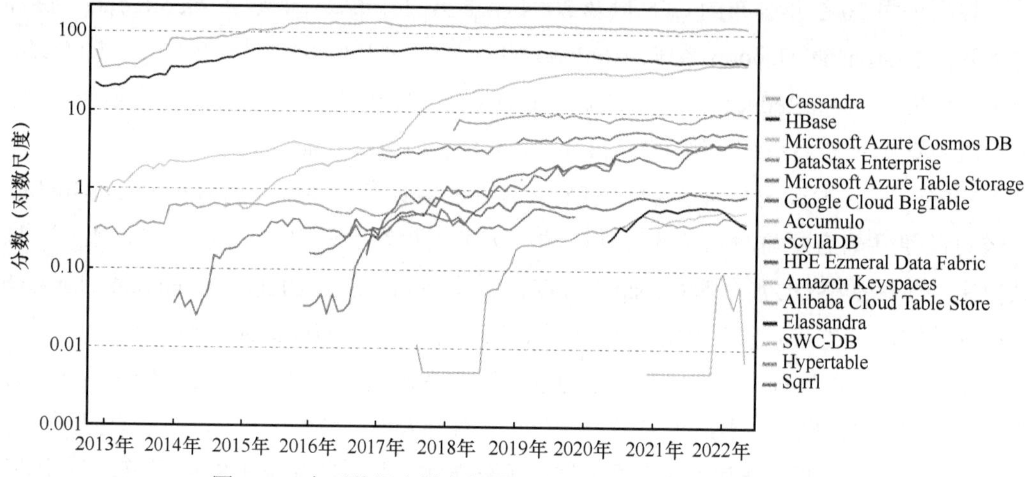

图 4-21　宽列数据库排名趋势（©May 2022，DB-Engines）

我们来对比一下常见的四大类数据处理系统（RDBMS、NoSQL、Hadoop 与 NewSQL），见表 4-3。由于业界还有一种趋势是在现有流行的 RDBMS 上通过分表技术来进行扩展性强化，例如 Vitess 项目，因此我们把 RDBMS 分表技术单列为一类。另外，由于 NoSQL 与 Hadoop 在优缺点上的高度一致性，我们把二者合并归类比较。

表 4-3　四大类数据处理系统之间的对比

优缺点	RDBMS	RDBMS 分表	NoSQL/Hadoop	NewSQL
优点	交易处理	一定可扩展性	可扩展性高	可扩展性高
	索引	有限交易处理能力	非结构化数据	交易处理
	表连接	有限索引	可调节一致性	索引
	强一致性	表连接	—	可用性+强一致性
	—	可调节一致性	—	可调节的一致性

续表

优缺点	RDBMS	RDBMS 分表	NoSQL/Hadoop	NewSQL
缺点	扩展性差	Schema 固定	不支持交易处理	半结构化 Schema
	Schema 固定	应用级分表	无索引	高写操作时延
	数据中心故障时的弱一致性	数据中心故障时的弱一致性	无表连接	—
	—	—	DC 故障时不可用或弱一致性	—

我们在这里对如何拥抱开源做几点总结，具体如下。

（1）结合业务需求来“试错”：脱离自身业务需求与规划的任何开源项目都没有太大意义，在引入开源项目的时候不能完全放任研发团队的单方面技术评估，而一定要结合产品、运营及业务部门的需求来综合评估。确切地说，首席技术官（CTO）/首席信息官（CIO）的工作就是确保公司可以选择正确的开源项目来构建相应的基础架构并应用实现。

（2）充分考虑社区活跃度、支持度、架构、文档完善程度：综合考虑这些指标是评估一个开源项目可持续性的重要因素。类似的指标还有社区多元化、更新迭代速度、社区文档质量等。

（3）内部人员匹配、团队能力建设：这应该是最重要的一点，依托开源并不意味着不需要内部开发团队了，恰恰相反，绝大多数的开源项目的成功驾驭需要更强大的开发队伍，以及与之匹配的产品与业务团队，缺一不可。

至此，或许我们可以给开源泼上一瓢凉水。全球最有影响力的开源项目是 Linux 操作系统，相信很多人会认同，不过直到今天，它的内核审核还是要依赖一个人——林纳斯 • 本纳第克特 • 托瓦兹（Linus Benedict Torvalds）。也许几年之后就没有人有能力继续内核审核的工作了，那个时候将意味着 Linux 走向没落和消亡。那么，我们的问题或许可以这么提出：其他的开源项目又能好到哪里呢？在我们看来，开源是和利他主义的意识形态紧密相关的，这也是为什么大量的开源项目肇始于社会生活富足的北欧和北美地区，而在多数人不愿意为知识产权和软件付费的大环境下，我们对开源项目到底能存活多久有个巨大的疑问。

4.3　从 SOA 到微服务架构

纵览云计算与大数据时代的各类技术框架与系统体系架构，它们的共同特征是注重可扩展性、敏捷性与弹性，以集群的整体业务（数据）处理能力及综合服务提供能力来弥补单一节点的性能劣势，以及对节点故障、上下线等因素的抗干扰能力强。

如果我们再结合各种 XaaS 平台以及 SDX（软件定义的一切）框架，它们的共性可以简单归纳为：分层抽象化架构，层与层之间通过服务来通信，底层向上提供可被调用的服务接口。

以上两段话高度概括起来其实就是面向服务的体系结构（Service-Oriented Architecture，SOA）。SOA 可以看作计算机软件设计中的体系架构设计模式，类似于面向对象的编程语言的设计模式。标准化组织 The Open Group 对 SOA 有明确的定义：SOA 是一种面向服务的架构设计风格。而面向服务是一种以服务开发、服务结果为导向的思维模式，所谓服务通常有如下特点。

① 自包含的。

② 对服务的消费者是黑盒的。

③ 有明确输入/输出的可重复商业活动的逻辑表示。

④ 可由其他服务构成。

图 4-22 展示了典型 SOA 的 3 层架构：组件架构、服务体系架构与应用服务层体系架构。

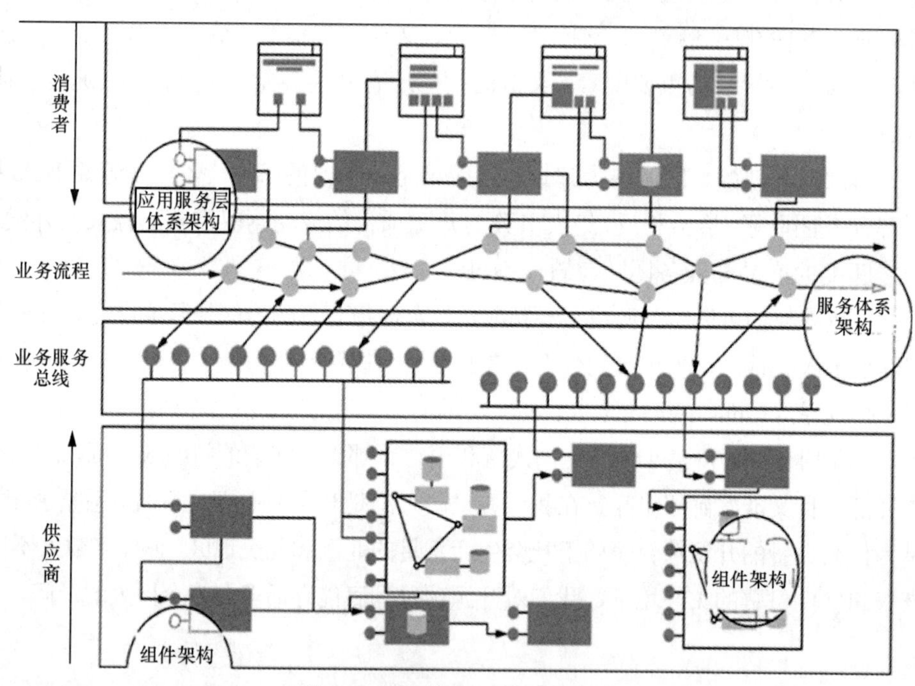

图 4-22　典型 SOA 的 3 层架构

① 组件架构：作为最底层，组件架构向上提供可调用的编程接口。典型的如虚拟机、容器、IaaS、软件定义存储、软件定义网络等都会在这一层工作，它们直接与各种物理组件实现对接。

② 服务体系架构：这一层承上启下，对下层组件提供的 API 进行抽象化、虚拟化，使上层架构不需要关心下层的实现细节，并提供通用的接口、可管理架构以及系统的逻辑视图给上层应用。

③ 应用服务层体系架构：调用与集成底层提供的服务接口，并专注于实现业务逻辑。

需要指出的是，SOA 的概念是在第二平台的时代提出的，但其理念在第三平台（大数据、云计算、移动互联、社交）中依然适用。SOA 通常需要兼顾第二、第三平台的需求，因此在体系架构设计上往往采用进化的方式。

下面，我们来看一个直观一点的例子，一个典型的基于云架构的可扩展 Web 类应用 SOA 的 3 层架构，如图 4-23 所示。在图 4-23 的左侧部分中，自上而下分别是：最上层提供了移动端或 Web 端的用户界面与接口实现；中间层提供了应用所需要的各种服务，如缓存服务、NoSQL 数据库服务、索引服务、监听服务、聚集服务等；最底层则是实现各种业务功能与逻辑的具有领域特定性的服务器，例如 CRM 系统、采购系统、预约系统等，我们称之为记录系统（System of Record，SoR）。

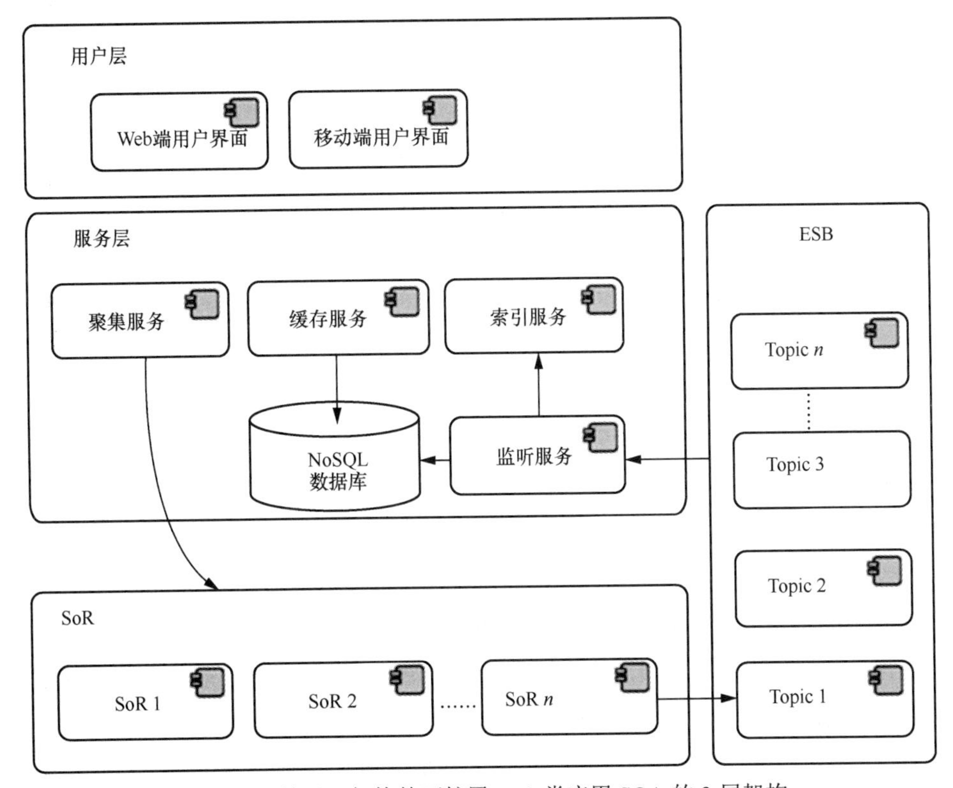

图 4-23　基于云架构的可扩展 Web 类应用 SOA 的 3 层架构

很显然最底层的 SoR 通常会包含第二平台的系统，而 SOA 所要解决的问题就是让这些第二平台系统可以与第三平台的应用与服务对接。SOA 主要由两大组件来帮助实现这种对接。

- 聚集服务：对 SoR 的任何改动（写或更新、删除等操作）通过聚集服务来完成。而只读类服务则通过缓存、索引、信息推送或轮询等服务来实现（这样做的最大优点是让底层的传统 SoR 类系统可以免受直接的 Web 负载冲击）。

- 事件驱动的架构（Event Driven Architecture，EDA）：通常有两种实现方法，这两种方法分别是企业服务总线（Enterprise Service Bus，ESB）和 AtomPub。ESB 基于服务者消息推送的设计理念，而 AtomPub 则基于消费者消息轮询的设计理念，二者适用的应用场景不同。ESB 更适用于低时延应用，而 AtomPub 对时延有更高的容忍度。

SOA 的实现通常可分为 4 个层次，如图 4-24 所示。

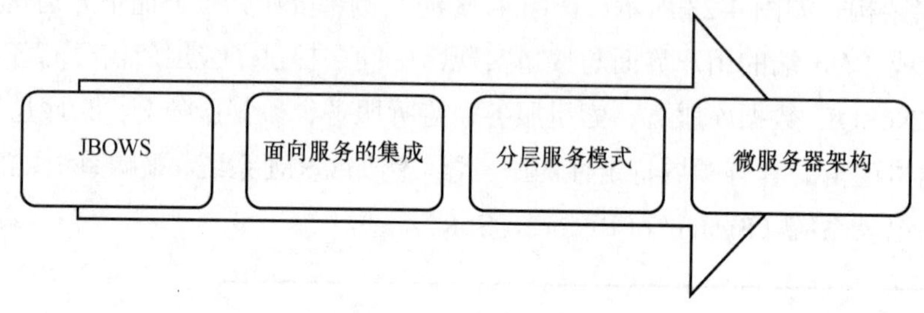

图 4-24　SOA 的实现

（1）JBOWS

只是一大堆 Web 服务（Just a Bunch of Web Services，JBOWS）是 SOA 实现的初级阶段，通常是在 IT 部门而非业务部门主导下，以一种近乎随机、非计划的模式生产出的一堆以功能为导向的服务，而服务之间的协作、稳定性、可用性等通常难以保证。

（2）面向服务的集成

面向服务的集成是 JBOWS 的进阶模式，这种模式的特点是服务合同以被集成的应用为中心，因此当应用发生变化时，服务合同也要被追随之发生变化（改写）。例如，当被集成的 CRM 应用从 Sugar CRM 更换为 MS CRM 时，由于两种 CRM 间不具有兼容性，因此构建在 Sugar CRM 上的所有服务合同都不可避免地要重新实现。

（3）分层服务模式

在分层服务模式中，业务流程、任务与数据仓库都可以以一种原子化的方式被实现。但是与面向服务的集成模式遇到的挑战相同，即当业务需求逻辑发生变化后，各层服务通常需要随之变化，特别是底层的、被多个上层服务所引用的那些服务的变化会给系统的整体稳定性带来很大的挑战。

此外，分层服务的架构体现了组织机构的构成方式。如图 4-25 所示，左侧筒仓式分层组织架构必然会导致系统设计架构同样是筒仓式分层的。梅尔文·康威（Melvin Conway）在 1968 年发表的一篇论文中把这种现象概括为：任何设计系统的组织……必然会产生以下设计结果，即其结构就是该组织沟通结构的写照。

（4）微服务架构

微服务架构是 SOA 的高级阶段，具有如下特征。

① 组件化：指的是可被独立替换与升级的软件单元，即服务。服务的通信机制通常变现为 Web 服务或 RPC 调用。

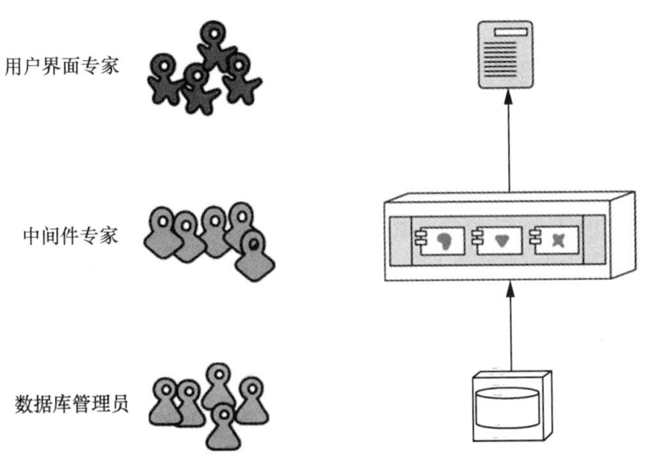

（a）筒仓式分层组织架构　（b）筒仓式分层系统设计架构

图 4-25　从筒仓式分层组织架构到筒仓式分层系统设计架构

② 围绕业务能力的组织架构：微服务架构实现的关键远远超出单纯的技术范畴，它对组织机构（团队组建方式、成员技能与能力）改变也提出了要求。单就技术团队而言，不再是按技能分层（如中间件层、用户界面层）来组队，而是形成了跨功能团队，每个团队的目标是实现与维护满足某种业务需求的服务。从跨功能团队转换为按业务能力划分的微服务如图 4-26 所示。服务之间通过可跨平台，不依赖于某种语言的 API 来通信，并能相对独立地演化（升级、迭代）。

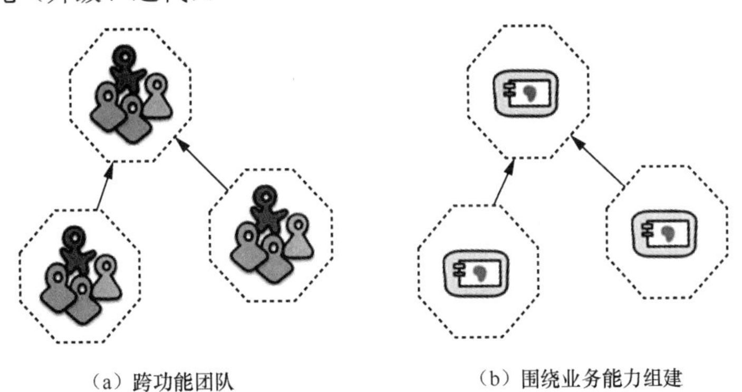

（a）跨功能团队　（b）围绕业务能力组建

图 4-26　从跨功能团队转换为按业务能力划分的微服务

③ 去中心化的管理：系统高可扩展性的最大障碍就是中心化管理，因此在微服务架构的实现过程中，去中心化显得异常重要。图 4-27 展示的就是分布式的数据库满足多个微服务的应用需求。在与可扩展数据库相关的内容中我们提到过的数据库分区、分表，其实都是去中心化的具体体现。

④ 基础架构自动化：我们说云计算的发展，特别是在 XaaS 发展过程中，自动化的趋势与需求越来越明显，自动化的开发[准确地说是计算机辅助设计（Computer Aided Design，CAD）模式，计算机辅助的开发]、测试、集成、部署与监控的五步一条龙 DevOps

模式越来越被企业所青睐。

⑤ 面向失败的设计：这个说法最早由 Netflix 公司提出。Netflix 在 AWS 上测试自己的各种微服务架构服务时，使用了多种自动化工具在生产环境中随机地破坏各种组件（硬件或软件），以测试系统自我监控与修复的能力。这种设计理念要求系统对自身每个微服务、组件都有精细化的监控与管理，并有适度的冗余以确保当部分服务被中断时，系统依然可以完成相应的工作。

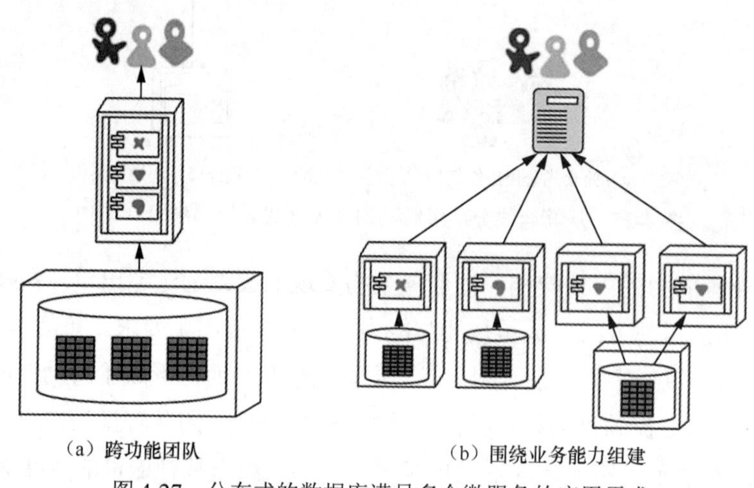

（a）跨功能团队　　（b）围绕业务能力组建

图 4-27　分布式的数据库满足多个微服务的应用需求

微服务架构通常也被称作精细化 SOA，但是有以下几个基本的原则来确保这种精细化不会被极致成为 Nano-Service，也就是说过度精细化服务分工造成的服务间通信与服务维护的代价大于它们所带来的价值。

① 每个服务必须是能被显著提供的、有意义的、公用的。如果服务被拆分为过细的功能，就需要考虑把功能适度合并。

② 可以把功能以库的方式实现（而不是以一种服务来存在）。

第5章 大数据应用与云平台实战

本章将为大家介绍业界关于大数据、云计算的几个实践案例。

（1）大数据：基于开源架构的股票行情分析与预测。

（2）大数据：IMDG 应用场景。

（3）大数据：VADL 系统。

（4）大数据：Ultipa Graph 实时图计算应用场景剖析。

（5）云计算：第二平台到第三平台的应用迁移。

（6）云计算：混合云云存储管理平台 CoprHD。

（7）云计算：软件定义存储 Ceph 与 ScaleIO 的对比。

5.1 大数据应用实践

5.1.1 基于开源架构的股票行情分析与预测系统

股票市场的行情分析与预测一直是数据分析领域里的重头戏。确切地说，IT 行业每一次重大发展的幕后推动者以及新产品(特别是高端产品)的最先尝试者都包含金融行业，特别是证券交易市场，原因是它具有交易量大、频率高、数据种类多、价值高等特点，正好符合大数据的 4“V”特征。在本小节，我们为大家介绍一种完全基于开源软件构建的大数据驱动下的股票行情分析与预测系统的实现。

通常我们认为在一个充分共享信息的股票市场内，股票价格的短期走向是不可预测的，因此无论是技术分析还是基本面分析都不可能让一只股票在短周期（如 n 小时、n 天、1 周）内获得优于市场表现的成绩——以上分析是基于著名经济学家尤金·法马（Eugene Fama）在 1970 年提出的有效市场假说（Efficient Market Hypothesis，EMH）。以美国证券市场为例，它属于半强型有效市场，也就是说，美国证券市场价格能够充分反映投资者可以获得的信息，无论投资人选择何种证券，都只能获得与投资风险相当的正常收益率（除非是基于保密信息的内部交易，而在美国证券市场，内部交易是被法律严格禁止的）。

有鉴于 EMH，目前证券市场绝大多数的交易分析与预测软件集中精力在以下两个领域寻求突破。

（1）高频交易或实时行情预测。

（2）长期趋势预测（大于 10 天）。

我们在本小节中设计的股票行情分析与预测系统主要关注实时预测与长期预测。在这样的系统内，至少有如下 3 个功能是必须要实现的。

（1）采集：实时股票交易数据导入与存储。

（2）训练：基于历史数据集的训练、建模。

（3）预测：结合实时数据与历史数据的决策生成。

图 5-1 展示了股票行情分析与预测系统的基本数据流程逻辑。在设计系统时，我们需要充分考虑系统的并发性与可扩展性。以单只股票为例，可供分析的数据特征有几十种之多，而分析的频率与周期可以以天为单位，也可能以秒甚至毫秒为单位，如果要对多只股票并发分析，则对系统的吞吐量要求更高。

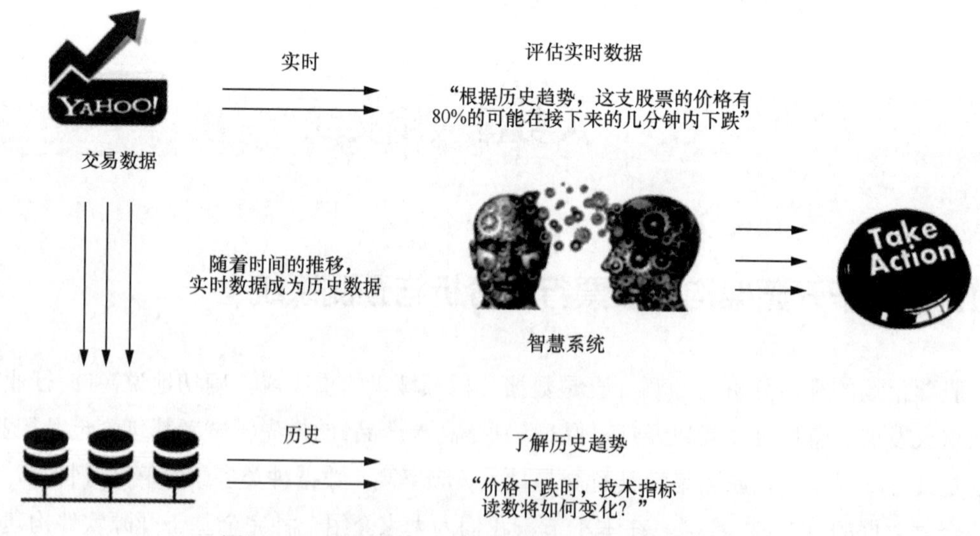

图 5-1　股票行情分析与预测系统的基本数据流程逻辑

有鉴于此，我们采用了如下开源组件来构建系统。

（1）实时数据采集：Spring XD。

（2）实时数据分析：Apache Geode。

（3）历史数据存储+分析（NoSQL）：Apache HAWQ + Apache Hadoop。

（4）机器学习、建模、优化：MADlib + R 语言 + Spark。

基于开源组件构建的股票行情分析与预测系统如图 5-2 所示，整体架构的数据流程及工具链如下。

（1）实时数据导入 MPP 或 IMDG 集群：Spring XD。

（2）基于机器学习模型的实时数据+历史数据比对分析：Spark+MADlib+R 语言（Spark 作为基于内存的分布式计算引擎来处理通过 R 语言机器学习建模的数据）。

（3）分析结果实时推送至股票交易处理应用端。

（4）实时数据存入历史数据库并进行线下分析（非实时）：Apache Hadoop 和 Apache HAWQ（用于交互式、PB 规模数据的高效 SQL 查询）。

（5）线下分析结果用于更新、调整机器学习模型。

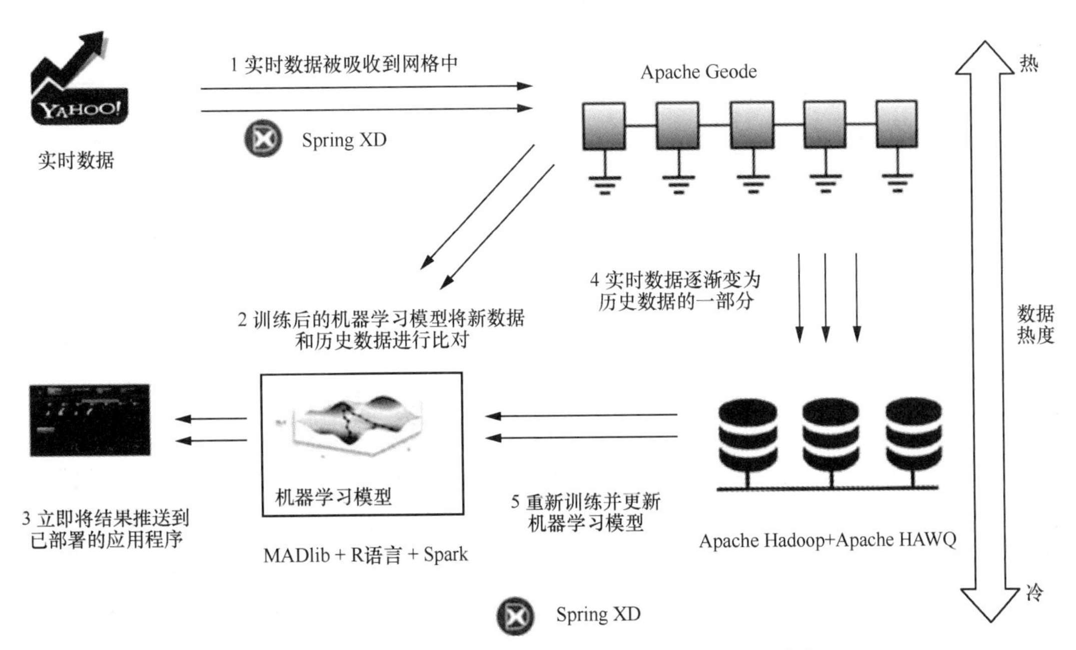

图 5-2 基于开源组件构建的股票行情分析与预测系统

细心的读者还会发现，图 5-2 中由上至下，数据的热度是逐渐降低的，对应于基础架构的方案（硬件+软件）也呈现出由高成本到低成本的转变，具体到硬件层面：内存→闪存或硬盘；具体到软件层面：基于内存的网格计算→HDFS。

关于机器学习部分，无论是 Spark MLlib、Apache MADlib，还是 R 语言，尽管它们支持的底层分布式基础架构大不相同（MLlib 运行在 Spark 之上；MADlib 可以支持主流的数据库系统，如 PostgreSQL、Pivotal Greenplum 以及 HAWQ；R 语言则是提供了专注于统计计算与制图的工具包），但是它们都支持基本的学习算法与工具链，例如分类、回归、聚类、降维、协同过滤等。

在机器学习分类层面，通常我们有以下 3 种方式。

（1）监督学习。

（2）非监督学习。

（3）增强学习。

这三者当中，监督学习通常最适合用于股票行情预测。监督学习算法有很多，我们简单地列举以下几种。

（1）逻辑回归算法。

（2）高斯判别分析算法。

（3）二次判别分析算法。

（4）支持向量机算法。

鉴于篇幅所限，我们在这里无法对每一种算法进行详细介绍，但是关于机器学习，特别是监督学习，有两个基本的知识点非常重要。

（1）针对训练数据集进行运算，进而推导出预测模型来对未知数据集进行预测。而选取训练数据集的大小对预测准确性与性能影响非常大，训练数据集过小则准确性低，过大则性能低。因此一般选择大小适中的训练数据集来进行处理。

（2）运算中非常重要的两件事情——分类+回归，前者把集中的数据分门别类地加以区分，后者则发现它们之间的关联性，两者对立统一。

我们发现，在长期（大于 10 天）股票趋势预测中，支持向量机算法的稳定性最高；二次判别分析算法其次；而高斯判别分析算法与逻辑回归算法的准确率低于 50%，也就是说，甚至低于抛硬币猜中正反面（各为 50%）的概率。而在短周期（1～10 天）分析中，4 种算法并没有显示出太大的区别，预测准确率基本上处于 50%上下，这样的结果符合 EMH 中对美国这类半强型证券市场的推断。

另外，在对每一只股票的分析过程中，使用的特征数据越多，准确率越高。不过，效率与特征的关系不会持续保持线性可增长，当待分析特征多到一定程度后，系统处理性能（或性价比）一定会降低，进而影响到实时性，因此还需要考虑系统效率与实践成本问题。

为了能让大数据工作者更好地进行相关实验与实践，有人还把本股票行情分析与预测系统移植到了笔记本电脑之上。单机版开源股票分析与预测系统如图 5-3 所示。图 5-3 与图 5-2 的唯一区别是，图 5-3 把 Apache Hadoop 与 Apache HAWQ 组件去掉，也就是说数据处理完全实时化（实时导入、近实时机器学习模型训练、实时数据比对、实时操作建议推送）。

对本案例有兴趣的读者可以在 GitHub 上下载相关源代码及文档。

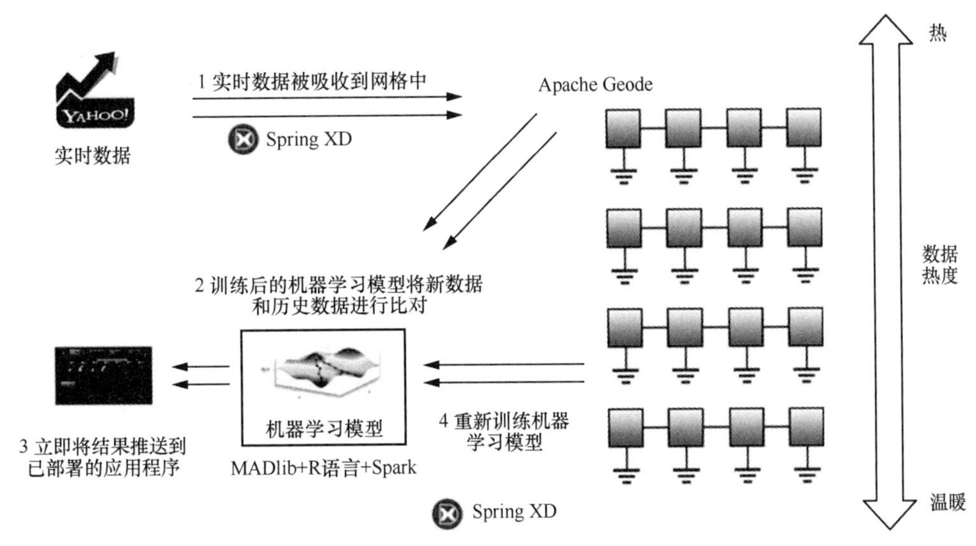

图 5-3　单机版开源股票分析与预测系统

5.1.2　IMDG 应用场景

IMDG 技术满足了日益增长的对数据进行实时处理的需求，其中，最具代表性的 IMDG 解决方案当属 Pivotal GemFire（其开源版本为 Apache Geode）。在了解 GemFire 的主要应用场景前，我们先了解一下 GemFire 的系统架构设计。GemFire 支持以下 3 种系统架构。

（1）点对点架构。

（2）C/S 架构。

（3）多站点架构。

点对点架构是其他架构的基础组件，它的最大特点是作为缓存数据的 GemFire 成员，与本地应用进程共享同一个堆，并且在分布式系统中各成员直接维系通信。这也是我们认为的最简洁的系统架构，如图 5-4 所示。

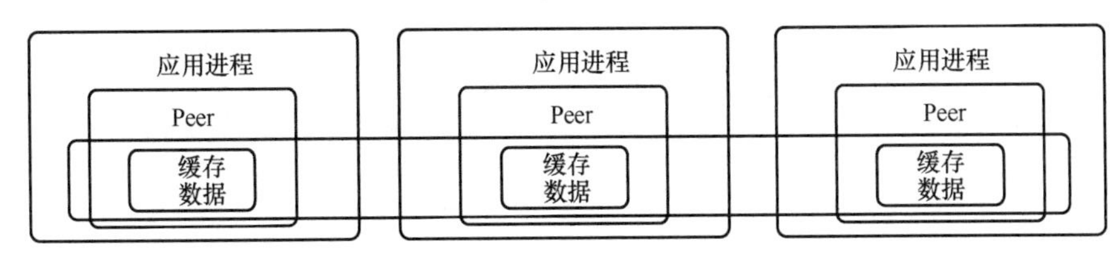

图 5-4　GemFire 的点对点架构

C/S 架构主要用来做垂直扩展，如图 5-5 所示。在这样的架构设计中，位于应用进程中的 GemFire 客户端只保存一小部分数据，而把剩余的数据留给 GemFire 服务器端保存，多个服务器之间依旧以点对点的方式组网。这样的设计有两大优点：一个是提供了更好的数据隔离性；另一个是当数据分布造成网络负载沉重的时候，C/S 架构通常会提供优于点对点架构的性能。

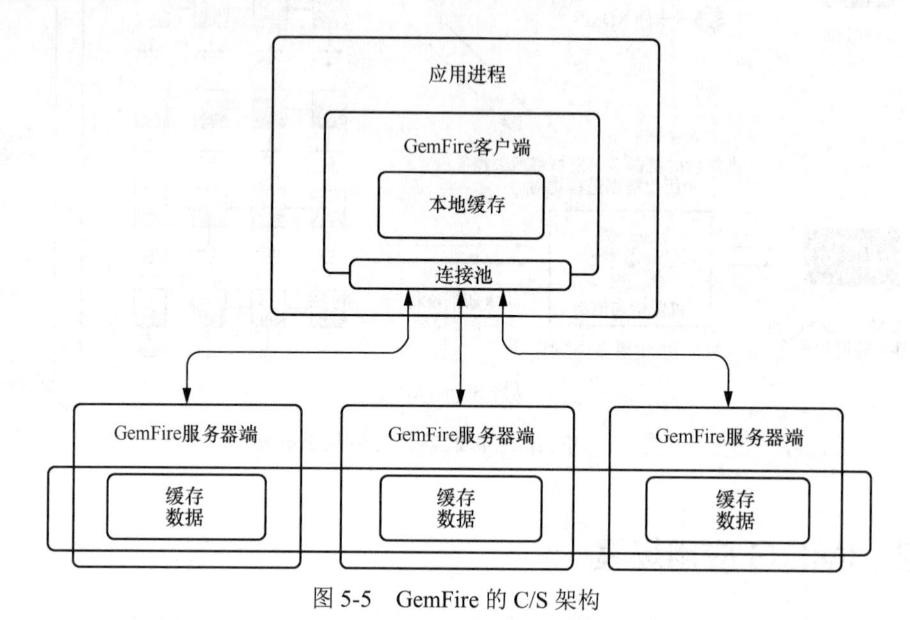

图 5-5　GemFire 的 C/S 架构

多站点架构则主要用来做水平扩展，是 3 种架构中最为复杂的一种。GemFire 的设计采用的是跨广域网的松散耦合组网方式。这样组网的主要优点是：相比于那种紧耦合组网方式，松散耦合组网的各站点相对更为独立，任一站点网络连接不畅或者掉线对其他站点的影响微乎其微。在多站点架构中，每个站点内部依然采用的是点对点架构，如图 5-6 所示。

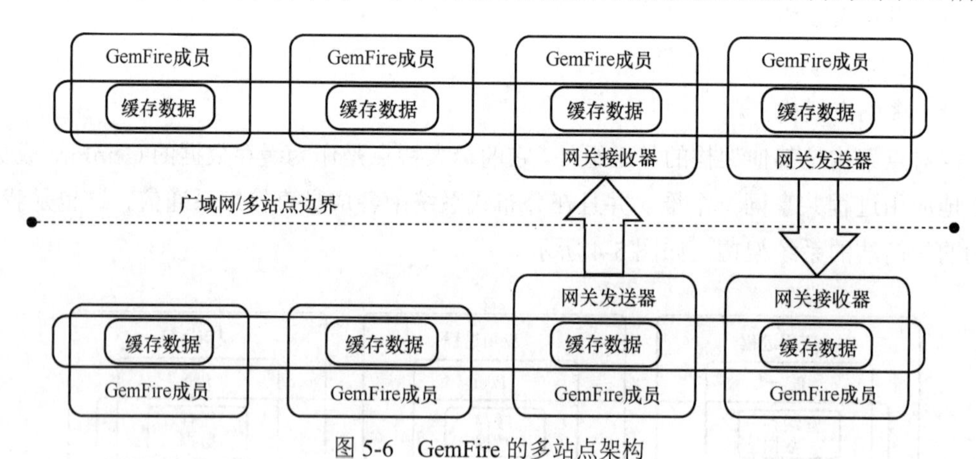

图 5-6　GemFire 的多站点架构

GemFire 的应用场景很广泛，总结起来有如下几大类。

（1）高可用、分布式缓存。

（2）网格计算。

（3）交易处理。

（4）流数据处理、事件触发、通知。

在分布式缓存场景中，GemFire 可以被用作缓存层来提供基于内存的常用数据快速返回（即便在后端服务器掉线的情况下，GemFire 依然可以提供数据服务）。GemFire 通常被看作是比 Redis 更强大的缓存解决方案（反之，Redis 也可以被看作是“低配版”的 GemFire）。一类典型的案例就是当保险公司客户在线填写表格的时候，相关信息可以通过 GemFire 在服务器端缓存，这样做的结果是极大地提高了端到端系统反应速度，用户不会再因为网页刷新等待服务器返回表格数据的时间过长而中途退出或终止填写表格（客户流失）。

在交易处理场景中，最值得一提的案例是中国铁路 12306 网站（提供火车票网上订票服务），它在 2013 年春节之前的数个月内做的大规模的系统调整，就是把整个票务查询部分的功能从原有的使用关系数据库实现调整为使用基于 GemFire 的 IMDG 解决方案，系统性能的提升是惊人的，改造前后的对比见表 5-1。可以看出，查询并发可以达到每秒 26 000 次，系统的造价却远远低于原有的以小型主机为主的高运维成本架构。这也充分体现了 NoSQL 类系统设计与实践在商业领域的巨大潜力。

表 5-1　中国铁路 12306 网站改造前后的对比

改造前后	查询耗时	查询并发	可扩展性	系统架构	系统规模
改造前	单次为 15 s	并发性差，无法支持高并发	无法动态增加主机	UNIX 小型主机	72 台 UNIX 系统+1 个 RDBMS
改造后	最短为 1～2 ms，最长为 150～200 ms	高峰可达 2.6 万次/s	弹性、按需增减主机，数据同步用时达到秒级	Linux X86 服务器集群	10 台主 X86 服务器+10 台从 X86 服务器+1 个月历史票务数据（2 TB）

5.1.3　VADL 系统

视频分析数据湖泊（Video Analytics Data Lake，VADL）系统可以被看作是一个物联网领域中数据量最大、网络与服务器负载最高的传感器数据分析与处理系统。VADL 系统的应用领域相当广泛，例如以下几种。

（1）智能停车场。

（2）智慧交通。

（3）智能零售。

（4）平安城市。

（5）智能电网、智能勘探、电信等。

以智能零售为例，星巴克咖啡公司通过视频监控与分析系统可以判断在信用卡交易中是否存在雇员欺诈行为。其背后的逻辑如下：结合收银台与监控视频，当任何一笔信用卡交易无顾客出现在视频中时，则可推断为疑似存在雇员欺诈行为。

更为复杂的海量视频分析应用场景还包括视频搜索引擎（人脸识别、车牌检索）、视频舆情分析（用户生成视频监控、检索，社会舆论导向、趋势分析等）。

在云计算与大数据背景下，VADL 系统面临的挑战如图 5-7 所示，我们着重解决以下几个。

（1）如何快速提取数据。

（2）如何实现多级时延数据分析。

（3）如何实现可扩展的数据存储。

（4）如何搭建在云平台之上，实现管理与编排的监控自动化。

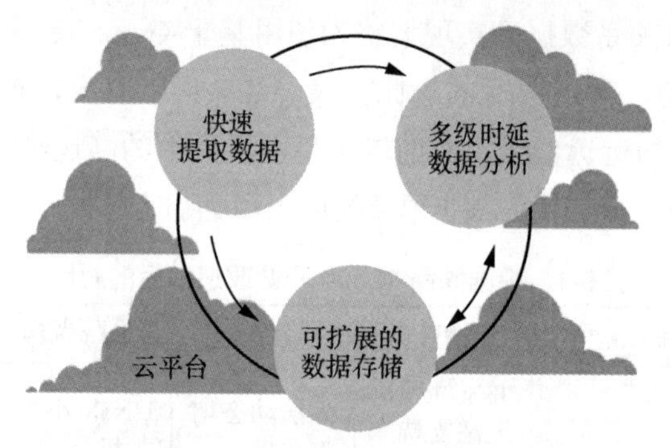

图 5-7　在云计算与大数据背景下 VADL 系统面临的挑战

图 5-8 展示的是 VADL 系统的整体架构，其中主要的分层（自上而下）逻辑功能模块如下。

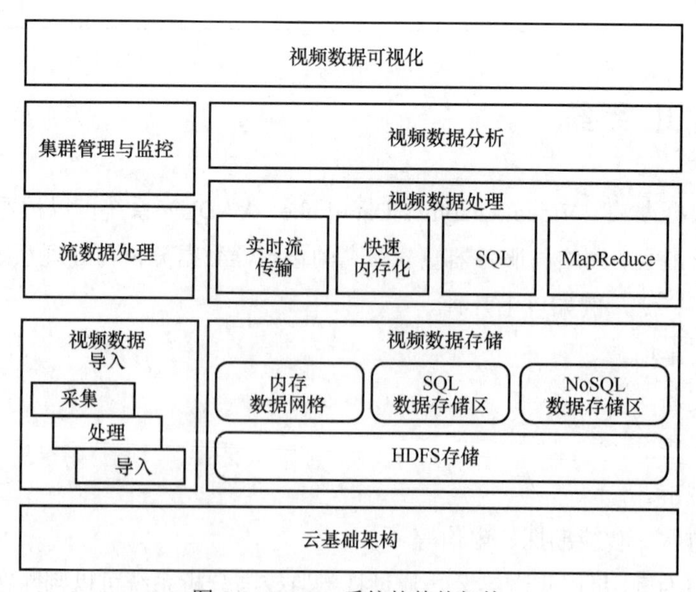

图 5-8　VADL 系统的整体架构

（1）展示层：视频数据可视化。

（2）应用层：视频数据分析、集群管理与监控。

（3）数据处理层：视频导入、流数据处理。

（4）数据存储层：视频数据存储。

（5）基础架构层：云基础架构。

以上的 5 层逻辑功能模块基本上解答了上面几个问题，但是它们之间通过数据处理流程而连接的关系，还没有被清楚地表达出来。因此，在图 5-8 的基础之上，我们又把数据按照它们在 VADL 系统中“流过”的生命周期分为如下五大阶段，如图 5-9 所示。

（1）数据源。

（2）数据导入。

（3）工作使能：管理与编排+数据处理和分析+数据存储+云基础架构。

（4）洞见。

（5）行动。

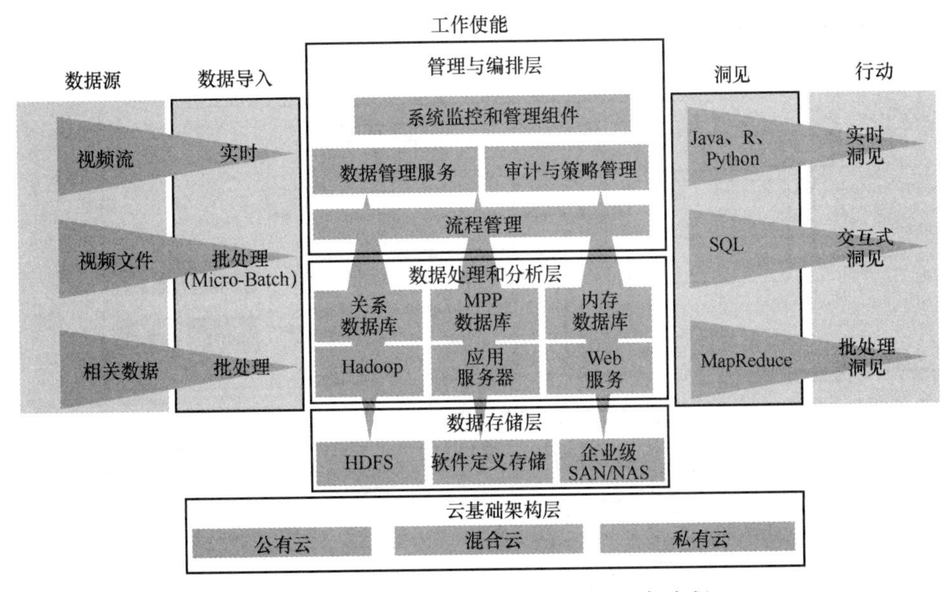

图 5-9　VADL 系统的组件及数据与业务流程

海量数据的高性能并发导入是 VADL 系统的一大特色，如图 5-10 所示。该组件主要由 3 个模块构成：采集模块、处理模块、导入模块，它们之间通过导入管理器与消息代理中间件来负责完成系统拓扑管理、任务启动、负载均衡以及模块间的高速信息交互。在数据导入阶段，视频源数据被最终存储在 HDFS 之上用于批处理分析，而被处理的视频数据在被分解为静态图像（帧）后，再发给多级时延系统用来做实时或低时延处理与分析。

图 5-11 所示的多级时延的数据分析系统是 VADL 系统的另一大特色。在 VADL 系统的海量视频处理分析架构中，我们设计了 3 种不同时延的处理模块来满足用户需求。

（1）实时：基于内存的实时处理模块。

（2）低时延：基于 SQL 的交互式处理模块。

（3）高时延：基于 MapReduce+HDFS 的批处理模块。

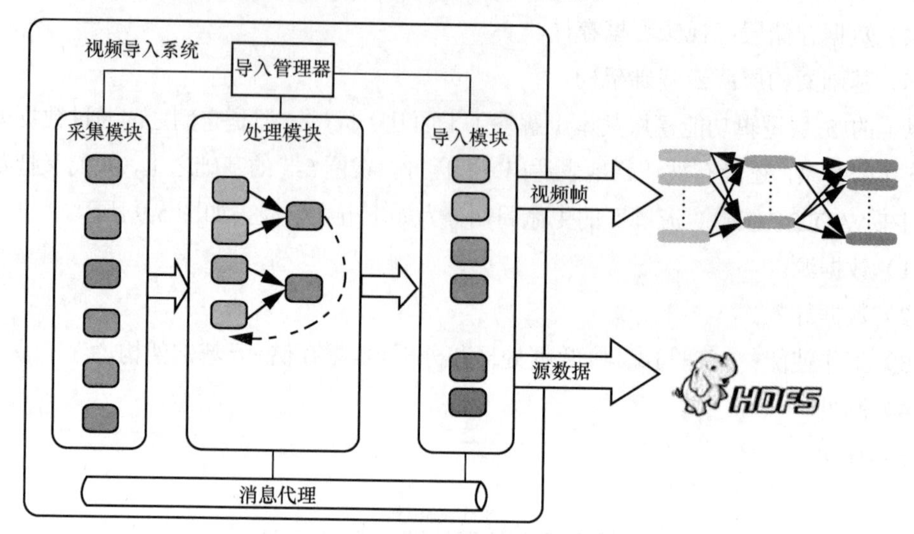

图 5-10 VADL 系统的高性能并发导入

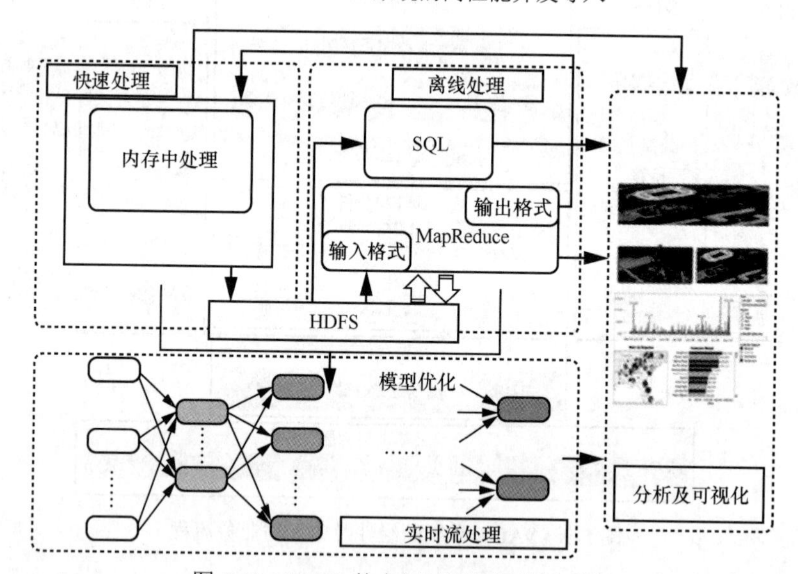

图 5-11 VADL 的多级时延数据分析系统

很显然，这样的设计虽然在一定程度上增加了系统的复杂度，但是系统的最终、全部拥有成本及 ROI 这两项指标最优。

VADL 系统是一个完全可扩展的系统，因此它可应用的场景很多，例如从基础的人脸识别、经过目标（人、车或动物）计数，到复杂的视频检索（搜索）引擎、舆情分析等场景。图 5-12 是 VADL 原型系统界面，其中展示了某条街道某段时间内通过的车流信息的统计结果，可以看到图中包含通过汽车的数量与颜色的统计与分类结果。

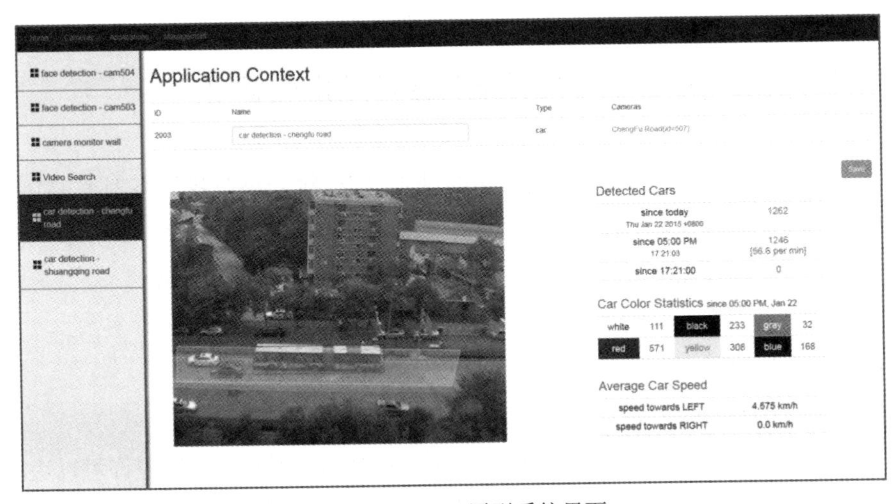

图 5-12　VADL 原型系统界面

VADL 系统还有一大特色，那就是它的线性可扩展性。对于视频大数据处理系统而言，所谓线性可扩展指的是随着视频数据源的线性增加（如增加摄像头），系统的综合处理性能（如数据导入与分析的吞吐量）会随之线性增加，而时延并不会出现明显增加。如图 5-13 所示，随着摄像头数量的线性增加，系统处理视频（图像）的总帧率随之线性增加，而处理时延并无明显改变。当然，海量视频处理是一个非常复杂的挑战，我们在这里只是展示了一种颇有潜力的结合了云计算与大数据领域多种新技术的实验性解决方案，相信有兴趣深究的读者可以创造性地探索出更多精彩的应用场景与高效信息处理架构。

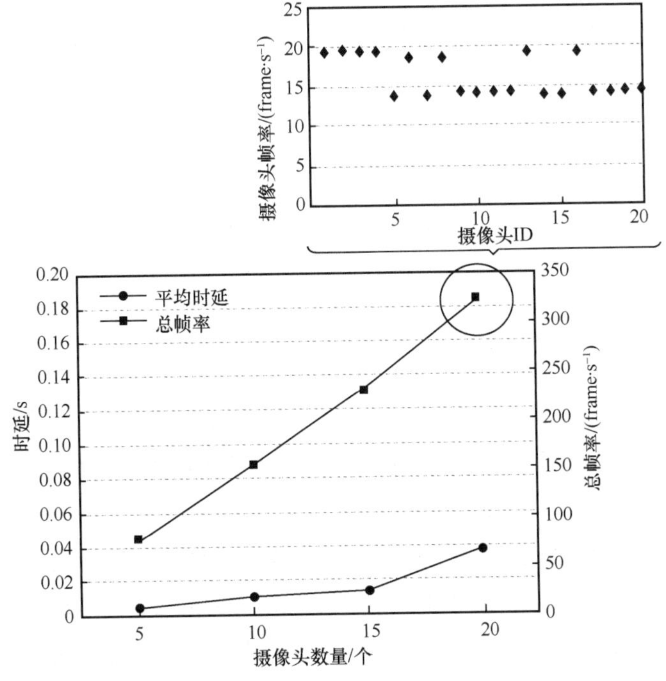

图 5-13　VADL 原型系统：可线性提高的数据吞吐性能

5.1.4 Ultipa Graph 实时图计算应用场景剖析

在第 2 章中，我们介绍了关于图数据库的基本概念，这一小节我们将为大家介绍 Ultipa Graph 在几个垂直行业中的“杀手级”应用，它们都体现了高性能图计算引擎、实时图数据库的典型特点，具体如下。

（1）进行实时深度查询的处理能力强。

（2）进行实时全网（全图）搜索的处理能力强。

（3）高并发的处理能力强。

众所周知，金融行业对新技术的尝试在过去 100 年间（甚至更早，也许可以追溯到荷兰人在近 4 个世纪前的股票交易市场时期）始终是名列前茅的。这里的第一个案例就是关于银行业使用先进的实时图数据库技术来解决“担保链、担保环”的发现与高风险预警的问题。

以国内的银行业为例，每家银行最大的营收和利润基本来自对公业务。在对公业务中，贷款（流动资金贷款、履约保函、出口押汇、进口押汇等）企业通常会被要求提供担保方（另一家公司），以此作为一种降低还款风险的手段。

假设企业 A 的担保人是企业 B，如果 B 的担保人又是 A，这种情形无论是人工还是关系数据库都可以毫不费力地被发现。但如果这个担保关系稍微复杂一点：A 担保了 B，B 担保了 C，C 担保了 D，D 担保了 E，E 又担保了 A，多家企业间形成了图 5-14 所示的担保环，那么，利用关系数据库或人工在大量的贷款企业数据中去发现这样的环或者链条就变得非常困难了。确切地说，这种数据间的深度、多级关联分析就是图数据库非常适宜的场景。

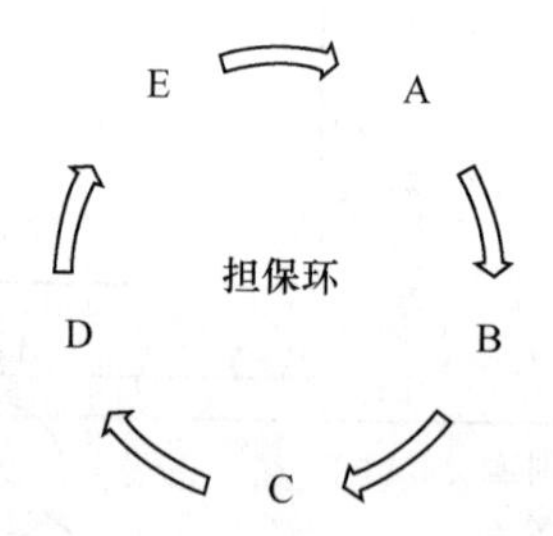

图 5-14　多家企业间形成的担保环

在每一家有数万甚至数以千万计的企业客户的银行中，如何尽可能多地发现担保链条或者担保环，进而对牵连在其中的企业进行定向、定量的风险分析，这对于保护银行资产与避免银行资产损失具有重大的意义。

我们知道要查询企业间的担保关系，对于关系数据库而言只能通过做表连接操作来实现。在一张大表中，查询超过 2 层深度担保关系（A—B—C）的运行速度就会变得缓慢，而如果是查找图 5-15 所示的 10 层以上的关联关系，那么这种超深度关联发现对于关系数据库或除了图数据库外的其他 NoSQL 类数据库或数据仓库来说，将是一项不可能完成的任务。

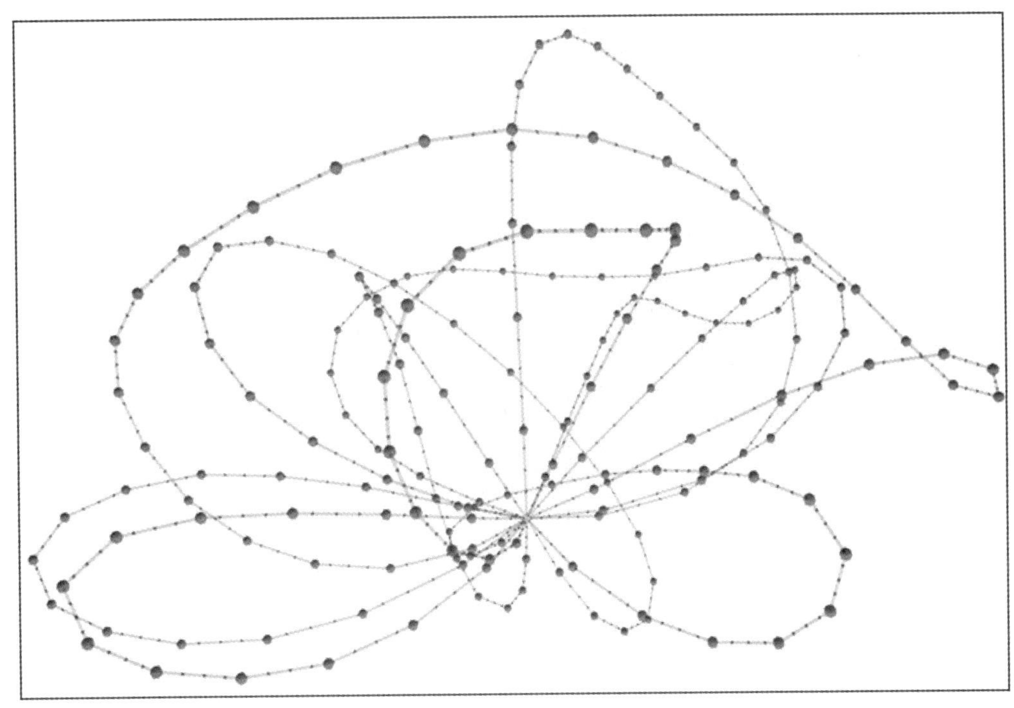

图 5-15 最深链路超过 30 层的关联关系

在某行的企业担保风控与预警系统中，Ultipa Graph 图数据库的数据结构非常简洁，顶点为贷款及担保企业，包含企业相关的信息、边及其方向为相连企业间的担保路径（A→B 或 A←B 分别表达 A 担保了 B 或 B 担保了 A），全行所有的企业信息经 ETL 处理后，进入一张大图中进行以下操作。

（1）实时运算，找到所有企业间的担保链条或担保环。

（2）从任意一个企业出发，找到它是否位于任意一条担保链条之上。

（3）针对任意 2 家企业，查询它们之间是否存在担保关系，这一场景可以泛化为任意类型的关联关系，例如企业间的董监高（指董事、监事、高层管理人员，一般主要指公司的领导层，特别是上市公司的领导层）之间的间接关联关系。

（4）所有处于链条上的企业，查询它们是否被法院、工商部门、劳动监察部门处罚过，并依此判断是否触发风控预警。链中的任一企业的倒闭或其他高风险行为，可能会触发“多米诺骨牌”效应，进而导致金融风险被放大。

Ultipa Graph 的第二个行业案例横跨了运营商与网络刑侦领域。对于我国这样的大国，电话用户规模是 10 亿的量级，而通话记录规模则是每日百亿以上的量级，这样的数据量对于任何系统而言都是一项不可小觑的挑战。

现在，我们来思考这样的一个业务需求：已知有一批多达 1 000 人（电话号码）的可疑团伙，在全网络中找到这 1 000 个号码间的全部关联关系，如图 5-16 所示，其限制条件如下。

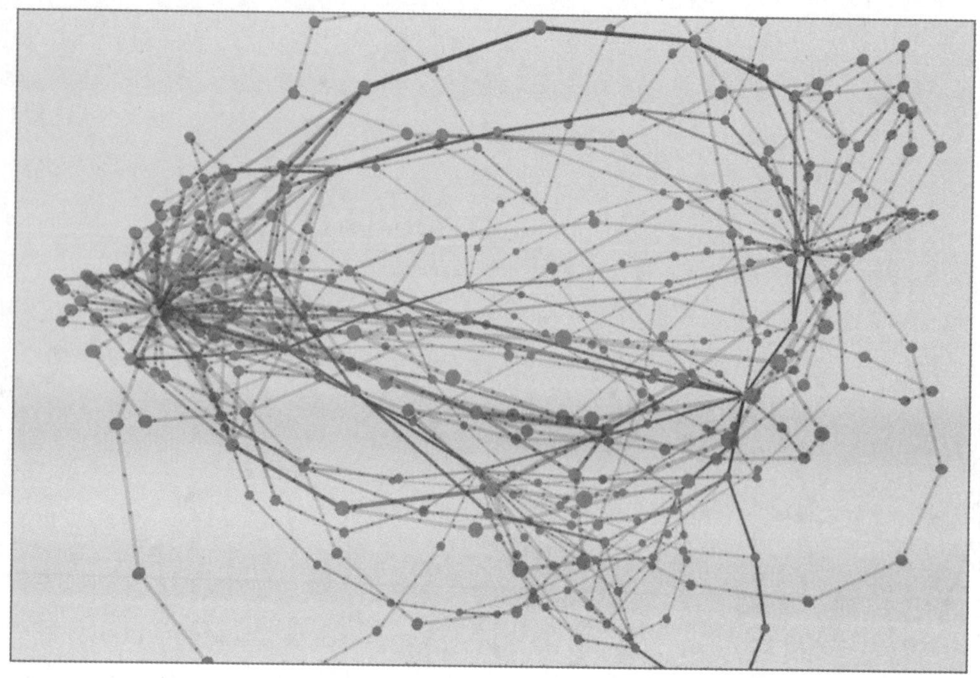

图 5-16　在百亿量级点和边的大图中对 1 000 个节点自动关联组网

（1）任意两个号码间的关联关系的查询深度不必超过 6 层（小于或等于 6）。

（2）尽可能快地完成该查询过程。

这两条限制条件转换成技术的挑战就是如下两点。

（1）在图中对任意节点对，查询它们的多条最短路径，深度不超过 6 层。

（2）1 000 个节点间，最多需要进行 50 万次最短路径查询（1 000 × 999 / 2）。

以上的“挑战”对于市面上常见的图数据库（如 Neo4j、JanusGraph、TitanDB、Apache TinkerPop、Huge Graph、Amazon Neptune 等）而言，每一次 6 层深度关系的查询耗时保守估计是 1 s，50 万次查询耗时接近一周。如果读者觉得这么久很难忍受，那么用关系数据库，每一次查询耗时可能是 30 min 或者更久，50 万次查询所需的运算时间是 10 416 天，也就是二十几年。显然，二十几年太长了，而对于“在线等”的客户而言，即便是 7 天也意味着丧失良机——事实上，用 Apache Spark 的图计算框架 GraphX 来解决这个问题，需要的时间大概是 15 天，并且它还只能处理静态的数据，即如果每次通话数据变化后，需要重新经过 ETL 处理，然后到 Spark 系统中重新计算。

现在我们可以“心平气和”地探讨一下速度提升的意义了，Ultipa Graph 在架构、数据结构和算法 3 个领域进行了多维度的全面优化，从而实现了指数级的算力提升。像上面的组网问题，Ultipa Graph 实现了秒级的查询结果返回，整体性能相比同类数据库提高了 10 000 倍。

经常会有人问，速度更快、查询更深有什么意义吗？这类问题让人听了啼笑皆非，就像在高铁出现后，还有人愿意坐马车出行吗？有人会说，上面提到的场景是低频场景，业务并没有诉求要做到实时。这是典型的本末倒置，是因为过往的技术没有能力实时化、深度、灵活地处理海量数据才造成了业务场景的低频。一旦技术的突破带来了实时的可能性，业务的迭代与推陈出新就会日新月异、突飞猛进，这就是速度优势带来的结果。而诋毁和质疑实时能力通常是尸位素餐的意识形态在作怪。

图数据库深度查询的能力，意味着无论隐藏得多深的关联关系，都可以顷刻间被挖掘出来；而从传统数据库的视角来看，则完全是无关联的（其原因是无法做到深度的关联查询），故很多潜在的业务和商业模式也因此被埋没或雪藏，这就是实时、深度计算与分析的意义之所在。

在很多领域中，例如商业智能、数据分析、风险管理、营销、智慧经营、监管等，都涉及超深度查询的需求，这些需求在像具备 Ultipa Graph 这种能力的数据库产品和科技没有出现之前，是无法得到有效满足的，因而被尘封起来，而一旦满足这些需求的科技面市，就必然会出现井喷式的发展。这也是人类社会发展的规律，很多事情是非线性发展的，无论是从物种进化的角度、人类意识层级进化的角度还是科技发展的角度皆如此。

高性能图数据库还有一个不可避免的挑战，那就是面对海量数据的挑战：如果一张逻辑上的大图不得不进行分图（或分片），那么应该如何切割？这个问题乍一听十分复杂，因为图是高维的，图中的所有顶点与边构成了一张高维的网络。如果这个图中的顶点是全联通的（即任何两个点之间都直接一步关联，这种图在图论中被称作团），那么这张图在逻辑上是不可切割的，或者说即便是被切成多张图，每一次运算也可能会涉及在多张图中进行查询。从一个整体同步并行计算（Bulky Synchronous Parallel，BSP）系统的角度来看，每次操作会让整个网络中的每个子图互相依赖和等待，进而造成系统的极度低效。

那么，真实商业环境中所构成的图是可以被切割的吗？答案是确定的。真实世界的数据通过图网络的方式建模的场景非常之多，诸如社交网络、道路网络、电信网络、电力传输网络、金融网络等。学术界对于以上的前两类场景研究较多，其中，社交网络有个特点，它是简单图，即任意两个顶点间最多只会存在一类边（例如关注关系）；道路网络的特点是，不会存在热点（超级节点）。在这两种场景中，道路网络因为其天然的稀疏性和路网遍历中的区域性特点，即便是暴力切图，也对大多数图上操作的性能影响很小（因为多数操作不会涉及跨子图交互），而社交网络的切图一直是个学术界的难题。在一张图当中会存在着不同稀疏程度的社区，只要能找到这些社区间的最小关联的路径，从那里进行切割就可以做到智能化的图切割，这种方法被称为 Graph Partitioning（图切割），或者叫 Graph Sharding（图切片）。如此称呼区别于从关系数据库的视角来看是横向还是纵向的表的分割，因为图是高维的，所以无论是横向还是纵向，都不能精准地表达其含义，因此用哪种称呼均无关紧要。但是，找到这个最稀疏的区域，可能是一个顶点、一条边，或者是多个顶点与边的集合，其算法复杂度是一个 NP-Hard（NP 困难）问题。故此，目前所有基于社交网络理念构建的大规模图计算框架能完成图计算与分析操作的，均属于非常浅层的（不超过 2 层）——从 BSP 系统的角度看，任何超过 2 层的操作都会因为分布式系统内的多实例间大量通信、等待与协同，使性能与时效性变得不可预期。

下面，我们来介绍一种典型的切图方案。在图数据库领域中，将大图切割为小图，一般是按照顶点或者边来切割的，这和具体的算法、数据结构有关，与运行时内存的消耗关系并不大，在此不做深入探讨。

以图 5-17 为例，这种点边一体化的存储策略（类似于 BigTable 的存储策略），它实际上是按照以顶点为中心的方式存储的，即每个顶点所关联的所有边数据都与该顶点存储在一起。

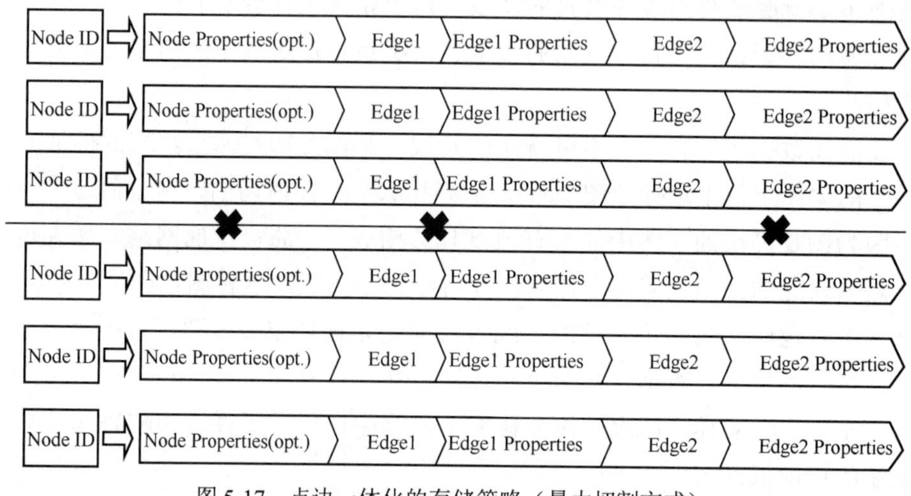

图 5-17　点边一体化的存储策略（暴力切割方式）

这样存储的优点是，只要能定位该顶点，就可以快速地找到它所有关联的边（及任意边所关联的另一顶点）。这种存储数据结构对于图的切割逻辑而言，并没有对顶点进行分割，表面上也没有对边进行分割，但在实际的图遍历过程中，从一条边的起始顶点到终止顶点，就可能会涉及跨分片遍历了，并且这种跨分片是事先不可预期的（即无法通过预先计算来缓存所有可能的跨分片逻辑以进行加速）——这也是基于暴力切割方式的图分片系统的整体效率不可能很高的底层逻辑。

当然，还存在其他的水平可扩展、高并发系统的设计原则，例如按照时间序列来规划、设计系统。因篇幅所限，我们在此并不展开讨论。

随着云计算与大数据的蓬勃发展，很多人对水平可扩展系统的认知已经非常清晰了，但是需要指出的是，并不是所有的情况都要去追求水平可扩展，具体如下。

（1）根据业务发展的曲线，先追求垂直可扩展，再追求水平可扩展。

（2）现代单机系统的高并发能力已经相当于 20 年前巨大集群的计算能力，如何能实现单机的高并发依然是很多技术人员会选择性忽略的。单机的多 CPU、每个 CPU 的多核、每个核的多线程，这本身就是一个高并发系统。

（3）盲目追求水平可扩展，实际上在很大程度上牺牲了系统的性能。因为 CPU 比内存的计算速度快 1 000 倍，内存比硬盘的吞吐量高 1 000 倍，内存比骨干网络带宽的吞吐量高 100 倍以上。那么构建集群后，任何集群内节点间的通信意味着此时 CPU 和 RAM 都在空转、等待，也就是说，用 10 台机器构建的集群在性能上可能还远远低于 1 台高效运转的机器。

（4）在一切即服务的大背景下，要注意区别提供不同类型服务的子系统对可扩展性的真实诉求。在互联网服务中，前台 Web 服务器因为用户请求高并发的特性而采用水平可扩展是完全合理的；在基于 Hadoop/Spark 的大数据批处理业务中，MapReduce 和 HDFS 的架构特点以及各个节点间的低相互依赖特征可以让系统水平扩展到上千台机器以上；有一些键值数据库、图数据库，如果能把所有的数据都存放在 1 台机器的内存之上，所提供的访问效率会比分布在多台机器上的访问效率高 1 000 倍，那么就应该通过垂直扩展的方式（如增加内存、提高 CPU 主频、内核数等方法）来获得最高的系统效率，然后再通过高可用集群、多机多份全复制、分布式共识等方式来满足系统高并发的诉求。

很多程序员忽略了上面的这些问题，而盲目地去追求所谓的高可扩展系统架构。如果让他们去看一下自己搭建的分布式系统的 CPU 的平均利用率，能超过 10%就已经相当杰出了。

关于图数据库的性能，很多人认为，只要是基于内存的（而不是外存的）解决方案就必然是高性能的，这是一个很大的误区。前文中我们提到了 CPU 的数据处理速度比内存的数据处理速度快 1 000 倍，现代的 CPU 都带有 L1～L3 的高性能缓存，其中，L3 缓存的性能是 RAM 缓存的 10 倍，L2 缓存的性能是 L3 缓存的 10 倍，依次类推……也就是说，如果内存中存在频繁的操作，而没有让 L3、L2、L1 等缓存进行饱和运转，为 CPU 提供足够的数据来吞吐，那么，CPU 实际上处于空转状态。如何能够优化系统来实现高效的 CPU 资源利用率呢？答案无外乎以下几种。

（1）架构：采用并发多线程设计、互锁机制、数据段锁定的颗粒度等，甚至是抛弃 CPU 架构，利用 GPU、FPGA/ASIC/SoC 的体系架构思路来获得更高的系统性价比。

（2）数据结构：数据结构直接影响数据访问（增、删、读、写）的方式与效率，这也和编程语言、逻辑息息相关。

（3）算法：在图数据库中，广度优先、深度优先或者是其他的如 Dijkstra 算法，在不同的具体需求场景以及不同的数据拓扑结构下的效率，均存在着巨大的差异。

前面我们举的两个行业应用案例都比较偏底层，我们再举几个侧重于上层可视化的案例——知识图谱与图数据库的结合：

（1）基于知识图谱的实时智能推荐；

（2）关系图谱与AB路径（路径A和路径B）。

熟悉推荐系统的读者对现有的推荐系统并不陌生。在互联网搜索引擎技术中，最核心的一部分业务就是搜索结果排序+推荐内容，通常被推荐的内容作为辅助阅读、延展阅读而存在。特别是随着移动互联网业务的蓬勃发展，像Facebook、今日头条这类应用在很大程度上“控制”了使用它的用户——在阅读一篇文章的时候，后台推荐系统会根据用户的喜好、浏览记录、同类用户的浏览行为进行“协同过滤”来推荐相关内容，并以此来“锁定”用户，让其将更多的碎片化时间停留在应用内。

我们知道这种推荐算法/系统的一个普遍特点是：推荐内容单一化。用专业术语表示则是过度拟合，对于用户而言，其直观感受是：如果看了关于某演员的文章，那么得到的推荐结果可能全是与他直接相关的作品或新闻，那么用户很快会产生倦怠感。

那么，怎么利用图数据库来做到更智能的推荐呢？我们先梳理一下要实现的“智能化”效果。

（1）推荐的内容要相关，但是要避免协同过滤的那种一层深度关系相关，而要实现某种发散性推荐。所谓发散性就是2层、3层甚至更多层深度关系的关联。

（2）推荐内容的实时计算：现有的基于协同过滤算法和Spark、机器学习的推荐系统都没有实现纯实时的计算（时延为几十分钟、几个小时，甚至几天，也就是说，所有的推荐结果都需要预先计算并存储好，以在需要时被调用），图数据库是否能以纯实时的方式提供推荐的结果列表？

带着这两个问题，我们来看Ultipa Graph如何结合知识图谱来完成智能化实时推荐。

图5-18展示了基于知识图谱+图数据库的实时智能推荐系统。具体表达的是用户行为的图谱关联化，用户A、B、C、D的购买行为，以及他们购买的产品间的关联（假设这是一个商品的知识图谱）关系被构建出来了，剩下的问题就是推荐哪一款商品给用户。

传统的推荐系统会根据最高购买量或商品间存在的某种共享标签（但是完全不会考虑商品间存在的知识图谱关联性）进行推荐，例如，用户A购买冰箱后，如果以前所有购买冰箱的用户又都采购了旅游鞋，那么旅游鞋也会被推荐给用户A，这从统计学的角度分析并没有什么错，但从人的视角来看，这样的推荐相当不智能。当然还有更糟糕的，那就是继续推荐冰箱给用户A，我们看到今天的淘宝、京东、今日头条都还在这么做。如果从知识图谱的角度来看，冰箱会关联冰箱贴，冷冻格内的冰块盒，冷藏室所需的食品保鲜膜，冰箱所要容纳的海鲜、肉制品、豆制品、蔬菜水果等，这种发散性的关联可以遵循不同的脉络深度，有序地延展。

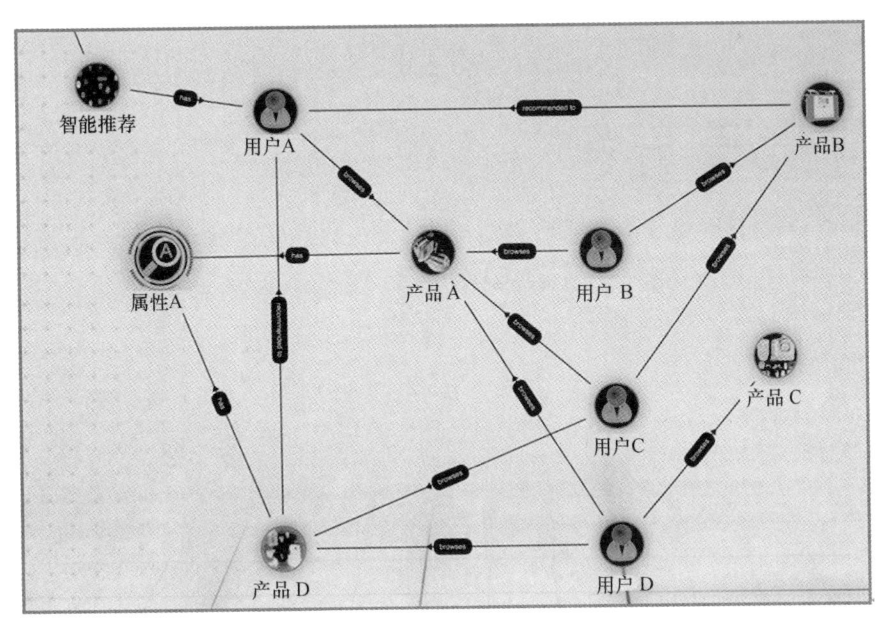

图 5-18　基于知识图谱+图数据库的实时智能推荐系统

再如：当一个用户在某内容平台上浏览了“金字塔”后，那么应该如何进行推荐呢？传统搜索引擎能做到的最好结果就是，继续推荐各种相关景点，因为这是金字塔的标签，所有共享这个标签的均可被推荐。如果再加上 GPS/LBS[1]信息，那么推荐可以变得更为精准——比如恰好你在法国，那么“卢浮宫金字塔”会被推荐出来。这样的推荐也很好，但是，用户如果希望得到更发散、更天马行空、更广阔时空背景下的关联关系，甚至是蝴蝶效应般的内容时，那么又该如何去满足用户的好奇心呢？

下面，我们就介绍一下关于通用知识图谱的关联发散型推荐算法的实现。

如图 5-19 中的 AB 路径所示，从“金字塔”关联到“帕特农神庙”，给我们展示了一种全新的推荐思路，它像人类的智者一样，举一反三，能做到旁征博引般的推荐。而这个推荐有着清晰的路径，并有着充满故事性、趣味性的关联关系，这是传统的推荐无法做到的。比如世界七大奇迹之一的胡夫金字塔坐落在埃及，埃及在两千多年前曾被马其顿王国的亚历山大大帝征服，而坐落在雅典卫城的帕特农神庙见证了这位帝王如何建立起一个庞大帝国。用玻璃和金属搭建起来的卢浮宫金字塔已经成为法国的地标性建筑，它是由祖籍江苏的美籍华人建筑师贝聿铭设计的，而位于江苏的狮子林，以及帕特农神庙都是列入《世界遗产名录》的世界重点保护文物单位。当然，还有更多条路径（人与人、人与事件、事件与事件之间的关系）需要我们去进一步探索、延展、关联和发散。

知识图谱本身并没有算力，它无法对数据进行深度的穿透、灵活的聚合、组网或归因分析。这个时候，图数据库或实时图计算引擎在算力维度上能提供以下两个性能。

1　LBS：Location-Based Service，基于位置的服务。

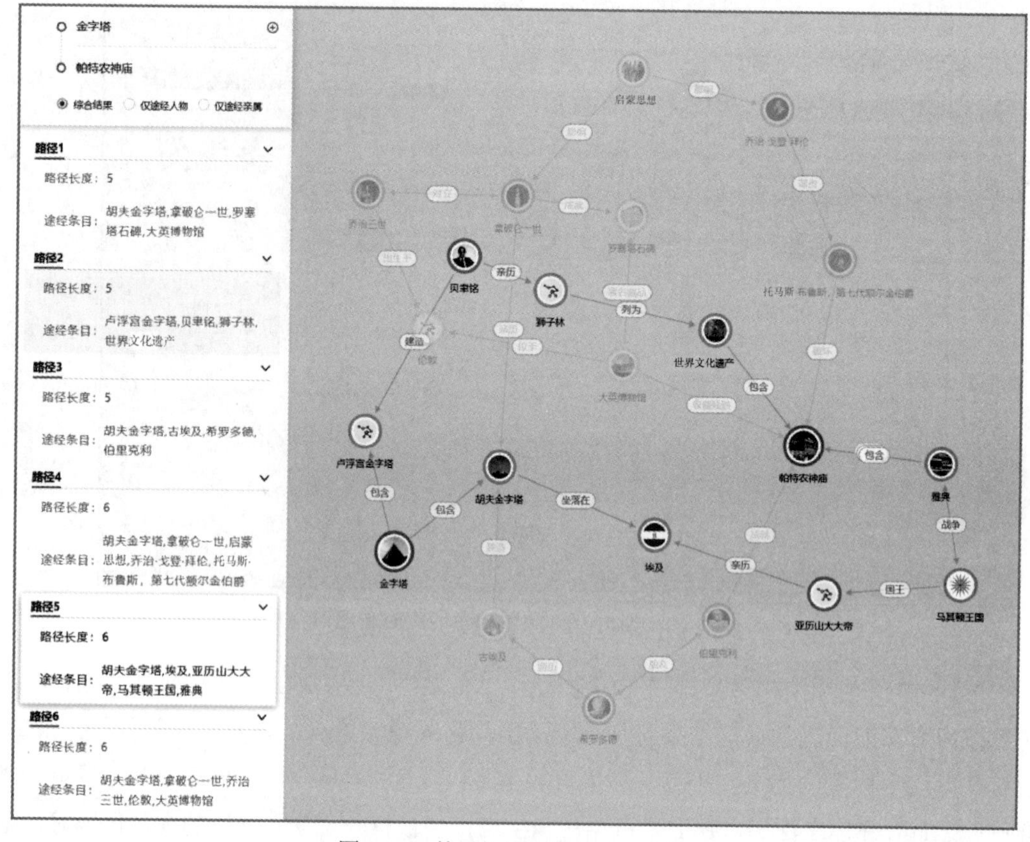

图 5-19　基于知识图谱的 AB 路径

（1）实时的算力、深度图搜索的能力：满足搜索引擎级的低时延（实时性）需求。

（2）根据权重、路径长短、上下文等需要，在知识图谱中进行智能化的搜寻——实现千人千面的智能化推荐。

我们再看另外一个例子。如图 5-20 所示，从“周润发”到《我不是药神》的 6 层关联关系，必须注意以下两点。

（1）六度空间理论已存在半个多世纪，Facebook 等社交网络平台已把这个思路用在了在线社交领域，理论上任何两个人的关联距离都不会超过 5 个中间人（即称之为六度空间）。但是，在通用知识图谱领域，任意两个顶点的关联深度很可能会远超六度。在前文中，我们也已经介绍过可能会存在超过 30 层的超长担保链路，比如在工商图谱中，持股路径、投资网络的深度都会超过 30 层。

（2）任意顶点间的关联路径存在多种可能性，选择哪一条最优路径推荐给用户则是一个挑战，这里涉及每一步关系的分类、特征、权重等诸多因素，甚至需要基于增强智能的图算法的介入来进行智能的关系删选与过滤。我们有理由相信，这样的知识图谱在最大程度上还原了人脑的神经元网络结构，而在此之上，如何进行推导并得出符合人类思考模式的结果，是从弱人工智能到强人工智能的一条潜在的路径。该路径极有可能通过图数据库来实现 AI 白盒化。

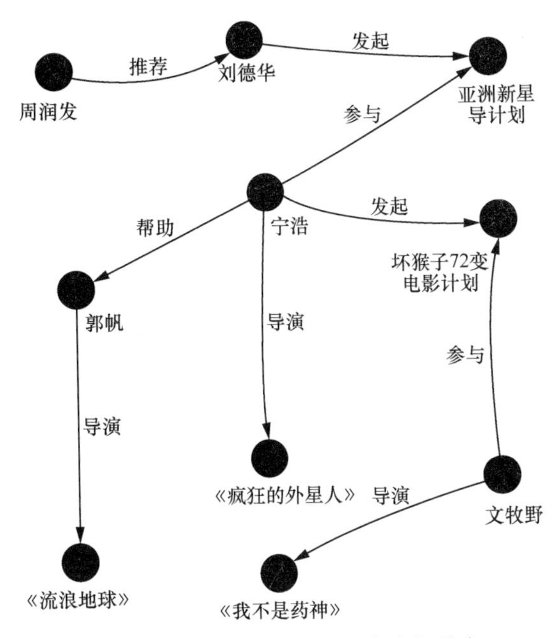

图 5-20　基于知识图谱的深度路径搜索

如图 5-21 所示，基于知识图谱的高维搜索引擎，提供的是一种具有强因果关联关系的搜索结果。它直观揭示了曾发生在印度尼西亚的一场火山喷发——坦博拉火山喷发与发明自行车、印象主义、世界第一部科幻小说之间微妙的、深度的、蝴蝶效应般的关联关系。而普通的搜索引擎对这类的犹如天方夜谭、风马牛不相及式的搜索不会返回任何有意义的结果，其原因很简单：基于 PageRank 搜索的逻辑就是在文本中找到所有出现火山的页面，而得到的结果和人类的基于关联性、发散思维的认知有极大的偏差。

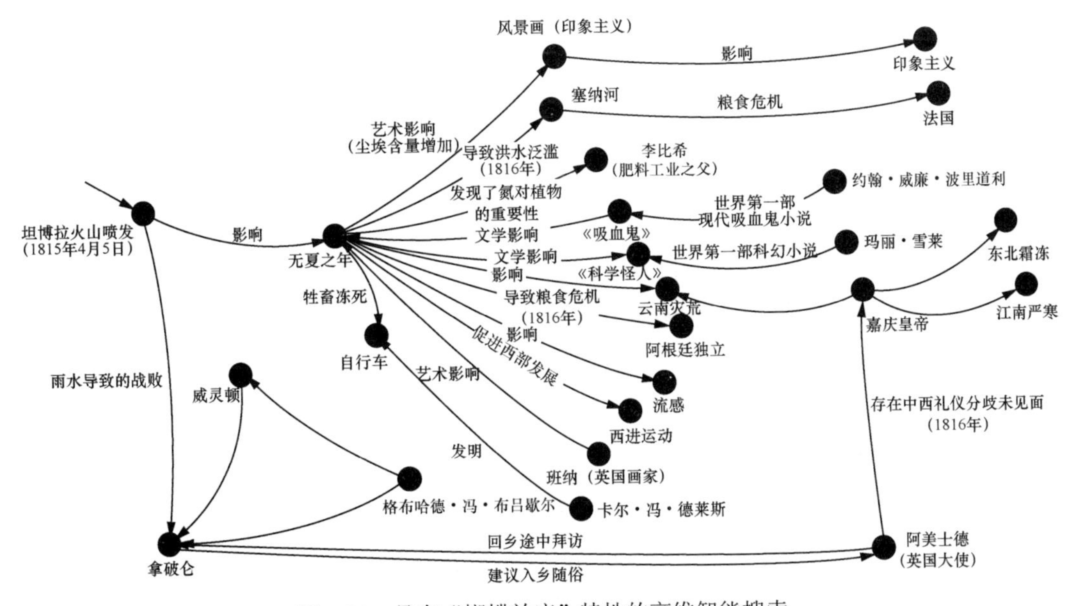

图 5-21　具有“蝴蝶效应”特性的高维智能搜索

在结束本节之前，我们想抛出这样一种观点：搜索引擎开启了云计算和大数据的时代，也推动了大数据到快数据的发展，但是，如果我们仅仅只关注浅层次数据之间的关联，那么我们面对的就是“弱智”算法与“浅表”推荐左右我们阅读习惯的情况。图增强的知识图谱与高性能图数据库让我们有理由相信，搜索与推荐可以在数据的海洋中更加智能，具备深度关联、合理关联，并发掘出更大价值。

5.2 云平台应用实践

5.2.1 如何改造传统应用为云应用

随着云计算的深入发展，越来越多的应用以一种云原生的方式被开发，例如，在新的PaaS 平台上开发的应用，我们通常称之为第三平台应用或云原生应用。而业界普遍遇到的一个棘手的问题是还有相当大数量的传统的应用（即第二平台应用）如何去维护？例如新的计算代理节点（Computing Node Agent，CNA，也是物理服务器的简称）在云数据中心中，而传统应用通常在原有的数据中心中，它们对开发、测试与维护的要求不尽相同，自然也会带来不同的挑战。如何把传统应用改造为新型云生应用是我们在本节中要着重关注的。

有一种流行的提法叫作提起后平移，指的是把传统数据中心中的企业级应用原封不动打包（例如封装在虚拟机或容器中）后向云数据中心（如公有云）迁移，并直接运行于其上。这听起来不像是很复杂的一件事情，但事实上能这样简单且成功操作的应用并不多见。多数的第二平台的企业级应用比想象中复杂得多。在对其进行云化改造的过程中，需要考虑的因素很多，因各种定制化而造成的限制也很多，例如硬件、操作系统、中间件、存储、网络等。

在本案例中，我们会按照一个三步走的方案把第二平台的传统应用改造为第三平台云生应用，具体如下。

（1）把第二平台应用封装后运行在 PaaS 平台之上。

（2）整理、选定应用组件并改造为微服务。

（3）通过工具链接这些微服务后整体运行于 PaaS 平台之上。

从方法学角度看，如何能实现以上的每一步呢？业内人士给出了以下敏捷实现的方法。

（1）每一次变动都是小的、渐进的。

（2）确保每次变动之后的测试是充分的，被更改后的产品是能正常工作的。

我们选择一款在 GitHub 上面叫作 SpringTrader 的基于 Java 语言环境编写的开源股票交易软件，如图 5-22 所示，为大家演示将其从传统的 B/S 架构成功迁移并运行在 PaaS 平台 Cloud Foundry 之上，然后把 SpringTrader 中的主要组件以微服务的方式重构。

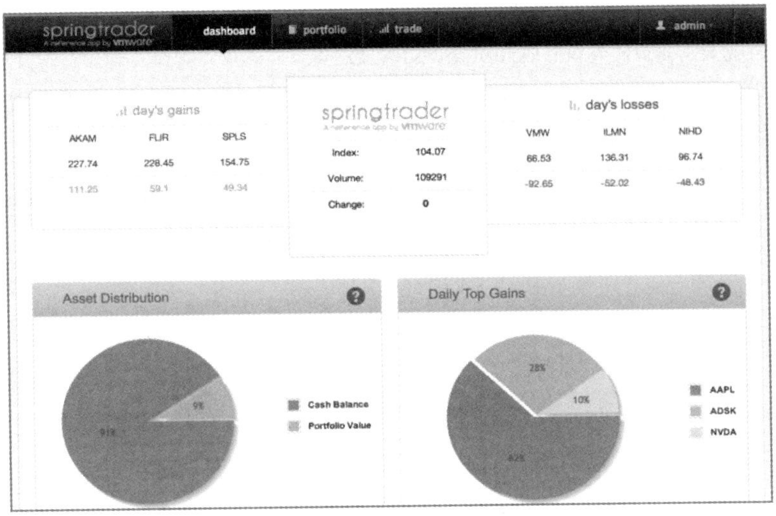

图 5-22　SpringTrader

在把 SpringTrader 这样的典型 Java（企业级）应用向 PaaS 平台（如 Cloud Foundry）迁移过程中，通常会先后遇到如下一些问题。

（1）编译环境问题，例如 Java 语言软件开发工具包 JDK（Java Development Kit）升级。

（2）部署脚本更新。

（3）是否需要对库栈做大幅度调整：依照之前我们提过的小步幅调整原则，应当尽量避免对库的依赖性做大规模调整。

当应用能成功运行在 PaaS 平台之后，下一步就是如何把架构调整为微服务架构。如图 5-23 所示，SpringTrader 采用的是典型的分层逻辑架构，它通过数据库层提供模拟的股票信息服务，因此改造的第一步就是如何把真实的股票市场信息以微服务架构的方式接入 SpringTrader 架构。

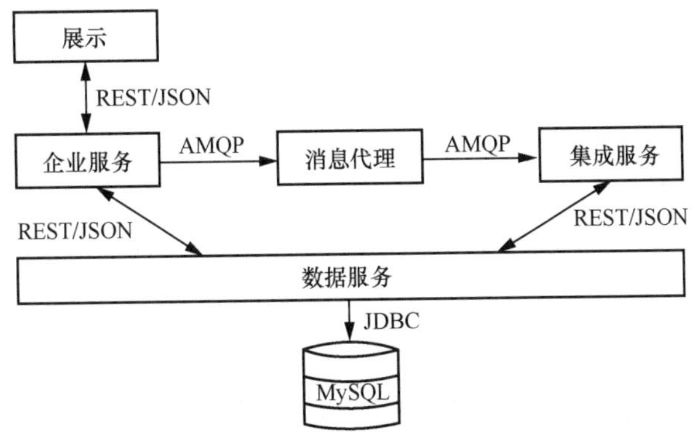

注：AMQP——Advanced Message Queuing Protocol，高级消息队列协议。

图 5-23　SpringTrader 的分层逻辑架构

我们需要以下 4 个步骤来完成 SpringTrader 基于微服务架构的股票信息服务。

（1）在源码中找到现有 Quote 部分的实现。

（2）找到现有代码中实现的 QuoteService 接口。

（3）通过代理模式来实现 QuoteService 接口。

（4）调用新的 QuoteService 服务。

在这里，股票信息源来自雅虎 Finance，QuoteService 通过标准的 RESTful JSON API 来调用雅虎 Finance API，并通过 SpringTrader 的 BusinessService 模块向展示模块提供数据。改动之后的 SpringTrader 架构如图 5-24 所示。

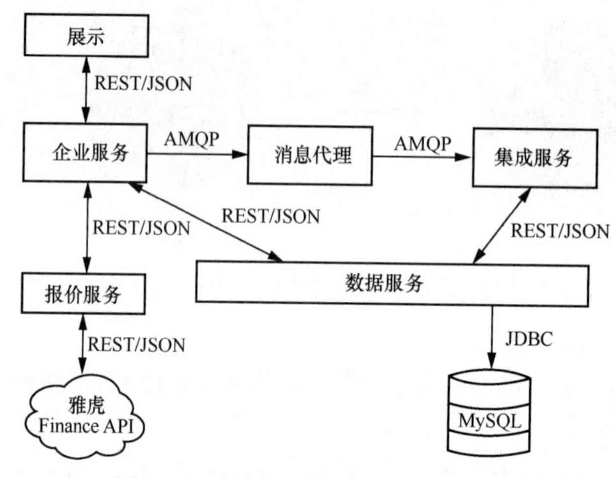

图 5-24　改动之后的 SpringTrader 架构

在把更多的服务改造为微服务架构或添加额外的微服务之前，我们至少还需要考虑以下 3 个问题。

（1）当远程服务连接失败时如何处理。

（2）如何自动地定位与管理（松散连接的）服务。

（3）调用外部服务时，如何处理返回的异构的 JSON 格式信息。

解决以上 3 个问题的关键如下。

（1）服务发现：通过 Netflix 开源的 Eureka 服务来实现服务的注册与自动发现。在 SpringTrader 中，我们提供了多个股票市场信息源，它们的注册管理与自动发现都可以通过 Eureka 的帮助来实现。

（2）回退机制：回退机制在企业级应用中的作用就是确保服务始终在线，当首要股票信息服务掉线时，可以自动切换到备用服务。在 SpringTrader 中我们采用了 Netflix 开源的 Hystrix，一个基于断路器模式设计理念开发的时延和容错库。

（3）JSON 调和：好在开源社区已经有类似的解决方案，以 Netflix 开源的 Java-to-HTTP 客户端绑定 Feign 提供了 GsonDecoder 解码器，可以把 JSON 信息翻译为域对象。这样，在解码器当中可以处理各种异构的 JSON 信息，而不至于需要去改变 SpringTrader 的 API。

实现了以上改变之后，添加了 Service Discovery/Fallback 之后的 SpringTrader 架构如图 5-25 所示。

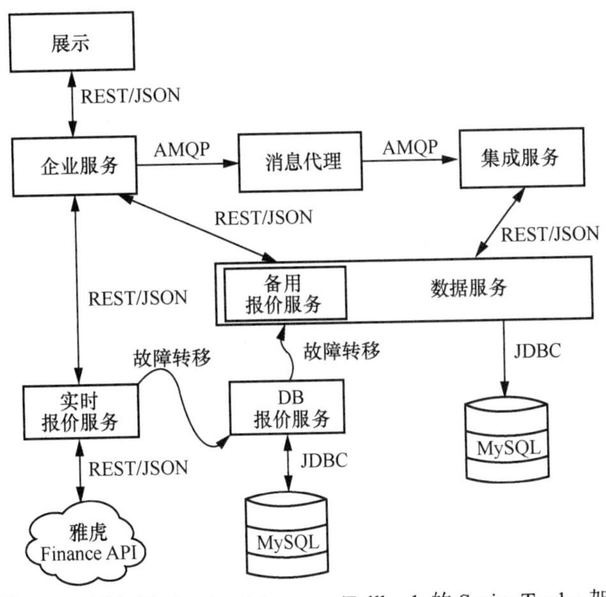

图 5-25　添加了 Service Discovery/Fallback 的 SpringTrader 架构

像 SpringTrader 这种典型的交易服务软件，除了 Quote（股票信息）服务可以被改造为微服务架构外，还有以下服务可以被改造为微服务架构。

（1）账户服务。

（2）订单管理服务。

图 5-26 展示了被改造为微服务架构的 SpringTrader 的架构。

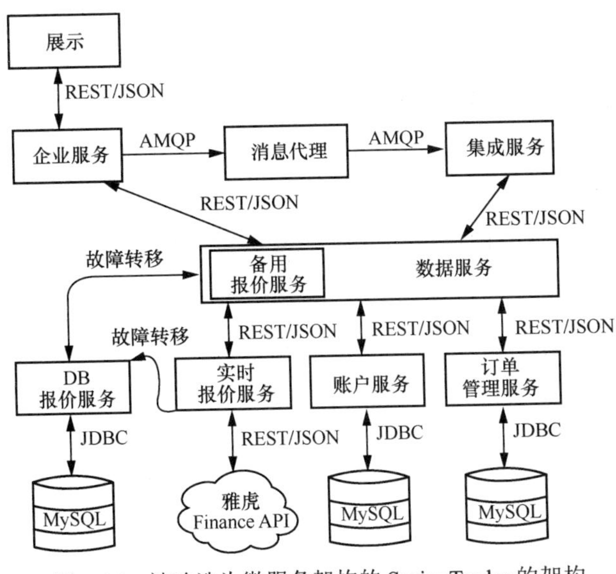

图 5-26　被改造为微服务架构的 SpringTrader 的架构

在整个 SpringTrader 从 Monolith 到微服务架构的改造过程中，有如下数据供我们思考：最初的大约 7 000 行 Java 代码全部为 Monolith 编写，而最终新增的微服务架构代码少于 2 000 行，剩余的 Monolith 代码大约为 6 000 行，这其中有相当多的代码是为了实现弥合与测试功能。在改造 SpringTrader 的过程中，因为 Java 与 Spring 开发环境的规模庞大，依赖关系复杂，所以我们使用了构建自动化软件 Gradle，把整个 SpringTrader 模块间的依赖关系整理与管理起来，共计有 173 个依赖关系。

5.2.2 探究业界云存储平台

在本小节中，我们为大家介绍与分析 3 种软件定义存储解决方案：CoprHD、Ceph 与 ScaleIO，并对后两种进行性能比较与分析。

1. 开源的软件定义存储——CoprHD

要了解开源的 CoprHD，需要先了解 EMC ViPR。ViPR 是一种商用的、纯软件的软件定义存储解决方案，可将已有的存储环境转换为一个提供全自动存储服务的、简单易扩展的开放性平台，用来帮助用户实现全方位的软件定义数据中心。ViPR 将物理存储阵列（无论是基于文件、块，还是基于对象）抽象成一个虚拟的存储资源池，以提供跨阵列的弹性存储或基于此的应用及服务。由于抽象了对底层硬件阵列的管理，所以 ViPR 可将多种不同的存储设施统一集中起来管理。

存储设施一般对外提供控制路径及数据路径。简单来说，控制路径是用来管理存储设备相关的策略，数据路径则完成用户实际的读写操作。与以往只将控制路径和数据路径解耦的存储虚拟化解决方案不同，ViPR 还将存储的控制路径抽象化，形成一个虚拟管理层，使得对具体存储设备的管理变成对虚拟层的操作。基于此，用户可将他们的物理存储资源转化成各种形式的虚拟存储阵列，从而可以将对物理存储资源的管理变成基于策略的统一管理。控制路径和数据路径的解耦使得 ViPR 可以把数据管理相关的任务集中起来统一处理，而不影响原有的对文件或块的读写操作。CoprHD 则是 ViPR 的存储路径的开源版本。在 GitHub 主页上，CoprHD 这样定义自己：开源软件定义的存储控制器及 API 平台，支持基于策略的异构（块、文件与对象）存储管理、自动化。

CoprHD 提供基于块和文件的虚拟控制服务。构建在物理存储阵列上的块和文件的控制服务，包含对块卷的、NFS、CIFS 共享的管理，以及一些高级数据保护服务，比如镜像、快照、克隆、复制。不同于那些公有云中虚拟计算资源，CoprHD 为了降低成本和简化操作直接使用商用磁盘，从而丢失了一些上述的高级阵列特性（镜像、快照、克隆、复制）。CoprHD 提供的块和文件的控制服务包含上述所有的在物理阵列上所见的管理功能。

（1）CoprHD 架构概要

CoprHD 是构建存储云的软件平台，它主要被用来解决两大问题。

① 使一个配备了各种存储设备（块阵列、文件服务器、SAN 和 NAS 交换机）的企业或服务提供商的数据中心看起来像是一个虚拟存储阵列，同时隐藏其内部结构和复杂性。

② 让用户拥有对虚拟存储阵列完全控制的能力，包括从简单的操作（例如卷的创建）到相当复杂的操作（如创建在不同的数据中心灾难恢复保护的卷）。这种能力的一个关键原则是通过多用户、多租户的方式来提供租户隔离、访问控制、审计、监控等功能。

CoprHD 以一种与厂商无关的、可扩展的方式解决上述问题，支持不同供应商的多种存储设备。CoprHD 架构如图 5-27 所示。

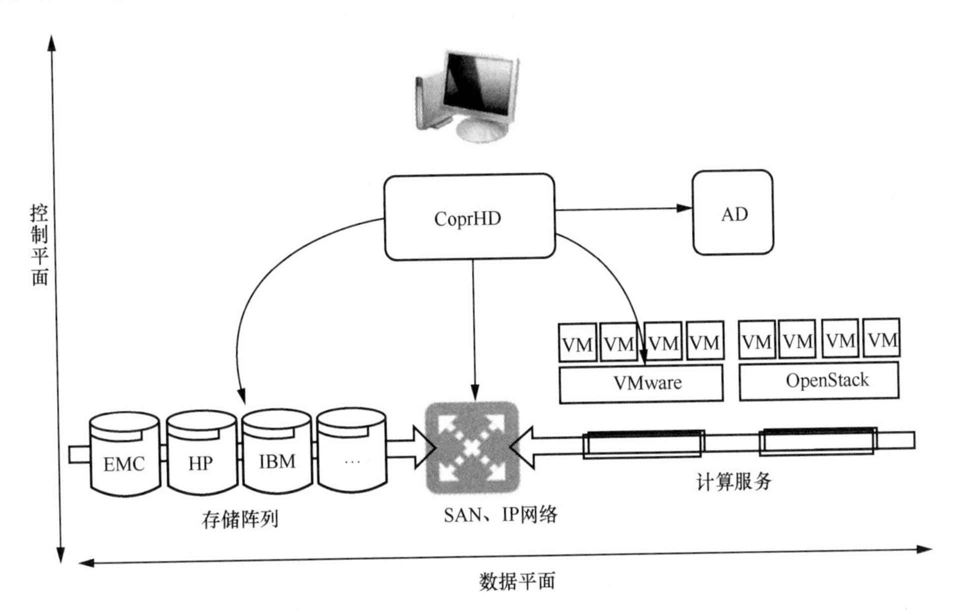

注：AD——Active Directory，活动目录。

图 5-27　CoprHD 架构

CoprHD 持有数据中心中所有存储设备的清单，了解这些设备之间的连接性，并允许存储管理员将这些资源转化为如下虚拟设备。

① 虚拟池：可以针对虚拟池设置具体的性能和数据保护特性。

② 虚拟阵列：把数据中心的基础设施按照容错能力、网络隔离、租客隔离等策略来分门别类。

存储管理员可以完全控制哪些用户或租户能够访问这些虚拟池和虚拟阵列。最终用户使用一个统一的和直观的 API，以一种完全自动化的方式，通过虚拟池或虚拟阵列提供块卷或文件共享。CoprHD 会自动完成所有隐藏的基建任务，如为卷寻找最佳位置或必要的 SAN 架构配置。CoprHD 不仅提供卷的创建，还有能力执行复杂的业务流程，其中包含端到端的编排流程、卷的创建、SAN 配置、为主机绑定新创建的卷等。

从架构的角度来看，CoprHD 是一个存储云的操作系统，具有如下特点。

① 它提供了一整套结构良好的、直观的“系统调用”，以 REST API 的形式进行存

储配置。

② 它是一个多用户、多租户系统。正因为如此，它要求强制访问控制（认证、授权和分离）。

③ “系统调用”具有事务性语义：从用户角度来看，“系统调用”是原子的。当一个操作中的任何一个步骤出错，“系统调用”要么重试失败的操作，要么回滚部分完成的工作。

④ 它是高并发的，允许多个“系统调用”并行执行，但在内部执行细粒度同步，以确保内部一致性。

⑤ 它实现了自己的分布式、冗余和容错数据仓库来存储和管理所有配置数据。

⑥ 它允许通用业务逻辑通过使用一组“驱动程序”来与存储设备交互并保持设备中立。

（2）CoprHD 集群

为了提供高可用性，CoprHD 采用了双活的集群架构设计方案，由 3～5 个同构、同配置的节点形成一个集群。CoprHD 集群节点间不共享任何资源，在典型的部署中，通常每个节点都是台虚拟机。CoprHD 集群（3 个节点）示意如图 5-28 所示，每个节点上运行同样的一整套服务：身份验证、API、控制器异步操作、自动化、系统管理、WebUI、集群协作及列数据库服务等。

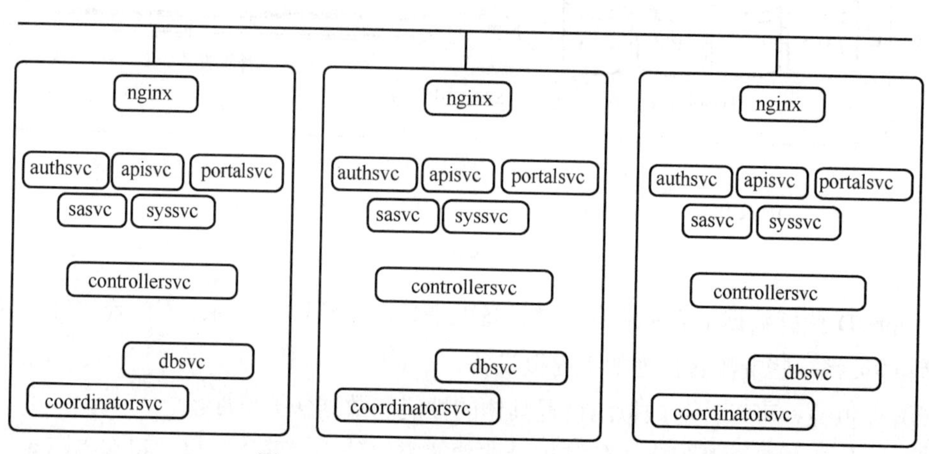

图 5-28　CoprHD 集群（3 个节点）示意

CoprHD 基础架构层是建立在 Cassandra 和 ZooKeeper 之上的无中心分布式系统，因而具有容错性、高可用性和高可扩展性等特点。CoprHD 采用了 Cassandra 和 ZooKeeper 的如下特性。

① Quorum 读与写：在分布式系统中，为保证分布式时间或交易操作的一致性而采用的投票通过机制被称为 Quorum。如果集群中大于半数的节点在线（例如：5 个节点的集群中有 3 个节点在线），则整个 Cassandra 和 ZooKeeper 就可以正常提供读写服务（意味着整个 CoprHD 系统可以允许少数节点死机）。

② Cassandra 和 ZooKeeper 的数据副本保存在所有的节点上，每个节点都包含最终一致的 CoprHD 数据。

③ 定期的数据修复确保整个集群的可靠性。

CoprHD 还在 Cassandra 和 ZooKeeper 服务之上抽象并封装了 DBClient 和 CoordinatorClient API，因而上层不需要了解底层的如数据容错性、一致性、可用性等细节。

每个节点在一个共同的子网中分配一个 IP 地址。此外 CoprHD 集群使用一个虚拟 IP 地址（VIP），外部客户通过它可以访问 CoprHD REST API 和 CoprHD GUI。我们使用 keepalived 守护进程（这反过来又利用 VRRP[1]），以保证在任何时间点恰好一个 CoprHD 节点处理网络流量给 VIP。该 keepalived 守护进程还监视每个节点上的 nginx 服务器的“实时性”。nginx 服务器的作用是双重的，具体如下。

① 作为一个反向代理。nginx 服务器接收到 HTTPS 端口 443 的请求，并根据请求的 URL 中的路径，将请求转发到相应的 CoprHD Web 服务。

② 作为嵌入负载平衡器。nginx 服务器将请求转发到本地节点或者其他节点上（目标节点的选择是通过散列请求的源 IP 地址完成的）。因此，即使只有一个 nginx 服务器处理，所有节点也都会参与请求处理。

同样，nginx 服务器侦听端口 443，并把 GUI 会话分发给所有节点上可用的 portalsvc 实例。CoprHD 集群网络拓扑如图 5-29 所示。

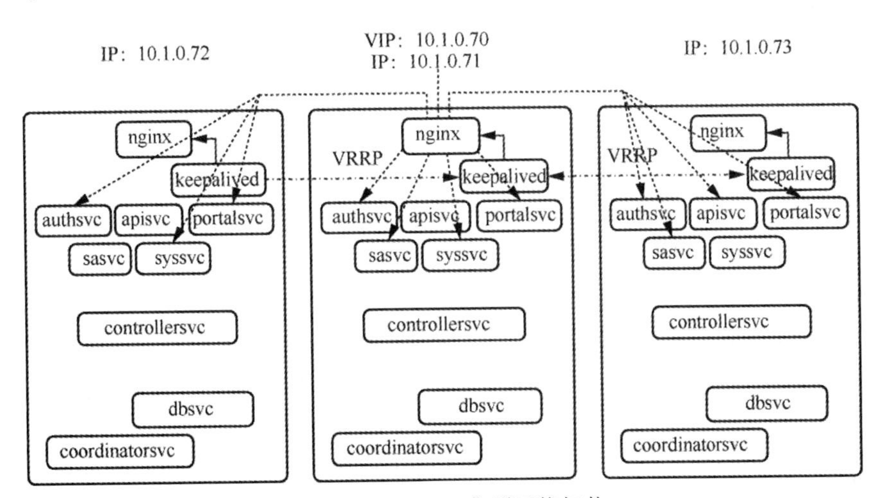

图 5-29　CoprHD 集群网络拓扑

（3）后端持久层

大多数的 CoprHD 服务是无状态的，它们不保存任何状态数据。除了系统和服务日志外，所有 CoprHD 数据都被存储在 coordinatorsvc 或 dbsvc 中，具体如图 5-30 所示。这两种服务保证数据在每个节点上都有完整副本。

1　VRRP：Virtual Router Redundancy Protocol，虚拟路由冗余协议。

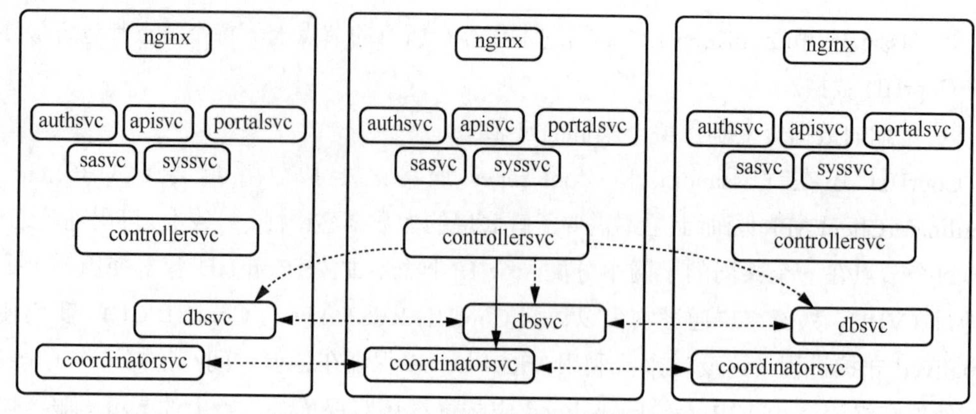

图 5-30　CoprHD 集群如何实现数据持久性

在 CoprHD 集群里，coordinatorsvc 应被看作是一种强一致性的、为集群服务之间的协调操作而保存少量数据的存储器。例如，服务定位器、分布式锁、分布式队列等服务。coordinatorsvc 在内部使用 Apache ZooKeeper。其他 CoprHD 服务使用 Coordinator 客户端库来访问 coordinatorsvc 的数据。该 CoordinatorClient 是 Netflix Curator（一个流行的 ZooKeeper 客户端）的封装，CoordinatorClient 库抽象出 ZooKeeper 的所有配置细节和分布式特性。

dbsvc 是基于列的数据库。它提供了良好的可扩展性、高插入率和索引，但只能提供最终一致性（即无法保证分布式数据的实时一致性）。在内部，dbsvc 是围绕 Apache 的 Cassandra 的封装。但是，为了防止出现临时不一致的地方，我们需要基于一个多数节点共识机制（Quorum）来保证无论是读取还是写入 dbsvc 的数据一致性。因此，$2N+1$ 个节点的集群只能承受多至 N 个节点故障（低于 N 个在线节点，则 Quorum 投票机制不能正常工作）。其他服务使用 DBClient 库访问 dbsvc。DBClient 是一个 Netflix 的 Astynax 的封装，一个 Cassandra 客户端。类似于 CoordinatorClient，它抽离出 Cassandra 的复杂的分布式特性。此外，dbsvc 还依赖于 coordinatorsvc。

（4）CoprHD 端到端如何工作

为了更好地了解 CoprHD 的工作原理，我们在这里通过 3 个简单的 REST 调用来帮助理解。REST 调用既可以是同步的也可以是异步的，前者是实时返回，后者则通常是产生一个外部调用[返回一个指向外部任务的统一资源名称（Uniform Resource Name，URN），而调用者必须 poll 该外部任务以获得运行结果]。

图 5-31 展示的是 CoprHD 同步 REST 调用“GET/login”的流程。CoprHD 是个多用户、多租户系统，因此大多数 REST 调用需要身份与权限认证 token 或 cookie，而获得这些 token 或 cookie 依赖外部的 LDAP 服务器或 AD（Active Directory）。“Get/login”调用分为以下 5 步。

① 发送 GET 请求到 https://<vip>:443/login（注：本网址为内部网址），该请求由节点 2 上的 nginx 来处理。

② 该请求会被 authsvc 服务处理，假设客户 IP 地址的哈希运算（用于负载均衡）对应节点 1，则节点 2 的 nginx 会把该请求转发给节点 1。

③ authsvc 会把用户信息发给外部的 AD 服务器。如果认证通过，则 AD 返回信息中会包含用户的租户信息。

④ authsvc 会生成认证 token，并通过 dbsvc 服务来存储该 token 及用户租户信息。

⑤ 节点 1 上的 authsvc 会向节点 2 的 nginx 返回认证 token，nginx 会最终返回给用户。

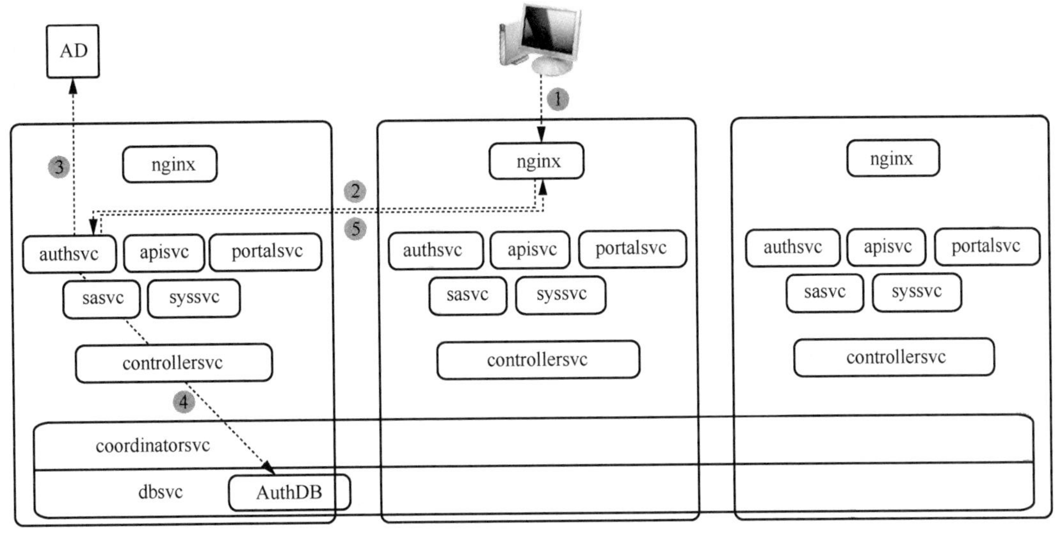

图 5-31　CoprHD 同步 REST 调用“GET/login”

接下来，我们通过异步 REST 调用来完成“POST /block/volumes”写操作，总共有 7 步，如图 5-32 所示。

① 发送 POST 请求给 https://<vip>:443/block/volumes（注：本网址为内部网址），该请求被节点 2 上的 nginx 接收（我们假设节点 2 对应请求中的 VIP）。

② nginx 把请求转发给节点 1 上的 apisvc。

③ apisvc 会先从该请求的 header 中提取认证 token，并从 dbsvc 中获得用户信息，该信息被用来决定卷的最终放置。

④ apisvc 会分析请求中的信息来决定需要创建的物理卷的数量以及最优的创建策略。apisvc 还会为每个卷在 dbsvc（Cassandra）中创建 descriptor。

⑤ 因为物理卷的创建是个非实时的工作，所以通常该操作通过 controllersvc 来异步完成。为了完成该操作，apisvc 会在 coordinatorsvc（ZooKeeper）中创建一个异步任务对象，并在存储控制队列中注册该操作。

⑥ apisvc 向外部客户端返回 task identifier。而客户端可以通过该 identifier 来查询运行结果。

⑦ 节点 3 的 controllersvc 收到了队列中的请求并负责编排卷的创建，以及在 dbsvc 中更新卷的 descriptors。

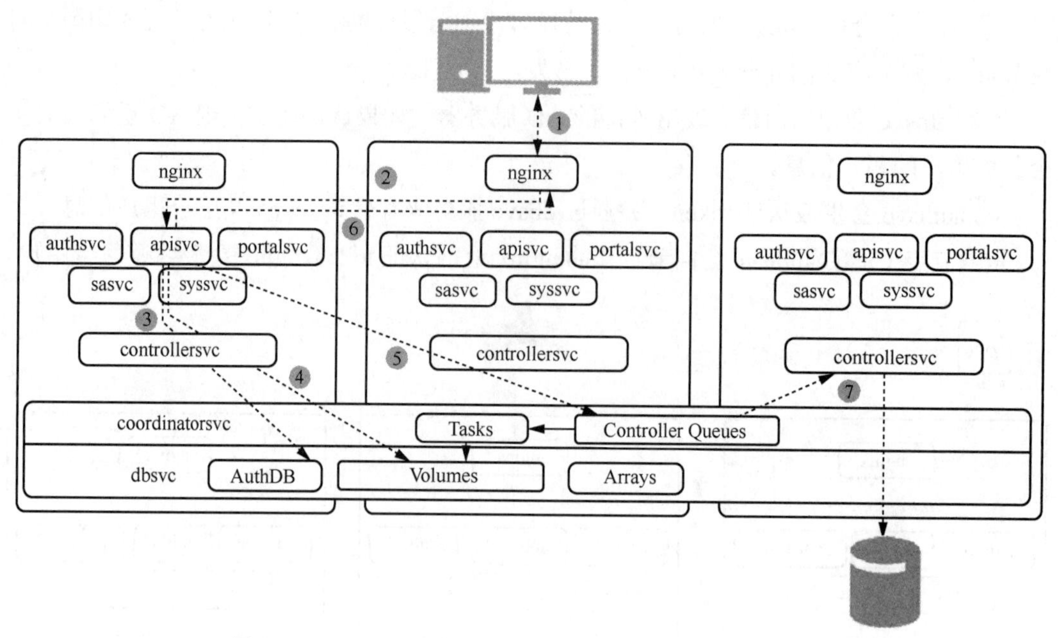

图 5-32　CoprHD 异步 REST 调用“POST /block/volumes”

最后，我们来看看如何通过 CoprHD 的用户界面监控上面例子中的卷创建过程与结果。CoprHD 访问用户界面来查看卷创建状态总共分为 5 步，如图 5-33 所示。

① 浏览器指向 https://<vip>/（注：本网址为内部网址）。

② 假设节点 2 上的 nginx 会把该请求转发给节点 1 上的 portalsvc。

③ portalsvc 会调用 https://<vip>:4443/block/volumes/<task ID>（注：本网址为内部网址）。

④ 节点 2 上的 nginx 把该调用转发给 apisvc。

⑤ apisvc 通过认证 cookie 来获得用户与租户信息。

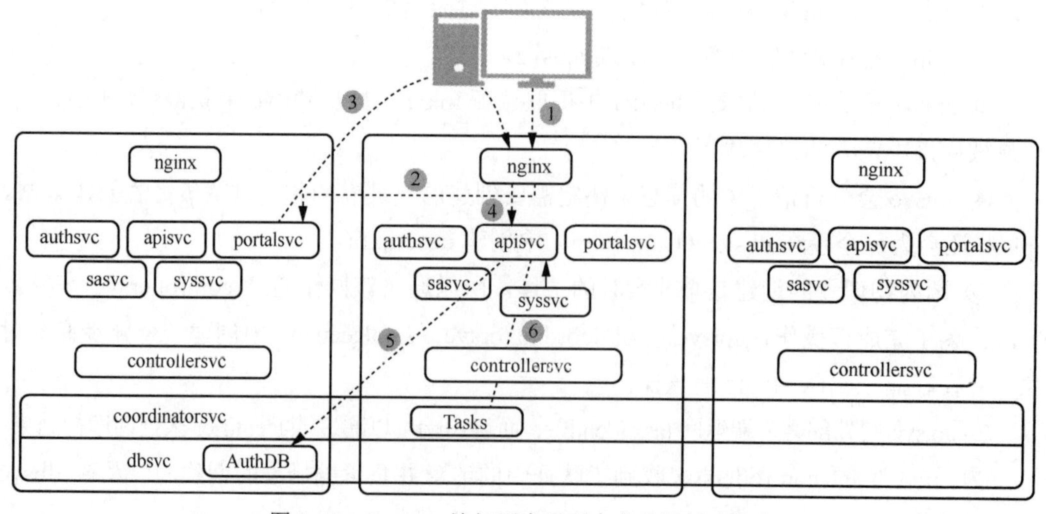

图 5-33　CoprHD 访问用户界面来查看卷创建状态

⑥ apisvc 将获得任务状态并发送给 portalsvc，而 portalsvc 会生成一个网页并最终发送给用户浏览器。

2．关于 Ceph 与 ScaleIO 的比较

在数据中心中，存储系统是管理员与 IT 部门最头痛的环节。因为历史原因，五花八门的存储系统形成了一个又一个的信息孤岛，它们各自形成独立的高可用集群与弹性设计、互不通用的监控系统与界面。有鉴于此，业界近些年开始推出统一存储产品来试图解决存储过度多样化而造成的管理与使用效率低下的问题（前文提到的软件定义存储解决方案 ViPR/CoprHD 也可以看作一种纯软件的统一存储的解决方案）。

Ceph 就是这样一种软件定义存储解决方案。它主要被用来解决以下 4 个存储问题。

① 可扩展的分布式块存储。

② 可扩展的分布式文件存储。

③ 可扩展的分布式对象存储。

④ 可扩展的、用于管理以上异构存储的控制面板。

Ceph 的架构（逻辑）示意如图 5-34 所示，RADOSGW、RBD 与 CEPH FS 模块分别对客户端提供对象存储、块存储与文件存储设备接口，而以上三者的底层则是 RADOS 对象存储系统。

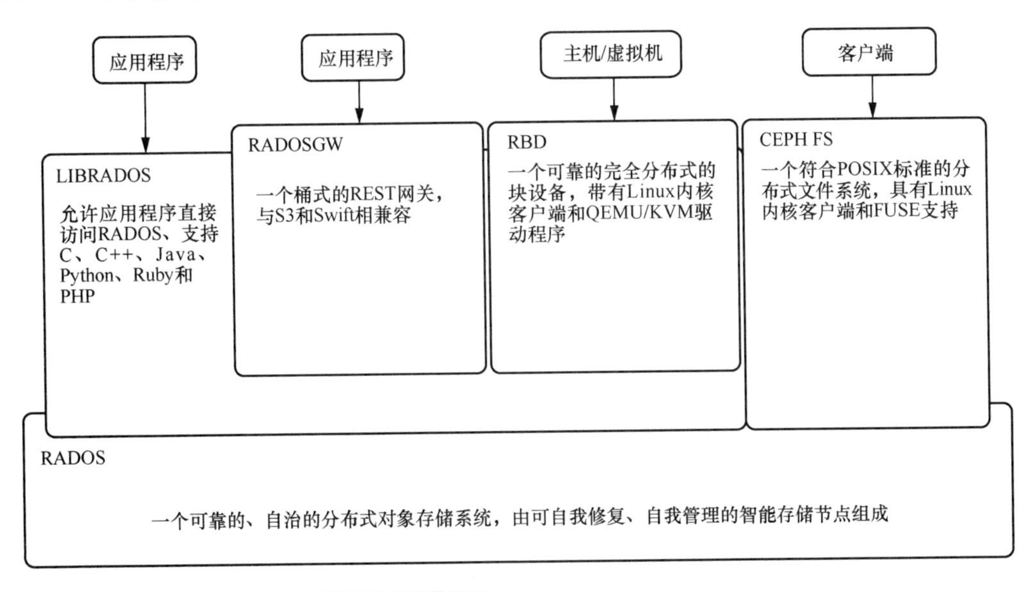

注：QEMU——Quick EMULator，虚拟操作系统模拟器。
POSIX——Portable Operating System Interface，可移植操作系统接口。

图 5-34　Ceph 架构（逻辑）示意

RADOS 本身依赖 LinuxFS 构建，因此完整的 Ceph 架构如图 5-35 所示。

基于 Ceph 的客户端（如虚拟机），完成一次磁盘块存储操作，需要 5 步，如图 5-36 所示。

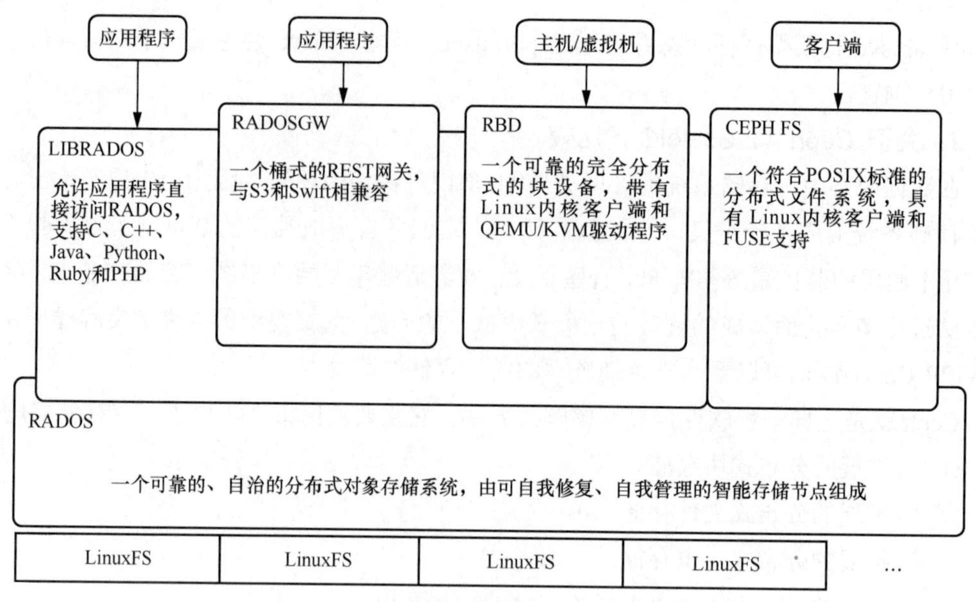

图 5-35　Ceph 的完整架构（含 LinuxFS）

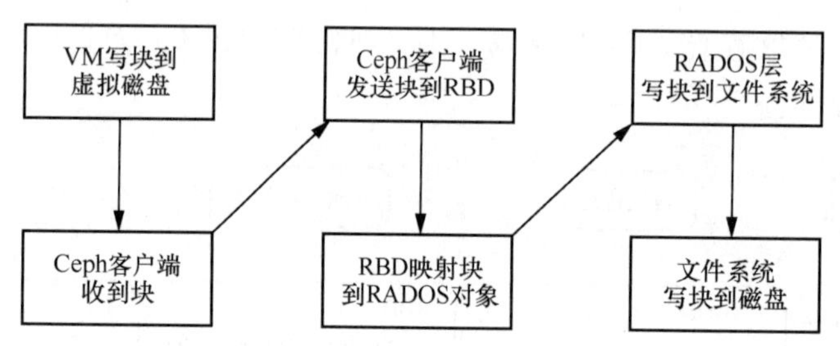

图 5-36　Ceph 的块存储操作

商业化分布式软件块存储 ScaleIO 解决方案，从虚拟机（VM）到磁盘则只需要 3 步，如图 5-37 所示。那么，节省掉的两步是否意味着性能上的大幅度提升呢？业内人士做了相应的性能测试来进行定量分析。

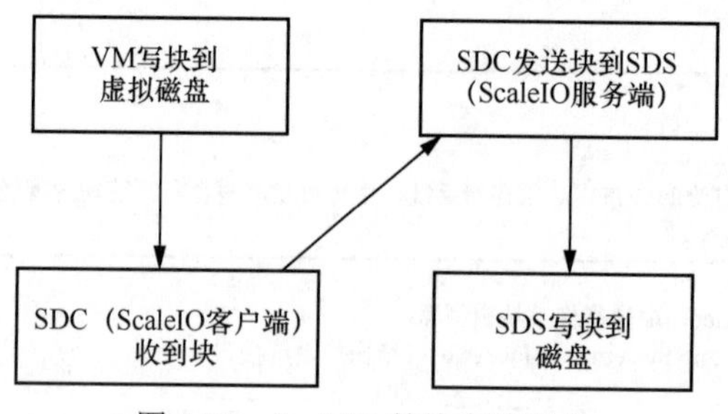

图 5-37　ScaleIO 的块存储操作

首先，为了确保测试的公平性，Ceph 与 ScaleIO 使用相同的硬件环境（服务器、磁盘组合、网络等）以及逻辑配置（70%读与 30%写；2×800 GB SSD + 12×1 TB

HDD）。块存储测试的结果主要从两个维度考察：IOPS 与时延，分别如图 5-38 和图 5-39 所示。

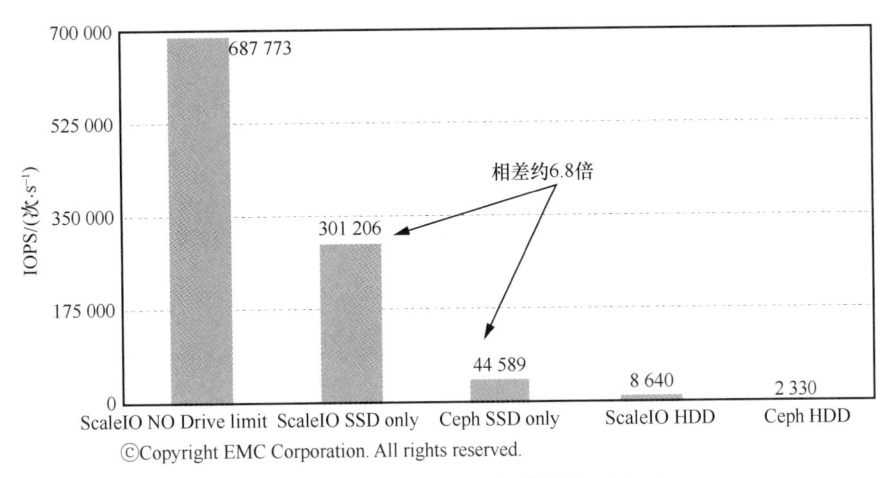

图 5-38　Ceph 与 ScaleIO 性能测试：IOPS

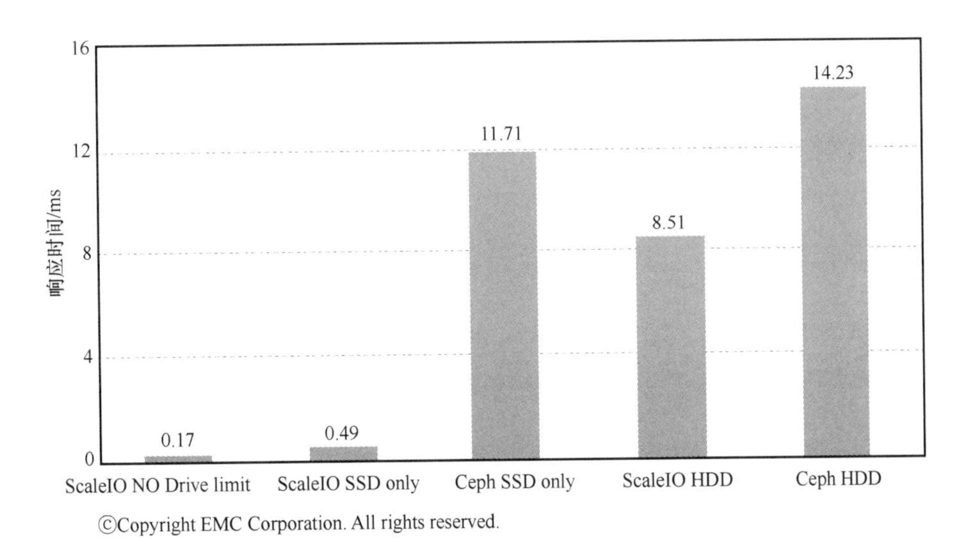

图 5-39　Ceph 与 ScaleIO 性能测试：时延

从图 5-38 中的 IOPS 性能测试结果可以清晰看出，在同样的 SSD 配置条件下，ScaleIO 的 IOPS 吞吐量超过了 30 万次/s，而 Ceph 却只有 4+万次/s 的吞吐量；同样，在系统时延测试中，ScaleIO 的时延远远小于 Ceph 的时延。如此大的差异大抵是 Ceph 在通用、统一架构设计中不得不多出来的额外的模块造成的。

最后，我们再来看一下 Ceph 与 ScaleIO 的系统资源占用与性能的整体比较，见表 5-2。假设两个系统的设计目标都是 100 TB 实际可用的存储空间，为了实现这一目标，Ceph 比 ScaleIO 需要多用存储服务器与应用服务器；多用原始存储；平均每 1 TB 存储的造价也高很多；IOPS 则只能达到后者的 15%左右。

表 5-2 Ceph 与 ScaleIO 的系统资源占用与性能比较

架构	存储服务器+应用服务器/台	IOPS/(次·s^{-1})	原始存储/TB	每 1 TB 存储的造价/美元
Ceph	23（12+11）	134 367	300	5 982 80
ScaleIO	13（8+5）	880 000	213	3 952 70

关于 Ceph 与 ScaleIO 的比较，我们并不是要表达商业化的 ScaleIO 产品比开源的 Ceph 更快更好，而是要阐明一个问题：通用化的、如同瑞士军刀一样的系统必然存在着权衡或妥协，现实世界中不存在样样都最优的系统，这也是为什么专用的、为实现单一目标而设计的系统依然比比皆是，在完成某一特定任务时，专用系统或工具往往更能胜任（换言之，更高的性价比），这种比喻如图 5-40 所示。

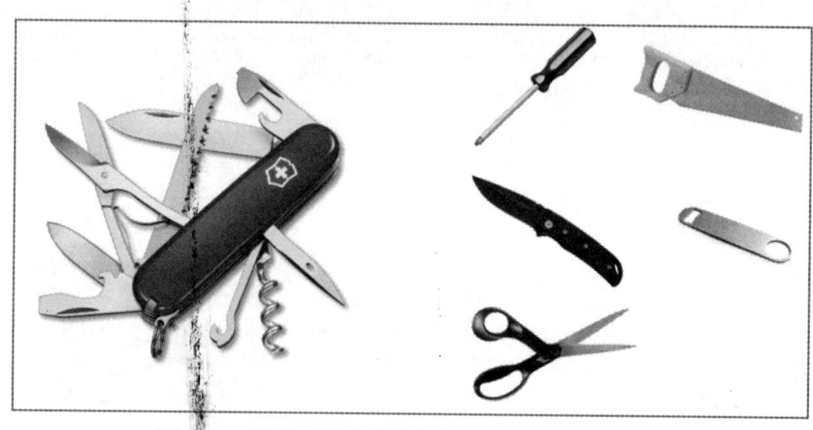

图 5-40 通用工具或系统与专用工具或系统之间的比喻